紀伊國屋数学叢書

30

編集委員

伊藤　清三　（東京大学名誉教授）

戸田　　宏　（京都大学教授）

永田　雅宜　（京都大学教授）

飛田　武幸　（名古屋大学教授）

吉沢　尚明　（京都大学名誉教授）

伊藤 清三

優調和函数と理想境界

紀伊國屋書店

まえがき

理想境界という言葉は，最も一般的に言うと，空間 R のコンパクト化を $\hat{R}$ とするとき，$\hat{S}=\hat{R}\setminus R$ を空間 R の理想境界と呼ぶのであるが，興味ある多くの結果が得られているのは R が Riemann 面の場合であり，その中でも函数論的あるいはポテンシャル論的に重要なのは Royden, Wiener, Martin, 倉持がそれぞれ定義したコンパクト化による理想境界である．特に Martin, 倉持の理論は，Green 函数と密接に関係する核函数を用いて調和函数を表現できる点で，2 階楕円型偏微分方程式の理論と直接結びつくものである．

R. S. Martin は 1940 年の論文（あとがきの文献 [10]）において，単位円内の調和函数の Poisson 積分表示を高次元空間の一般領域の場合に拡張するため，今日 Martin 境界と呼ばれている理想境界を導入した．その理論も結果も Riemann 面の研究に重要なものとなったが，彼の発想と手法は，ラプラシアンを 2 階楕円型偏微分作用素で置き替えても，そのまま適用できるものであった．更に，倉持境界の理論と呼ばれる倉持氏の 1956 年の論文（あとがきの [15]）も，Riemann 面の研究を念頭に置いて書かれてはいるが，2 階楕円型偏微分作用素に自然な方法で拡張できるものであった．しかも，偏微分方程式の立場から見れば，Martin 境界・倉持境界の理論がそれぞれ Dirichlet 問題・Neumann 問題に対応しているということは，興味深いことである．

この観点から本書では，一般の変数係数 2 階楕円型偏微分作用素（以下‘楕円型作用素’と略称する）について，Martin 境界・倉持境界に対応する理想境界（それぞれ同じ名称で呼ぶ）を構成する理論および，調和函数（＝楕円型偏微分方程式の解）の表現定理，極小函数（端点的函数）と理想境界上の点との対応などを解説した．このような理論の自然な拡張が可能であるのは，調和函数の主要な性質，特に最大値原理・一致の定理（一意接続定理）・Harnack 型の定理・Weyl の補題および優調和函数の Riesz 分解などが，楕円型作用素の場合にも本質的に同じ形で成り立つことによる．しかし，本書で扱う楕円型作用素は形式的自己共役（その場合は Laplace-Beltrami 作用素）とは限らないために，技術上の形式的修正では同じ理論を構成できない部分もある．特に倉持境界の構成に当って Dirichlet の原理を用いる所は，やや異なる概念（結果から見れば Dirichlet 積分を最小にする函数の概念の自然な拡張であるが）を必要とする．また，普通のラプラシアンの場合と本質的に同じ結果であっても，一般の（変数係数であって形式的自己共役を仮定しない）2 階楕円型作用素として述べられた定理を引用する方が，都合がよいことが多い．

そこで本書においては，第 1 章で本叢書中の拙著「拡散方程式」の内容のうち，あとで必要になる諸定理とその関連事項の概略を記述し，第 2 章で優調和函数についての準備を行ない，また第 5 章で，Dirichlet の原理の代わりに用いるための‘正則写像’という概念について述べた．第 3 章と第 6 章がそれぞれ Martin 境界と倉持境界に関する本論ともいうべき部分であり，第 4 章と第 7 章の内容は，それぞれの前の章に付随する事項である．

筆者は，本書の内容である楕円型作用素に関する理想境界の理論を放物型方程式にも応用することを，一つの夢としていたのであるが，これについては，少なくとも筆者自身の満足する形にはまとめられていないので，単に夢と呼んでおく．しかし本書によって，Martin 境界・倉持境界の理論が一般の 2 階楕円型作用素の場合に拡張される様子の一端を見ていただき，理想境界を偏微分方程式の角度から眺めた場合の本質を把握していただければ有難いと思う．更に，このような理論に興味と関心を持って，筆者の夢を実現の方向に導いて下さる方があれば，望外の幸福と言わなければならない．

最後に，本書の完成までには紀伊國屋書店出版部の水野寛氏に始終お世話になったことを記し，ここに心から感謝の意を表する次第である．

1988 年　盛夏

伊藤　清三

目　　次

まえがき　v

序　章　理想境界考察の由来

§0.1　調和函数と境界値問題 ……1

§0.2　拡散方程式に関する予備的考察 ……6

第1章　拡散方程式·楕円型境界値問題に関する準備

§1.1　予備概念と記号 ……13

§1.2　拡散方程式の基本解の性質，解の存在と一意性 ……20

§1.3　楕円型境界値問題，Green 函数，Neumann 函数 ……29

§1.4　調和函数の性質 ……41

§1.5　ベクトル解析に関連した事項 ……50

§1.6　付記（測度の漠収束，半連続函数）……53

第2章　優調和函数

§2.1　優調和函数の定義 ……59

§2.2　正値 A-優調和函数の存在と Green 函数の存在 ……69

§2.3　優調和函数の局所可積分性と Riesz 分解 ……76

第3章　Martin 境界

§3.1　予備概念 ……89

§3.2　Martin 境界の構成 ……93

§3.3　正値調和函数の積分表現 ……100

§3.4　極小函数，標準表現とその一意性 ……112

第4章　滑らかな境界の Martin 境界への埋め込み

§4.1　埋め込みの定理 ……127

§4.2　埋め込み定理の証明 ……129

第5章　楕円型偏微分作用素に関する正則写像

§5.1　正則写像のための予備概念と記号 ……137

§5.2　作用素 A^* による境界値問題の解に関する準備 ……140

§5.3　正則写像 ……145

§5.4　正則写像の定義の拡張と基本的性質 ……154

§5.5　Neumann 型核函数 $N(x, y)$ ……163

§5.6　核函数 $N(x, y)$ と ある境界値問題 ……172

第6章　Neumann 型理想境界(倉持境界)

§6.1　Neumann 型理想境界のための予備概念 ……175

§6.2　Neumann 型理想境界(倉持境界)の構成 ……183

§6.3　全調和函数と全優調和函数 ……192

§6.4　FH_0 函数と FSH_0 函数の積分表現 ……204

§6.5　理想境界上の点の分類 ……208

§6.6　極小 FH_0 函数，標準表現とその一意性 ……221

第7章　滑らかな境界の Neumann 型理想境界への埋め込み

§7.1　埋め込みの定理 ……235

§7.2　核函数 $N(x, y)$ の滑らかな境界上への拡張 ……237

§7.3　埋め込み定理の証明 ……251

あとがき，文献など　256

索引　259

序章　理想境界考察の由来

§0.1　調和函数と境界値問題

この§と次の§では，本書で取扱う‘理想境界’の由来を説明するために，主として Euclid 空間における普通のラプラシアン$\triangle$に関する古典的な境界値問題について，いくつかの既知の事実を述べる．次の第1章から，一般の変数係数2階楕円型微分作用素に関する理想境界の構成を目標として，あらためて体系的に述べるが，本章で述べる事項はすべて第1章以後に述べる結果に含まれるから，本章では数学的な‘証明’は与えないで，説明に必要な‘既知の結果’を記述する．

Ωをm次元 Euclid 空間 $\mathbf{R}^m$ $(m\geqq 2)$ の中の有界領域で，十分滑らかな境界をもつものとする．このとき，Ωにおける (Dirichlet 問題の) Green 函数と呼ばれる函数 $G(x, y)$ ($\bar{\Omega}\times\bar{\Omega}$ の上で $x\neq y$ なるかぎり定義されている) が存在して，Ωの上で Hölder 連続な任意の函数 $f(x)$ と $\partial\Omega$ の上で連続な任意の函数 $\varphi(x)$ に対して，

(0.1.1)　　　Ωにおいて $\triangle u=-f$,　$\partial\Omega$の上で $u=\varphi$

を満たす函数 $u(x)$ が

(0.1.2)
$$u(x)=\int_\Omega G(x, y)f(y)dy-\int_{\partial\Omega}\frac{\partial G(x, y)}{\partial \boldsymbol{n}(y)}\varphi(y)dS(y)$$

で与えられる；ここでdyはm次元体積要素，$\partial/\partial \boldsymbol{n}$ はΩの境界上での外向き法線微分，dSは境界上での$m-1$次元面積要素を表わす．特に$f\equiv 0$の場合，すなわち $\partial\Omega$ の上で与えられた境界値φをとる調和函数u (Dirichlet 問題の解) は，Ωにおいて

(0.1.3)
$$u(x)=\int_{\partial\Omega}\left\{-\frac{\partial G(x, y)}{\partial \boldsymbol{n}(y)}\right\}\varphi(y)dS(y)$$

で与えられる．Green 函数 $G(x, y)$ は，任意の $x, y \in \Omega$ $(x \neq y)$ に対して正の値をとり，x と y の少なくとも一方が $\partial\Omega$ の上にあれば 0 になるから，上の公式 (0.1.3) において $-\dfrac{\partial G(x, y)}{\partial \boldsymbol{n}(y)} \geqq 0$ である．($\geqq$ は実は $>$ となることが知られている．) 従って

(0.1.4) $\partial\Omega$ 上で $\varphi \geqq 0$ ならば Ω において $u \geqq 0$ である．

(もっとも，このことは Green 函数の性質を使わなくても，調和函数の最大値・最小値原理からも出ることである．)

境界値問題という立場からは，φ は普通の函数であるが，Ω における非負値調和函数を与える式としては，(0.1.3) において $\varphi(y)dS(y)$ を $\partial\Omega$ 上の任意の有界 Borel 測度 $d\mu(y)$ で置き替えてもよい．なお Ω における調和函数については，非負値ということは正値ということと同等である (最大値・最小値原理により)．

R. S. Martin [10] は一般の領域 R (有界性も仮定せず，境界の性質について何の条件も考えない) における正値調和函数の表現を考えた．彼は $R \times R$ の上 (ただし $x \neq y$) で適当な核函数 $K(x, y)$ を導入し，それを用いて R の理想境界 $\hat{S}$ (今日 Martin 境界と呼ばれるもの) を定義して核函数 $K(x, y)$ が $R \times (R \cup \hat{S})$ $(x \neq y)$ に拡張されることを示し，R における任意の正値調和函数 u が $\hat{S}$ 上の Borel 測度 μ によって

$$u(x) = \int_{\hat{S}} K(x, \xi) d\mu(\xi) \tag{0.1.5}$$

と表現されることを示した．R が普通の意味の滑らかな境界 S をもてば $S \subset \hat{S}$ (同相に埋め込まれるという意味) であって，$y \in S$ ならば $K(x, y)$ は R における本来の Green 函数 $G(x, y)$ に対する $-\dfrac{\partial G(x, y)}{\partial \boldsymbol{n}(y)}$ に y のみの適当な函数を掛けたものに等しい．(滑らかな境界 S に関するこの事実は Martin の論文 [10] には示されていないが，本書第 4 章を見られたい．) だから測度 μ を修正することにより，$y \in S$ に対しては $-\dfrac{\partial G(x, y)}{\partial \boldsymbol{n}(y)} = K(x, y)$ と考えてよい．この意味で (0.1.5) は (0.1.3) の拡張と考えられる．

上に述べたように，Martin 境界上の測度を用いた正値調和函数の表現式は

Dirichlet 境界値問題の解の表現式の拡張と考えることができる．それでは Neumann 境界値問題に対応するものはどうかという問題が当然考えられる．このような理想境界の導入は倉持氏 [15] によってなされ，他の多くの研究者により倉持境界と名付けられた．倉持氏はこの理想境界(および Martin の理想境界)を Riemann 面の研究に活用して多くの成果を挙げられたが，本書では楕円型偏微分方程式の立場でこの理想境界を解説する．なお，倉持氏自身はこの理想境界に関連する概念に N-Martin（言うまでもなく Neumann 問題に対応する Martin 型の境界 etc. の意）という言葉を使われたが，本書では Neumann 型理想境界，倉持境界の名称を併用する．

Martin 境界による正値調和函数の表現式 (0.1.5) に相当する式を倉持境界に関して考える場合は，Martin 境界の場合とやや異なる取扱いをしなければならないので，その理由を素朴な見地から説明しておく．

まず，滑らかな境界をもつ有界領域 $\Omega\,(\subset \mathbf{R}^m)$ における Neumann 問題：

(0.1.6)　Ω において $\triangle v=0$,　$\partial\Omega$ の上で $\partial v/\partial \boldsymbol{n}=\varphi$

の解 v が存在するためには，Green の公式から直ちにわかるように，φ が

(0.1.7)　$$\int_{\partial\Omega}\varphi(y)dS(y)=0$$

を満たさなければならない．だから（$\varphi\equiv 0$ という自明な場合を除き）φ は境界 $\partial\Omega$ 上で正負の値をとる必要があるから，前の Martin 境界に関する説明のように，$\varphi(y)dS(y)$ を $\partial\Omega$ 上の Borel 測度 $d\mu(y)$（非負値！）に移行させることはできない．そこで我々は，Ω の内部に一つのコンパクト集合 K_0 (その境界 ∂K_0 は十分滑らかなもの)を固定し，(0.1.6)の代わりに $\Omega\diagdown K_0$ における次の境界値問題を考える：

(0.1.6′)　$$\begin{cases}\Omega\diagdown K_0 \text{ において } \triangle v=0\\ \partial\Omega \text{ の上で } \partial v/\partial\boldsymbol{n}=\varphi,\quad \partial K_0 \text{ の上で } v=0.\end{cases}$$

この境界値問題に対しては Green 函数と同じ役目をする核函数 $N(x,y)$ が存在して，$\partial\Omega$ 上で Hölder 連続な任意の函数 $\varphi(y)$ に対して解 v が

(0.1.8)　$$v(x)=\int_{\partial\Omega}N(x,y)\varphi(y)\,dS(y)$$

で与えられる．(このことについては次の第1章で説明する．なお，K_0 の拡散現象的意味については次の§で触れる．) この場合は $\varphi(y)\geqq 0$ として扱うことができるから，前に述べたような‘測度への移行’を考えることが可能である．

次に，Dirichlet 問題(から生じた Martin 境界の理論)における正値調和函数に当たるものは，Neumann 問題(から生じた倉持境界の理論) においては，正値調和函数よりも狭い範囲のものであることを注意しておこう．それは，境界値問題(0.1.6′)において $\varphi\geqq 0$ でなくても解 v が正値調和函数となることがあるからである．従って，すべての正値調和函数 $v(x)$ が非負値の Neumann 境界条件 φ によって(0.1.8)で与えられるとは限らない．前に述べた Martin 境界の場合と同様に倉持境界も，有界領域 Ω ではなく一般の領域 R に対して考えるのであるから，その‘境界’は最初は‘目に見えない’ものである．だから(0.1.6′)において $\varphi\geqq 0$ であることを反映する条件を，領域の内部における v の性質だけで記述したい．そのために full harmonic function (本書では全調和函数と呼ぶ；第6章§6.3で一般的に定義する) という概念が導入されている．

R の境界が目に見えないことから起こる今ひとつの問題は，有界領域 Ω の場合の $\partial\Omega$ 上で $\partial v/\partial \boldsymbol{n}=0$ という性質の，一般領域 R の場合の表わし方である．この問題は例えば (0.1.6′) において，∂K_0 の上で Dirichlet 境界条件 $v=\psi$ ($\equiv 0$ とはかぎらない) を与え，$\partial\Omega$ の上で $\partial v/\partial \boldsymbol{n}=0$ となる解 v を，$\partial\Omega$ における情報を用いないで求めることに相当する．普通のラプラシアン $\triangle$ を扱うかぎりは，この問題の解 v は，∂K_0 の上で $v=\psi$ となる函数のうちで，Dirichlet 積分 $D[v]=\int_\Omega|\nabla v(x)|^2dx=\int_\Omega\sum_{j=1}^m\left[\frac{\partial v(x)}{\partial x^j}\right]^2dx$ を最小にするものとして特徴づけられ (Dirichlet の原理として知られている)，この考え方を一般の領域 R の場合にも適用することができる．しかし本書においては，$\triangle+\sum_{j=1}^m b^j(x)\frac{\partial}{\partial x^j}$ の形のものを含む一般の変数係数2階楕円型偏微分作用素を扱うので，Dirichlet の原理そのものは適用できない．そこで我々は，∂K_0 の上で与えられた函数 ψ に対して，∂K_0 上で境界値 ψ をとる函数 v のうちで Dirichlet 積分 $D[v]$ を最小にするものを対応させる写像の概念を拡張したも

のとして，第5章において‘正則写像’と名付ける概念を定義する．この写像は，倉持境界の理論(第6章)のみならず，その準備としての核函数 $N(x,y)$ の構成 (第5章§5.5) にも必要である．

ここで優調和函数の概念に触れておく．この§の初めに (0.1.1) において $f\equiv 0$ とした場合の函数 u の話から始めたので，$\triangle u=0$ を満たす函数，すなわち調和函数について述べてきたが，f を一般に非負値函数で Hölder 連続とすると，(0.1.2) で与えられる函数 u は (0.1.1) を満たすから，特に

(0.1.9)
$$\triangle u\leqq 0$$

を満たす．このような函数 u は優調和函数と呼ばれる．u が領域 Ω における優調和函数ならば，滑らかな境界をもつ有界領域 D で $\overline{D}\subset\Omega$ なるものを任意にとるとき，

(0.1.10)　∂D 上で u に等しくて D で調和な函数 w をとると，D の内部では $u\geqq w$ が成立する．

すなわち，大ざっぱに言えば，優調和函数は領域の境界上で同じ値をとる調和函数よりも，領域の内部では大きい値をとる．(これが‘優’調和函数の名の由来である．) 現代では優調和函数の概念は次のように拡張されている．すなわち，連続性も仮定せず，一般に下に半連続 (§1.6参照) な函数であって，(0.1.10) と同じ性質をもつ函数 u を優調和函数という．もっとも，u の連続性の仮定がないため，(0.1.10) の記述のように u に等しい境界値をもつ調和函数の存在は保証されないので，この述べ方は少し修正する必要がある．正確な定義は§2.1の最初に与える．

§0.2　拡散方程式に関する予備的考察

拡散方程式の最も基本的な形は

(0.2.1)
$$\frac{\partial u}{\partial t}=\triangle u$$

と書かれる；ここで $u\equiv u(t,x)$ は時間 t $(\geqq 0)$ と m 次元空間 $\mathbf{R}^m$ またはその中の領域 Ω の点 x の函数であり，$\triangle$ は x の空間におけるラプラシアンである．我々は $\triangle$ よりもやや一般的な次の偏微分作用素 A およびそれと‘共役’な偏微分作用素 A^* を考える：

(0.2.2)
$$Au=\triangle u+\sum_{i=1}^{m} b^i(x)\frac{\partial u}{\partial x^i},\quad A^*v=\triangle v-\sum_{i=1}^{m}\frac{\partial}{\partial y^i}[b^i(y)v].$$

従って，拡散方程式としては，(0.2.1) の代りに

(0.2.3)
$$\frac{\partial u}{\partial t}=Au,$$
(0.2.3*)
$$\frac{\partial v}{\partial t}=A^*v$$

を扱い，これらに対して，$t=0$ のときの‘初期条件’をそれぞれ

(0.2.4)
$$u(0,x)=u_0(x),\quad v(0,y)=v_0(y)$$

の形に与える．$\mathbf{R}^m$ の部分領域 Ω で考える場合の $\partial\Omega$ 上の境界条件としては，Dirichlet 型のものは (0.2.3) についても (0.2.3*) についても同じ形の

(0.2.5)
$$u(t,x)=\varphi(x),\quad v(t,y)=\varphi(y)$$

を考えるが，Neumann 型の境界条件は，方程式 (0.2.3) に対しては

(0.2.6)
$$\frac{\partial u(t,x)}{\partial \boldsymbol{n}(x)}=\varphi(x)$$

を考え，方程式 (0.2.3*) に対しては

(0.2.6*)
$$\frac{\partial v(t,y)}{\partial \boldsymbol{n}(y)}-\beta(y)v(t,y)=\varphi(y)$$

を考える；ここで $\beta(y)$ は Ω の境界 $\partial\Omega$ の上の点 y におけるベクトル $\boldsymbol{b}(y)=(b^1(y),\cdots,b^m(y))$ の外法線成分である．これらの方程式や境界条件の物理的意

味については，'あとがき' にあげてある拙著［1］の序章§0を見られたい．

$b^i(x)\equiv 0$ $(i=1,\cdots,m)$ のときは $A=A^*=\triangle$ となって，A と A^* を区別する必要がなく，(0.2.3)と(0.2.3*)は共に(0.2.1)と同じになり，また(0.2.6*)は(0.2.6)と同じになる．我々が本書において述べようとする理想境界の構成(特にNeumann 型理想境界の場合)においては，$b^i(x)\neq 0$ なることによって起こる問題点をどのように処理するかが興味ある点の一つであるから，この§においても $b^i(x)\neq 0$ 従って $A\neq A^*$ の場合について述べる．以後 Ω は有界領域とし，Ω の境界には適当な滑らかさを仮定しておく．

なお，次の章からは Euclid 空間 $\mathbf{R}^m$ のかわりに m 次元多様体で考え，従って △は Laplace-Beltrami 作用素になるが，これは単なる形式的一般化ではない；そうすることの意義についても［1］の§1を参照されたい．

拡散方程式 (0.2.3), (0.2.3*) に Dirichlet 型境界条件 (0.2.5) を合わせて考えたとき，基本解と呼ばれる函数 $U(t,x,y)$ $(t>0,\ x\in\overline{\Omega},\ y\in\overline{\Omega})$ が存在して次の i), ii) が成り立つ：

i) 拡散方程式(0.2.3)の解 $u(t,x)$ で，初期条件(0.2.4)と境界条件(0.2.5)を満たすものが

$$u(t,x)=\int_\Omega U(t,x,y)u_0(y)dy - \int_0^t d\tau\int_{\partial\Omega}\frac{\partial U(\tau,x,y)}{\partial \boldsymbol{n}(y)}\varphi(y)dS(y) \tag{0.2.7}$$

で与えられる．

ii) 拡散方程式 (0.2.3*) の解 $v(t,y)$ で，初期条件 (0.2.4) と境界条件 (0.2.5) を満たすものが

$$v(t,y)=\int_\Omega v_0(x)U(t,x,y)dx - \int_0^t d\tau\int_{\partial\Omega}\varphi(x)\frac{\partial U(\tau,x,y)}{\partial \boldsymbol{n}(x)}dS(x) \tag{0.2.7*}$$

で与えられる．

更に，$x\neq y$ なるかぎり

$$G(x,y)=\int_0^\infty U(t,x,y)dt \tag{0.2.8}$$

が存在する．また(0.2.7)の右辺第1項は $t\to\infty$ とするとき0に近づくことが示されるので，左辺の $u(t,x)$ も $t\to\infty$ とするときの極限函数 $u(x)$ が存在し，(0.2.7) は

$$u(x)=-\int_{\partial\Omega}\frac{\partial G(x,y)}{\partial \boldsymbol{n}(y)}\varphi(y)dS(y) \tag{0.2.9}$$

となる．（右辺第2項は形式的に極限移行したが，これは厳密に証明できる.）このuは $Au=0$ を満たし，$\partial\Omega$ 上で $u=\varphi$ となる；すなわち Dirichlet 問題の解である．$G(x,y)$ は Green 函数であり，(0.2.9) は (0.1.3) と同じ式である．同様にして (0.2.7*) から

$$v(y)=-\int_{\partial\Omega}\varphi(x)\frac{\partial G(x,y)}{\partial \boldsymbol{n}(x)}dS(x) \tag{0.2.9*}$$

が得られ，この v は $A^*v=0$ を満たし，$\partial\Omega$ 上で $v=\varphi$ となる．

さて，基本解 $U(t,x,y)$ の拡散現象的意味は，初めに点 x にあった単位質量が拡散によって時間 t の後に点 y における体積要素 dy の部分へ移る割合を表わすものである．すなわち，$U(t,x,y)$ は y の函数としては，初めに点 x にあった単位質量の，時刻 $t>0$ における濃度分布を表わしている．従って，$\dfrac{\partial U(t,x,y)}{\partial \boldsymbol{n}(y)}$ は領域の境界上の点 y における外向きの濃度勾配を表わし，特に境界条件が Dirichlet 型の (0.2.5) である場合には，上の法線方向微分係数の符号を変えた $-\dfrac{\partial U(t,x,y)}{\partial \boldsymbol{n}(y)}$ は，点 x にあった単位質量が時間 t の後に境界上の点 y における面積要素 $dS(y)$ の部分に到達する密度分布を表わしている．(0.2.8) により

$$-\frac{\partial G(x,y)}{\partial \boldsymbol{n}(y)}=\int_0^\infty\left\{-\frac{\partial U(t,x,y)}{\partial \boldsymbol{n}(y)}\right\}dt$$

となるから，(0.2.9) に現われる $-\dfrac{\partial G(x,y)}{\partial \boldsymbol{n}(y)}$ は，点 x から拡散し始めた単位質量が無限時間の間に境界上の点 y に到達する密度分布と考えられるが，(0.2.9)で与えられる $u(x)$ が $Au=0$ を満たすということは，拡散が時間的に定常な状態すなわち平衡状態に達したものと考えられるので，この意味では

$-\dfrac{\partial G(x, y)}{\partial n(y)}$は，点 x において単位時間に単位質量の湧き出しがあるときの境界上の $dS(y)$ 部分に到達する密度を表わし，これを $\varphi(y)dS(y)$ なる重み (weight) で平均したものが (0.2.9) の $u(x)$ であると考えることでもきる.

次に，拡散方程式 (0.2.3)，(0.2.3*) にそれぞれ Neumann 型境界条件 (0.2.6)，(0.2.6*)を合わせて考えたときも，前と同じように基本解 $U(t, x, y)$ (前の基本解 $U(t, x, y)$ とは別の函数) が存在して，次の i), ii) が成り立つ：

i) 拡散方程式(0.2.3)の解 $u(t, x)$ で，初期条件(0.2.4)と境界条件(0.2.6)を満たすものが

$$u(t, x)=\int_{\Omega} U(t, x, y)u_0(y)dy + \int_0^t d\tau\int_{\partial\Omega} U(\tau, x, y)\varphi(y)dS(y) \tag{0.2.10}$$

で与えられる.

ii) 拡散方程式 (0.2.3*) の解 $v(t, y)$ で，初期条件 (0.2.4) と境界条件 (0.2.6*) を満たすものが

$$v(t, y)=\int_{\Omega} v_0(x)U(t, x, y)dx + \int_0^t d\tau\int_{\partial\Omega}\varphi(x)U(\tau, x, y)dS(x) \tag{0.2.10*}$$

で与えられる.

この場合も基本解 $U(t, x, y)$ の拡散現象的意味は，前の (Dirichlet 型境界条件を考えたときの)基本解と全く同じである．従って(0.2.10*)の右辺第1項は，初めの質量分布の密度が $v_0(x)$ であった拡散物質の，時間 t の後の分布密度を表わしている．また (0.2.6*) の左辺は境界上の点 y における流量 (flux) の法線成分を表わすから，$\varphi(y)\geqq 0$ ならば (0.2.6*) は単位時間に境界から面密度 $\varphi(y)$ の割合で拡散物質が流入することを意味する．だから (0.2.10*) の右辺第2項は，この割合で拡散物質が境界からたえず流入するときの，時間 t の後の分布密度を表わす.

この基本解 $U(t, x, y)$ に対しては，(0.2.8) によって Green 函数の役目の $G(x, y)$ を定義することはできない；右辺の積分は発散する．そのために，

(0.2.10), (0.2.10*)において $t\to\infty$ とすると，どちらの式でも右辺第2項は∞に発散し，‘平衡状態’には近づかない．このことを(0.2.10*)の右辺第2項について拡散現象的に解釈すると，境界からたえず一定の割合で流入するため，領域内の総質量が限りなく増加して，時間 t とともに∞に近づくのである．だから，境界条件を与える函数 $\varphi(x)$ が正値であっても平衡状態を得るためには，領域 Ω の境界からたえず一定の割合で流入する質量を吸収してくれる所が必要である．

そこで，領域 Ω の内部に，十分滑らかな境界をもつコンパクト集合 K_0 を一つ固定し，領域 $\Omega\setminus K_0$ において拡散方程式 (0.2.3), (0.2.3*) を考え，それぞれに対して $\partial\Omega$ における境界条件 (0.2.6), (0.2.6*) を与えるだけでなく，∂K_0 における Dirichlet 型の境界条件

(0.2.11) $$u(t,x)=0,\quad v(t,y)=0\quad \text{(吸収壁の条件)}$$

を与える．このとき前と同様な基本解 $U(t,x,y)$ (ただし定義域は $t>0$, $x\in\overline{\Omega\setminus K_0}$, $y\in\overline{\Omega\setminus K_0}$) が存在して，これらの方程式，境界条件と初期条件 (0.2.4) を満たす函数 $u(t,x)$, $v(t,y)$ がそれぞれ(0.2.10), (0.2.10*) (ただし，どちらの式でも右辺第1項の積分領域を $\Omega\setminus K_0$ とする) で与えられる．この場合は (0.2.8) と同様に $x\neq y$ なるかぎり次の核函数が定義される：

(0.2.12) $$N(x,y)=\int_0^\infty U(t,x,y)\,dt.$$

このとき，例えば (0.2.10*) の右辺において形式的に $t\to\infty$ とすると，第1項は0に近づき，

(0.2.13) $$v(y)=\int_{\partial\Omega}\varphi(x)N(x,y)\,dS(x)$$

で定義される函数 v が

(0.2.14) $$\begin{cases}\Omega\setminus K_0 \text{ において } & A^*v=0,\\ \partial\Omega \text{ の上で } \partial v/\partial \boldsymbol{n}-\beta v=\varphi, & \partial K_0 \text{ の上で } v=0\end{cases}$$

を満たすことが証明される．基本解 $U(t,x,y)$ の拡散現象的意味は前と同じであるから，(0.2.12) で定義される $N(x,y)$ を用いて (0.2.13) で与えられる函

数 $v(y)$ が上に述べた方程式と境界条件を満たすことは，境界 $\partial\Omega$ 上の $dS(x)$ 部分から単位時間に $\varphi(x)dS(x)$ だけの質量が流入し，それが境界 ∂K_0 から吸収されることによって平衡状態を保っており，そのときの拡散物質の分布密度が $v(y)$ であると考えられる.

上の(0.2.13)，(0.2.14)がそれぞれ前§の(0.1.8)，(0.1.6′)に対応する．前§で述べた場合には，$A=A^*=\triangle$ であることにより核函数が対称性：$N(x,y)=N(y,x)$ をもつため，(0.2.13)を(0.1.8)の形に書くことができるし，また $\beta\equiv 0$ であるから(0.2.14)の中の境界条件が(0.1.6′)のように書けるのである.

Martin 境界，倉持境界をそれぞれ偏微分作用素 A, A^* に関して考えることについて. このことは，普通のラプラシアン△を考える場合には(あるいは，変数係数の Laplace-Beltrami 作用素 A でも，$A=A^*$ であるから)特別に考慮する必要のないことであるが，一般に $A\neq A^*$ の場合には考慮しなければならない．このことについて，非常に素朴な説明ではあるが，ここに述べておこう.

前にも述べたように，基本解 $U(t,x,y)$ は $\underrightarrow{x\text{から}y}$へ拡散物質が移動する割合を表わしている．$G(x,y)$，$N(x,y)$ についても平衡状態に関して同様に解釈される．点 x から湧き出した単位質量が境界上の $dS(y)$ 部分に到達する密度 $-\dfrac{\partial G(x,y)}{\partial \boldsymbol{n}(y)}$ を，$\varphi(y)dS(y)$ なる重みで平均した式(0.2.9)で与えられる $u(x)$ が Dirichlet 問題：

$$\Omega \text{ において } Au=0, \quad \partial\Omega \text{ の上で } u=\varphi,$$

の解であるから，拡散現象的には，方程式 $Au=0$ の解が Dirichlet 問題と直接結びつく．だから Dirichlet 問題のある意味での拡張と考えられるところの Martin 境界の理論は，偏微分作用素 A について考えるのである.

次に Neumann 問題の場合を考察する．A がラプラシアン△のときは，領域 Ω の境界 $\partial\Omega$ の上での外法線微分係数 $\partial v/\partial \boldsymbol{n}=\varphi$ を与えることは，境界面上の単位面積あたりの拡散物質の流入量を与えることであるから，この境界条件と $\triangle v=0$ とを満たす v を核函数 $N(x,y)$ によって表わす式は

$$(0.2.15) \qquad v(y)=\int_{\partial\Omega}\varphi(x)N(x,y)dS(x)$$

と書くのが自然である；それは $N(x, y)$ は物質が $\underrightarrow{x\text{から}y}$ へ移動する割合であることによる．$\triangle$の場合には $N(x, y)=N(y, x)$ であるから(0.2.15)は(0.1.8)と本質的には同じであるが，一般の A と $A^*(\neq A)$ とを考えるときは，上に述べた拡散現象的意味があるのは (0.2.15) であって(0.1.8)ではない．(0.2.15)で定義される $v(y)$ は $A^*v=0$ を満たす函数である．だから，Dirichlet 問題に対する Martin 境界と同じ思想で Neumann 問題に対する倉持境界を考える場合には，偏微分作用素 A^* について考えるのである．

我々は理想境界の構成においては，一つの多様体 R を考えて，その上で理論を構成する．その R が，より広い多様体 $\boldsymbol{M}(=\mathbf{R}^m$ でもよい) の部分領域であって，その境界の一部または全体が十分滑らかであっても，最初は境界のことを考えないで R の理想境界を構成する．そのあとで，上述のように R が $\boldsymbol{M}$ の中で滑らかな境界をもてば，それが理想境界の中へ自然な形に埋め込まれることが示される．

第1章　拡散方程式・楕円型境界値問題に関する準備

§1.1　予備概念と記号

R を向きづけられた C^∞ 級多様体とし，その次元を $m\geqq 2$ とする．R の点 x の局所座標を $(x^1, \cdots, x^m)$ で表わす．テンソル解析の慣例に従って，上下の添え字が同時に現われる式においては，その添え字について加えることを意味する．集合 $E\subset R$ の R における閉包，開核(＝内点全体の集合)，境界をそれぞれ $\bar{E}, E^\circ, \partial E$ で表わす．

本書においては，集合 $E\subset R$ が有界であるとは，$\bar{E}$ がコンパクトであることとし，E が**正則**な集合であるとは，∂E が有限個の互いに交わらない $m-1$ 次元 C^3 級単純超曲面からなることとする．正則な集合 E も，その境界 ∂E も，有界である必要はない．なお，K が正則コンパクト集合ならば，その境界 ∂K も正則コンパクト集合であることは，定義から明らかである．

Ω を R の中の正則な領域(＝連結開集合)とする．$\bar{\Omega}$ で定義された函数 f の，$\partial\Omega$ 上の点 z における微分係数(局所座標に関する)を次のように定義する：z の適当な座標近傍 $U(z)$ をとれば，任意の $x\in U(z)\cap\bar{\Omega}$ に対して

$$f(x)=f(z)+\alpha_i(x^i-z^i)+o(|x-z|)$$

($|x-z|$ はその局所座標に関する Euclid 的距離) が成立するとき

$$\frac{\partial f(z)}{\partial x^i}=\alpha_i \quad (i=1, \cdots, m)$$

と定める．$\dfrac{\partial^2 f(z)}{\partial x^i \partial x^j}$ 等も同様の方法で定義される．従って，函数 f が $\bar{\Omega}$ の上で C^k 級 $(k=0, 1, 2, \cdots)$ という概念が定義され，それらは局所座標に無関係な概念である．

Ω で C^k 級の実数値函数の全体を $C^k(\Omega)$，またその中で台が Ω に含まれるコ

ンパクト集合であるもの全体を $C_0^k(\Omega)$ と書くことは慣例のとおりであるが，上に述べた意味で $\overline{\Omega}$ で C^k 級の実数値函数の全体を $C^k(\overline{\Omega})$，その中で台が $\overline{\Omega}$ に含まれるコンパクト集合であるもの全体を $C_0^k(\overline{\Omega})$ と書く．$C_0^k(\Omega)$ に属する函数は $\partial\Omega$ 上の値を 0 と定義し，$C^k(\overline{\Omega})$ に属する函数をその Ω への制限と同一視すれば，$C^k(\Omega)\supset C^k(\overline{\Omega})\supset C_0^k(\overline{\Omega})\supset C_0^k(\Omega)$ であるが，$\overline{\Omega}$ がコンパクトならば $C^k(\overline{\Omega})=C_0^k(\overline{\Omega})$ である．

R において次の**楕円型偏微分作用素** A を考える：

$$Au(x)=\frac{1}{\sqrt{a(x)}}\frac{\partial}{\partial x^i}\left[\sqrt{a(x)}\,a^{ij}(x)\frac{\partial u(x)}{\partial x^j}\right]+b^i(x)\frac{\partial u(x)}{\partial x^i}+c(x)u(x)\ ;$$

ここで $\|a^{ij}(x)\|$ は R において C^2 級の2階反変テンソルで，各点 $x\in R$ において狭義正定符号の対称行列であり，$\|b^i(x)\|$ は R において C^2 級の反変ベクトル，また $c(x)$ は R において C^1 級の函数で，常に

(1.1.1)　$$c(x)\leqq 0$$

なるものとする．また

(1.1.2)　$$\|a_{ij}(x)\|=\|a^{ij}(x)\|^{-1}\ (\text{逆行列}),\quad a(x)=\det\|a_{ij}(x)\|$$

とする．

R において，テンソル $\|a_{ij}(x)\|$ によって導かれる Riemann 計量を考えることができる．今後，この計量に関する体積要素 $dx=\sqrt{a(x)}dx^1\cdots dx^m$ や，ベクトル場の発散 (div)，内積等を考える．すなわち，ベクトル場

$$\Phi=(\varphi_1,\cdots,\varphi_m),\quad \Psi=(\psi_1,\cdots,\psi_m)\qquad (\text{共変成分})$$

に対して

$$\operatorname{div}\Phi=\frac{1}{\sqrt{a}}\cdot\frac{\partial}{\partial x^i}[\sqrt{a}\ \ a^{ij}\varphi_j],$$

$$(\Phi\cdot\Psi)=a^{ij}\varphi_i\psi_j,\quad |\Phi|=(\Phi,\Phi)^{1/2}$$

とする．スカラー場 φ の勾配（gradient とも呼ばれるベクトル場である）を $\nabla\varphi$ で表わし，また $\boldsymbol{b}\equiv\boldsymbol{b}(x)=\|b^i(x)\|$ とすると，偏微分作用素 A は

$$Au=\operatorname{div}(\nabla u)+(\boldsymbol{b}\cdot\nabla u)+cu$$

と表わされる．これに対して，

$$A^*v = \mathrm{div}(\nabla v - \boldsymbol{b}v) + cv$$

で表わされる A^* を，偏微分作用素 A の**(形式的)共役偏微分作用素**という．

Ω を R の中の正則な領域とするとき，Ω の境界 $\partial\Omega$ の上で前述の Riemann 計量から導かれる超曲面要素を $dS(z)$ で表わす．また，点 $z \in \partial\Omega$ における単位外法線 (Ω から見て外向きの単位法線ベクトル) を $\boldsymbol{n}_\Omega = \boldsymbol{n}_\Omega(z)$ と書き，$\beta_\Omega(z) = (\boldsymbol{b}(z) \cdot \boldsymbol{n}_\Omega(z))$ とする．点 $z \in \partial\Omega$ の近傍において $\partial\Omega$ が方程式 $\psi(x) = 0$ で表わされ，Ω の内部で $\psi(x) > 0$ ならば，

$$\boldsymbol{n}_\Omega = -\nabla\psi / |\nabla\psi|, \quad \text{従って} \quad \beta_\Omega = -(\boldsymbol{b} \cdot \nabla\psi) / |\nabla\psi| ;$$

同様に，スカラー場 u の外法線微分係数は次の式で与えられる：

$$\frac{\partial u}{\partial \boldsymbol{n}_\Omega} = -\frac{(\nabla u \cdot \nabla\psi)}{|\nabla\psi|}.$$

$\alpha(x)$ を $\partial\Omega$ 上で C^2 級の函数であって $0 \leqq \alpha(x) \leqq 1$ なる値をとり，超曲面 $\partial\Omega$ 上での 2 階の各偏導函数が Hölder 連続なものとする．$\partial\Omega$ 上で連続な函数 φ を与え，$\overline{\Omega}$ で定義された函数 u, v に対して，$\partial\Omega$ 上での**境界条件**

$$(\mathrm{B}_\varphi) \qquad \alpha(x)u(x) + [1 - \alpha(x)] \frac{\partial u(x)}{\partial \boldsymbol{n}_\Omega(x)} = \varphi(x)$$

および

$$(\mathrm{B}_\varphi^*) \qquad \alpha(x)v(x) + [1 - \alpha(x)] \left\{ \frac{\partial v(x)}{\partial \boldsymbol{n}_\Omega(x)} - \beta_\Omega(x)v(x) \right\} = \varphi(x)$$

を考える．これらの境界条件で $\varphi \equiv 0$ の場合を，それぞれ (B_0)，(B_0^*) で表わす．(B_0^*) を (B_0) に共役な境界条件というが，$\varphi \not\equiv 0$ の場合にも同様に呼ぶこともある．

なお，まぎれる恐れがなければ，$\boldsymbol{n}_\Omega, \beta_\Omega$ の添え字 Ω を省略することがある．

$\overline{\Omega}$ 上の函数 u が境界条件 (B_φ) を満たすとは，$\alpha(x) = 1$ なる点 x においては連続，$\alpha(x) \neq 1$ なる点 x の近傍と $\overline{\Omega}$ との交わりにおいては C^1 級であって，(B_φ) が成立することである．

Ω で C^k 級のベクトル場の全体を $\boldsymbol{C}^k(\Omega)$ と書く ($k \geqq 0$)．$\boldsymbol{C}_0^k(\overline{\Omega})$ 等の記号も，前に述べた函数の集合の場合と同様に規約する．

$\boldsymbol{\Phi}\in \boldsymbol{C}_0^1(\Omega)\cap\boldsymbol{C}_0^0(\bar{\Omega})$, v が有界かつ $\in C_0^1(\Omega)\cap C_0^0(\bar{\Omega})$ で, $\mathrm{div}\,\boldsymbol{\Phi}$ と $(\nabla v\cdot\boldsymbol{\Phi})$ が Ω 上で可積分(前述の体積要素 dx に関して)ならば

$$(1.1.3)\qquad \int_\Omega v\,\mathrm{div}\,\boldsymbol{\Phi}\,dx=\int_{\partial\Omega}v(\boldsymbol{\Phi}\cdot\boldsymbol{n})\,dS-\int_\Omega(\nabla v\cdot\boldsymbol{\Phi})dx$$

なることは, **Green の公式**として知られている. ここで $v\equiv 1$ とした式

$$(1.1.3')\qquad \int_\Omega \mathrm{div}\,\boldsymbol{\Phi}\,dx=\int_{\partial\Omega}(\boldsymbol{\Phi}\cdot\boldsymbol{n})dS$$

は **Gauss の定理**または**発散の定理**と呼ばれるが, (1.1.3)をも Gauss の定理と呼び, 次の (1.1.4), (1.1.5) のみを Green の公式と呼ぶ人もある. u, v が有界かつ $\in C_0^2(\Omega)\cap C_0^1(\bar{\Omega})$ であって, $\mathrm{div}(\nabla u)$, $(\nabla u\cdot\nabla v)$, $\mathrm{div}(\nabla v-\boldsymbol{b}v)$, $(\nabla u\cdot\boldsymbol{b}v)$ が Ω 上で可積分ならば, (1.1.3) により

$$(1.1.4)\qquad \int_\Omega v\,\mathrm{div}(\nabla u)\,dx=\int_{\partial\Omega}v\frac{\partial u}{\partial \boldsymbol{n}}\,dS-\int_\Omega(\nabla v\cdot\nabla u)dx,$$

および

$$\int_\Omega u\,\mathrm{div}(\nabla u-\boldsymbol{b}v)dx=\int_{\partial\Omega}u\left(\frac{\partial u}{\partial\boldsymbol{n}}-\beta v\right)dS-\int_\Omega(\nabla u\cdot[\nabla v-\boldsymbol{b}v])dx$$

が成立するから, この二つの式を辺々引き算してから右辺の $(\nabla u\cdot\boldsymbol{b}v)$ の積分を左辺に移すと, 偏微分作用素 A と A^* の定義により次の式を得る:

$$(1.1.5)\qquad \int_\Omega(Au\cdot v-u\cdot A^*v)dx=\int_{\partial\Omega}\left\{\frac{\partial u}{\partial\boldsymbol{n}}v-u\left(\frac{\partial v}{\partial\boldsymbol{n}}-\beta v\right)\right\}dS$$

(A と A^* の中の c を含む項は相殺する). (1.1.4) および(1.1.5)も Green の公式と呼ばれる. 更に u, v がそれぞれ境界条件 (B_0), (B_0^*) を満たすならば, (1.1.5)は

$$(1.1.6)\qquad \int_\Omega Au\cdot v\,dx=\int_\Omega u\cdot A^*v\,dx$$

となる. 従って, 特に $u, v\in C_0^2(\Omega)$ ならば (1.1.6) が成立する.

楕円型境界値問題 f を領域 Ω 上で与えられた連続函数とする. (Hölder 連続性, 有界性あるいは可積分性等を仮定することが多い.) このとき

$$Au=-f, \quad A^*v=-f$$

の形の方程式を**楕円型(偏微分)方程式**と呼び,

方程式 $Au=-f$ と境界条件 (B_φ)

を満たす $u=u(x)$ を求める問題, および

方程式 $A^*v=-f$ と境界条件 (B_φ^*)

を満たす $v=v(x)$ を求める問題を, **楕円型境界値問題**という.

境界条件 (B_φ) において $\alpha(x)\equiv 1$ としたもの, すなわち

$$u|_{\partial\Omega}=\varphi \tag{1.1.7}$$

を **Dirichlet 境界条件**といい, $\alpha(x)\equiv 0$ としたもの, すなわち

$$(\partial u/\partial \boldsymbol{n})|_{\partial\Omega}=\varphi \tag{1.1.8}$$

を **Neumann 境界条件**という. また領域 Ω で

$$Au=0 \tag{1.1.9}$$

を満たす函数 u を, 本書では A-**調和函数**と呼ぶ; A が $\triangle$(ラプラシアン)の場合は普通の調和函数である. 境界条件 (1.1.7) を満たす A-調和函数 u を求める問題を **Dirichlet(境界値)問題**といい, (1.1.8)を満たす A-調和函数 u を求める問題を **Neumann (境界値) 問題**という. これらの境界値問題の名称は, 斉次方程式 (1.1.9) を非斉次方程式

$$Au=-f \tag{1.1.10}$$

で置き替えた場合にも用いる. また, 偏微分作用素 A, 境界条件 (B_φ) をそれぞれ A^*, (B_φ^*) で置き替えたものも, 同様の名称で呼ぶことがある.

拡散方程式とその基本解の定義 まず拡散方程式を定式化しよう.

時間 t の区間 $(0, \infty)$ と R の中の正則な領域 Ω との直積 $(0,\infty)\times\Omega$ における**放物型偏微分方程式**

$$\frac{\partial u(t,x)}{\partial t}=Au(t,x)+f(t,x) \tag{L_f}$$

に, $t\downarrow 0$ のときの**初期条件**

$$\lim_{t\downarrow 0} u(t,x)=u_0(x) \quad (\Omega \text{ 上で有界収束}) \tag{I}$$

および $(0,\infty)\times\partial\Omega$ における**境界条件**

$$(\mathrm{B}_\varphi)\qquad \alpha(x)u(t,x)+[1-\alpha(x)]\frac{\partial u(t,x)}{\partial \boldsymbol{n}_\Omega(x)}=\varphi(t,x)$$

を合わせて考える；ここで u_0, f, φ はそれぞれ Ω, $(0,\infty)\times\Omega$, $(0,\infty)\times\partial\Omega$ の上で与えられた有界連続な函数である．函数 $u(t,x)$ が (L_f) を満たすとは，$u(t,x)$ が t について C^1 級，x について C^2 級であって方程式 (L_f) が成立し，任意の $t>0$ に対して，x について $u(t,x)$ が Ω 上で有界であり，$Au(t,x)$ が Ω に含まれる任意の有界領域の上で有界なことである．また，$u(t,x)$ が (B_φ) を満たすとは，任意の $t>0$ に対して前に述べた意味で (B_φ) が成立することである．(L_f), (I), (B_φ) を満たす $u(t,x)$ を求める問題を**放物型初期値-境界値問題** $(\mathrm{L}_f\text{-I-}B_\varphi)$ と呼ぶ．

この $(\mathrm{L}_f\text{-I-B}_\varphi)$ に共役な問題として，次のものを扱う．$(0,\infty)\times\Omega$ における**放物型偏微分方程式**

$$(\mathrm{L}_f^*)\qquad \frac{\partial v(t,y)}{\partial t}=A^*v(t,y)+f(t,y)$$

に，$t\downarrow 0$ のときの**初期条件**

$$(\mathrm{I}^*)\qquad \lim_{t\downarrow 0}\int_\Omega |v(t,y)-v_0(y)|\,dy=0$$

および $(0,\infty)\times\partial\Omega$ における**境界条件**

$$(\mathrm{B}_\varphi^*)\qquad \alpha(y)v(t,y)+[1-\alpha(y)]\left\{\frac{\partial v(t,y)}{\partial \boldsymbol{n}_\Omega(y)}-\beta_\Omega(y)v(t,y)\right\}=\varphi(t,y)$$

を合わせて考える；ここで v_0, f, φ はそれぞれ Ω, $(t,\infty)\times\Omega$, $(t,\infty)\times\partial\Omega$ の上で与えられた連続函数で，$\int_\Omega |v_0(y)|\,dy$, $\sup_{t>0}\int_\Omega |f(t,y)|\,dy$, $\sup_{t>0}\int_{\partial\Omega}|\varphi(t,y)|\,dS(y)$ が有限なものとする．函数 $v(t,y)$ が (L_f^*) を満たすとは，$v(t,y)$ が t について C^1 級，y について C^2 級であって方程式 (L_f^*) が成立し，任意の $t>0$ に対して y について $v(t,y)$ が Ω 上で可積分，$A^*v(t,y)$ が Ω に含まれる任意の有界領域の上で可積分なことである．また，$v(t,y)$ が (B_φ^*) を満たすとは，任意の $t>0$ に対して前に述べた意味で (B_φ^*) が成立することである．

(L_f), (L_f^*) において $f\equiv 0$ とした方程式を，それぞれ (L_0), (L_0^*) で表わす．(B_φ), (B_φ^*) において $\varphi\equiv 0$ としたものは，それぞれ前に述べた (B_0), (B_0^*) で

ある.

方程式 (L_f), (L_f^*) を一般に**拡散方程式**(または**熱伝導方程式**)という. 前に述べた **Dirichlet 境界条件**, **Neumann 境界条件**の名称は, 放物型初期値-境界値問題の場合にも用いる.

ここで拡散方程式の基本解の定義を与える.

定義 i) $(0, \infty)\times\overline{\Omega}\times\overline{\Omega}$ で定義された連続函数 $U(t, x, y)$ が**初期値-境界値問題** $(\mathrm{L}_0\text{-I-B}_0)$ **の基本解**であるとは, $\overline{\Omega}$ で有界連続な任意の函数 $u_0(x)$ に対して

$$(1.1.11) \qquad u(t, x)=\int_\Omega U(t, x, y)u_0(y)dy$$

で定義される函数 $u(t, x)$ が $(\mathrm{L}_0\text{-I-B}_0)$ の解となることである.

ii) $(0, \infty)\times\overline{\Omega}\times\overline{\Omega}$ で定義された連続函数 $U^*(t, x, y)$ が**初期値-境界値問題** $(\mathrm{L}_0^*\text{-I}^*\text{-B}_0^*)$ **の基本解**であるとは, Ω で連続かつ可積分な任意の函数 $v_0(x)$ に対して

$$(1.1.11^*) \qquad v(t, y)=\int_\Omega v_0(x)U^*(t, x, y)dx$$

で定義される函数 $v(t, y)$ が $(\mathrm{L}_0^*\text{-I}^*\text{-B}_0^*)$ の解となることである.

実際は, $(\mathrm{L}_0\text{-I-B}_0)$ の基本解であって同時に $(\mathrm{L}_0^*\text{-I}^*\text{-B}_0^*)$ の基本解である函数 $U(t, x, y)$ の存在が示され, それを使って $(\mathrm{L}_f\text{-I-B}_\varphi)$ の解, $(\mathrm{L}_f^*\text{-I}^*\text{-B}_\varphi^*)$ の解を与える公式が示されるので, それらの事実を述べた後は, その共通の基本解 $U(t, x, y)$ を単に**(拡散方程式の)基本解**と呼ぶことにする.

以下この章においては, 本叢書中の拙著「拡散方程式」[1]に述べられた事実(定理など)のうち, 本書において直接用いられる事項を述べ, 補足的説明を加える. 上掲書を今後 [拡] と書いて引用する. 以下に述べる定理の証明は大部分省略するから, 必要あらば [拡] を参照されたい. なお, [拡] においては偏微分作用素 A, A^* が t を含む形で述べてある定理も, ここでは初めから t を含まない形で述べる.

§1.2　拡散方程式の基本解の性質，解の存在と一意性

まずΩを有界な正則領域とする．このとき初期値-境界値問題 (L_0-I-B_0) の基本解であって同時に初期値-境界値問題 (L_0^*-I*-B_0^*) の基本解でもある函数 $U(t, x, y)$ を構成することができる（[拡] 第2章§7, §8）．一方，次に示すように，(L_0-I-B_0) の任意の基本解 $U(t, x, y)$ と (L_0^*-I*-B_0^*) の任意の基本解 $U^*(t, x, y)$ とが一致するので，両者の基本解が一意的でかつ同じ函数であることが結論される．

二つの基本解が一致することの**証明**．$\overline{\Omega}$ で有界連続な任意の函数 $u_0(x)$ と，Ω で連続かつ可積分な任意の函数 $v_0(x)$ をとり，前§の最後に述べた基本解の定義にあるように，函数 $u(t, x)$, $v(t, y)$ を (1.1.11), (1.1.11*) で定義する．任意の $t>0$ をとり $0<\tau_1<\tau_2<t$ とすると，函数 $u(t, x)$, $v(t, y)$ がそれぞれ方程式 (L_0), (L_0^*) を満たすことにより

$$\int_\Omega v(t-\tau_2, z)u(\tau_2, z)dz-\int_\Omega v(t-\tau_1, z)u(\tau_1, z)dz$$
$$=\int_{\tau_1}^{\tau_2}d\tau\int_\Omega \frac{d}{d\tau}[v(t-\tau, z)u(\tau, z)]dz$$
$$=\int_{\tau_1}^{\tau_2}d\tau\int_\Omega \{v(t-\tau, z)\cdot Au(\tau, z)-A^*v(t-\tau, z)\cdot u(\tau, z)\}dz\ ;$$

この積分は，$u(\tau, z)$, $v(\tau, z)$ がそれぞれ境界条件 (B_0), (B_0^*) を満たすことと Green の公式 (1.1.6) によって0になる．だから

$$\int_\Omega v(t-\tau, z)u(\tau, z)dz \tag{1.2.1}$$

は $t>\tau>0$ なるかぎり τ に無関係である．特に $\tau\uparrow t$, $\tau\downarrow 0$ とした極限値を考えると，$u(\tau, x)$, $v(\tau, x)$ がそれぞれ (I), (I*) を満たすから

$$\int_\Omega\int_\Omega v_0(x)\left\{\int_\Omega U^*(t-\tau, x, z)U(\tau, z, y)dz\right\}u_0(y)dx\,dy \tag{1.2.2}$$
$$=\int_\Omega\int_\Omega v_0(x)U(t, x, y)u_0(y)dx\,dy=\int_\Omega\int_\Omega v_0(x)U^*(t, x, y)u_0(y)dx\,dy.$$

ここで函数 u_0, v_0 と $t>0$ の任意なことにより，$(0,\infty)\times\Omega\times\Omega$ において，従って連続性により $(0,\infty)\times\overline{\Omega}\times\overline{\Omega}$ において

$$U(t,x,y)=U^*(t,x,y) \tag{1.2.3}$$

が成り立つ．従ってまた，(1.2.2) の第1の等式で t,τ をそれぞれ $t+s, s$ とすることにより，任意の $t,s>0$ と任意の $x,y\in\overline{\Omega}$ に対して

$$\int_\Omega U(t,x,z)U(s,z,y)dz=U(t+s,x,y) \tag{1.2.4}$$

が得られる．これを**基本解の半群性**という．

基本解の性質をいくつか述べておく．

(1.2.5) $U(t,x,y)$ は (t,x) の函数として方程式 (L_0) と境界条件 (B_0) を満たし，(t,y) の函数として方程式 (L_0^*) と境界条件 (B_0^*) を満たす．（［拡］§7）

(1.2.6) $U(t,x,y)\geqq 0,\ \int_\Omega U(t,x,y)dy\leqq 1.$ （［拡］定理 8.3）

また，$\overline{\Omega}_1\cap\overline{\Omega}_2=\phi$ なる任意の領域 Ω_1, Ω_2 をとるとき，

(1.2.7) $x\in\Omega_1\cap\overline{\Omega},\ y\in\Omega_2\cap\overline{\Omega}$ について一様に $\lim_{t\downarrow 0}U(t,x,y)=0$；（［拡］定理 8.6）

(1.2.8) $x,y\in\Omega_1\cap\overline{\Omega},\ z\in\Omega_2\cap\partial\Omega$ について一様に $\lim_{t\downarrow 0}\dfrac{\partial U(t,x,z)}{\partial \boldsymbol{n}_\Omega(z)}=0,\ \lim_{t\downarrow 0}\dfrac{\partial U(t,z,y)}{\partial \boldsymbol{n}_\Omega(z)}=0.$ （同上の系）

偏微分作用素 A の係数 $b^i(x)$ が $\equiv 0$（従って形式的に $A=A^*$）ならば

$$U(t,x,y)=U(t,y,x). \tag{1.2.9}$$

（［拡］定理8.5）

(1.2.6)の第1の不等式と境界条件 (B_0)，(B_0^*) により，任意の $t>0$ と任意の $x,y\in\overline{\Omega}$，$z\in\partial\Omega$ に対して

$$-\frac{\partial U(t,z,y)}{\partial \boldsymbol{n}_\Omega(z)}\geqq 0,\quad U(t,x,z)\beta_\Omega(z)-\frac{\partial U(t,x,z)}{\partial \boldsymbol{n}_\Omega(z)}\geqq 0 \tag{1.2.10}$$

となるが，更に強く次のことがいえる．（［拡］定理 10.1）

定理 1.2.1 $S_\nu=\{z\in\partial\Omega \mid \alpha(z)=\nu\}$ $(\nu=0,1)$ とおくと，

i) (1.2.6) の第1の不等式で等号が成立するのは，$x\in S_1$ または $y\in S_1$ の

とき，かつそのときにかぎる；

ii)　(1.2.10) の第1の不等式で等号が成立するのは，$z\in S_0$ または $y\in S_1$ のとき，かつそのときにかぎる；

iii)　(1.2.10) の第2の不等式で等号が成立するのは，$x\in S_1$ または $z\in S_0$ のとき，かつそのときにかぎる．——

次の二つの定理は，拡散方程式の係数 $c(x)$，境界条件の係数 $\alpha(x)$ の大小関係や，領域 Ω の大小関係が，基本解の大小関係に反映することを示す．

初めに一つの有界領域 Ω の上で考える．偏微分作用素 A の係数 $c(x)$ の条件（前§参照）を満たす二つの函数 $c_1(x)$, $c_2(x)$ を考え，$\nu=1,2$ に対して，A の $c(x)$ を $c_\nu(x)$ にしたものを A_ν とし，これに対応する拡散方程式 $\partial u/\partial t=A_\nu u$ を $(\mathrm{L}_{\nu,0})$ と書くことにする；ただし a^{ij}, b^i は共通とする．また，境界条件 (B_0) における係数 $\alpha(x)$ の条件を満たす二つの函数 $\alpha_1(x)$, $\alpha_2(x)$ を考え，$\nu=1,2$ に対して (B_0) の $\alpha(x)$ を $\alpha_\nu(x)$ としたものを $(\mathrm{B}_{\nu,0})$ と書く．初期値-境界値問題 $(\mathrm{L}_{\nu,0}$-I-$\mathrm{B}_{\nu,0})$ の基本解を $U_\nu(t,x,y)$ とすると，次の定理が成り立つ．（[拡] 定理 11.1）

定理 1.2.2　Ω 上で $c_1(x)\leqq c_2(x)$，かつ $\partial\Omega$ 上で $\alpha_1(x)\geqq\alpha_2(x)$ ならば，任意の $t>0$，任意の $x,y\in\bar{\Omega}$ に対して

(1.2.11)　$$0\leqq U_1(t,x,y)\leqq U_2(t,x,y).$$ ——

次に，$\Omega_1\subset\Omega_2$ なる二つの有界領域 Ω_1, Ω_2 を考える；$\partial\Omega_1$ と $\partial\Omega_2$ との共通部分はあってもなくてもよい．また，$\nu=1,2$ に対して，境界条件 (B_0) における係数 $\alpha(x)$ の条件を満たす $\alpha_\nu(x)$ を $\partial\Omega_\nu$ の上で考え，(B_0) の係数 $\alpha(x)$ を $\alpha_\nu(x)$ としたものを $(\mathrm{B}_{\nu,0})$ で表わす．Ω_ν における初期値-境界値問題 $(\mathrm{L}_0$-I-$\mathrm{B}_{\nu,0})$ の基本解を $U_\nu(t,x,y)$ とすると，次の定理が成り立つ．

定理 1.2.3　$\partial\Omega_1\cap\partial\Omega_2$ の上で $\alpha_1(x)\geqq\alpha_2(x)$ かつ $\partial\Omega_1\setminus\partial\Omega_2$ の上で $\alpha_1(x)\equiv 1$ ならば，任意の $t>0$，任意の $x,y\in\bar{\Omega}_1$ に対して

(1.2.12)　$$0\leqq U_1(t,x,y)\leqq U_2(t,x,y).$$ ——　（[拡] 定理 11.3）

以下の定理 1.2.4〜5* は，基本解 $U(t,x,y)$ を用いて初期値-境界値問題 $(\mathrm{L}_f$-I-$\mathrm{B}_\varphi)$, $(\mathrm{L}_f^*$-I^*-$\mathrm{B}_\varphi^*)$ の解を表わす式を与え，それらの解の一意性を示すも

のである；以下においても $S_1=\{z\in\partial\Omega\,|\,\alpha(z)=1\}$ (定理 1.2.1 と同様) とする．([拡] 定理 9.1, 9.2, 9.1*, 9.2* 参照)

定理 1.2.4 u_0, f, φ はそれぞれ Ω, $(0,\infty)\times\Omega$, $(0,\infty)\times\partial\Omega$ で与えられた有界連続な函数とする．$(0,\infty)\times\overline{\Omega}$ の上の函数 $u(t,x)$ が初期値-境界値問題 $(\mathrm{L}_f\text{-I-B}_\varphi)$ の解ならば，$u(t,x)$ は $(0,\infty)\times(\overline{\Omega}\setminus S_1)$ において次の式で与えられる：

$$(1.2.13)\quad u(t,x)=\int_\Omega U(t,x,y)u_0(y)dy+\int_0^t d\tau\int_\Omega U(t-\tau,x,y)f(\tau,y)dy$$
$$+\int_0^t d\tau\int_{\partial\Omega}\left\{U(t-\tau,x,y)[1+\beta_\Omega(y)]-\frac{\partial U(t-\tau,x,y)}{\partial \boldsymbol{n}_\Omega(y)}\right\}\varphi(\tau,y)dS(y).$$

従って $(\mathrm{L}_f\text{-I-B}_\varphi)$ の解は u_0, f, φ によって一意的に定まる．

定理 1.2.5 u_0 を Ω で有界連続函数，f を $(0,\infty)\times\Omega$ で有界でかつ Hölder 連続な函数とし，また φ を $(0,\infty)\times\partial\Omega$ で有界であって $(0,\infty)\times(\partial\Omega\setminus S_1)$ では Hölder 連続な函数とする．このとき，(1.2.13) で定義される函数 $u(t,x)$ は初期値-境界値問題 $(\mathrm{L}_f\text{-I-B}_\varphi)$ の解である．特に，f が $(0,\infty)\times\overline{\Omega}$ で有界かつ Hölder 連続ならば，方程式 (L_f) は $(0,\infty)\times\overline{\Omega}$ で成立する．また，φ が $[0,\infty)\times\partial\Omega$ で連続であり，u_0 が $\overline{\Omega}$ で連続であって，S_1 の上で $u_0(x)=\varphi(0,x)$ ならば，初期条件 (I) は $\overline{\Omega}$ 上の一様収束で成立する．

注意 1 定理 1.2.4 で解 u が (1.2.13) で表わされるのは $(0,\infty)\times(\overline{\Omega}\setminus S_1)$ の上であって $(0,\infty)\times\overline{\Omega}$ 全体ではない．実際に，$z\in S_1$ のとき (1.2.13) で $x=z$ とおくと右辺の各項は 0 になるから，$\varphi(t,z)\neq 0$ のときはこの点では (1.2.13) は成立しない．しかし $(0,\infty)\times(\overline{\Omega}\setminus S_1)$ において u の値が定まれば，初期値-境界値問題の解 u は $(0,\infty)\times\overline{\Omega}$ で連続だから，結局 $(0,\infty)\times\overline{\Omega}$ において解 u の値が定まることになり，解の一意性を述べたことになるのである．

注意 2 上の注意 1 に述べたと同じ理由により，定理 1.2.5 は厳密に述べると，“$(0,\infty)\times(\overline{\Omega}\setminus S_1)$ において (1.2.13) で定義される函数 $u(t,x)$ が $(0,\infty)\times\overline{\Omega}$ まで連続に一意的に拡張されて $(\mathrm{L}_f\text{-I-B}_\varphi)$ の解となる” というべきである．しかし今後も，煩雑を避けるため，上の“……”のかわりに定理 1.2.5 のように述べ，特に必要があれば注意することにする．

以上二つの‘注意’に述べた事項は，次の二つの定理にも適用される．

定理 1.2.4*　v_0, f, φ はそれぞれ Ω, $(0,\infty)\times\Omega$, $(0,\infty)\times\partial\Omega$ で与えられた連続函数で，v_0 は Ω 上で可積分であり，任意の $t>0$ に対して $\sup_{0<\tau<t}\int_\Omega|f(\tau,x)|dx$, $\sup_{0<\tau<t}\int_{\partial\Omega}|\varphi(\tau,x)|dS(x)$ が有限であるとする．$(0,\infty)\times\overline{\Omega}$ 上の函数 $v(t,y)$ が初期値-境界値問題 (L_f^*-I-B_φ^*) の解ならば，$v(t,y)$ は $(0,\infty)\times(\overline{\Omega}\setminus S_1)$ において次の式で与えられる：

$$
\text{(1.2.13*)}\quad
\begin{aligned}
v(t,y)=&\int_\Omega v_0(x)U(t,x,y)\,dx+\int_0^t d\tau\int_\Omega f(\tau,y)U(t-\tau,x,y)\,dx\\
&+\int_0^t d\tau\int_{\partial\Omega}\varphi(\tau,x)\left\{U(t-\tau,\ x,\ y)-\frac{\partial U(t,x,y)}{\partial \boldsymbol{n}_\Omega(x)}\right\}dS(x).
\end{aligned}
$$

従って (L_f^*-I*-B_φ^*) の解は v_0, f, φ によって一意的に定まる．

定理 1.2.5*　v_0 を Ω で連続かつ可積分な函数とし，f は $(0,\infty)\times\Omega$ で Hölder 連続，φ は $(0,\infty)\times\partial\Omega$ で連続であって $(0,\infty)\times(\partial\Omega\setminus S_1)$ では Hölder 連続な函数とし，任意の $t>0$ に対して $\sup_{0<\tau<t}\int_\Omega|f(\tau,x)|dx$, $\sup_{0<\tau<t}\int_{\partial\Omega}|\varphi(\tau,x)|dS(x)$ が有限であるものとする．このとき (1.2.12*) で定義される函数 $v(t,y)$ は初期値-境界値問題 (L_f^*-I-B_φ^*) の解である；初期条件は (I*) と同時に，各点 $x\in\Omega$ で $\lim_{t\downarrow 0}v(t,x)=v_0(x)$ も成立する．——

次の事実も基本解の主要な性質の一つであるが，定理 1.2.4 において $u_0\equiv 1$, $f\equiv 0$, $\varphi\equiv 0$, $u(t,x)\equiv 1$ と考えれば，直ちに得られる：

(1.2.14) 偏微分作用素 A，境界条件 (B_0) において $c(x)\equiv 0, \alpha(x)\equiv 0$ ならば $\int_\Omega U(t,x,y)dy\equiv 1$.

以上で，有界な正則領域 Ω における拡散方程式の基本解のおもな性質と，解の存在と一意性に関する事項を述べた．次に Ω が有界でない正則領域の場合について述べる．

まず一つの基本解を構成する筋道を略述する．集合 $E\subset\overline{\Omega}$ に対して，$\overline{\Omega}$ における相対位相に関する E の内部を $\mathrm{Int}_{\overline{\Omega}}E$ と書くことにし，Ω の部分領域で正則領域であるものの列 $\{D_n\}$ で，次の条件を満たすものを一つ固定する：

(1.2.15) $\quad \overline{D}_n \subset \mathrm{Int}_{\overline{\Omega}} \overline{D_{n+1}} \quad (n=1,2,\cdots), \quad \bigcup_{n=1}^{\infty} \overline{D}_n = \overline{\Omega}.$

各 n に対して，$\overline{\Omega}$ 上で $0 \leqq \omega_n(x) \leqq 1$ なる函数 $\omega_n \in C_0^3(\overline{\Omega})$ で

(1.2.16) $\quad x \in \overline{D_{n-1}}$ ならば $\omega_n(x)=1$，$x \in \overline{\Omega \setminus D_n}$ ならば $\omega_n(x)=0$

となるものを定めておき，$\partial\Omega$ 上の境界条件 (B_0), (B_0^*) における係数 $\alpha(x)$ から，∂D_n 上の函数 $\alpha_n(x)$ を次のように定義する：

(1.2.17) $$\alpha_n(x) = \begin{cases} 1-[1-\alpha(x)]\omega_n(x) & (x \in \partial D_n \cap \partial\Omega \text{ のとき}) \\ 1 & (x \in \partial D_n \setminus \partial\Omega \text{ のとき}). \end{cases}$$

この函数 α_n を係数として，(B_0)，(B_0^*) と同様な式によって ∂D_n の上で与えた境界条件をそれぞれ $(\mathrm{B}_{n,0})$, $(\mathrm{B}_{n,0}^*)$ と書くことにすると，前に Ω が有界領域の場合に述べたように，領域 D_n で考えた初期値-境界値問題 $(\mathrm{L}_0\text{-I-B}_{n,0})$ の基本解 $U_n(t,x,y)$（それは初期値-境界値問題 $(\mathrm{L}_0^*\text{-I}^*\text{-B}_{n,0}^*)$ の基本解でもある）が唯一つ存在する．今後次のように定義しておく：

(1.2.18) $\quad x$ または $y \notin \overline{D}_n$ ならば $U_n(t,x,y)=0.$

このとき定理1.2.3によって

(1.2.19) $\quad \{U_n(t,x,y)\}_{n=1,2,\cdots}$ は n に関して単調増加

であるが，一方，$(0,\infty) \times \overline{\Omega} \times \overline{\Omega}$ の任意のコンパクト部分集合の上で

(1.2.20) $\quad \{U_n(t,x,y)\}_{n=1,2,\cdots}$ は一様有界

であることが示され([拡] 補助定理12.2)，従って

(1.2.21) $\quad U(t,x,y) = \lim_{n\to\infty} U_n(t,x,y)$

が存在する．そして，各 $U_n(t,x,y)$ が上に述べたように D_n で考えた基本解であることと(1.2.19)，(1.2.21)を用いて，$U(t,x,y)$ が非有界領域 Ω で考えた $(\mathrm{L}_0\text{-I-B}_0)$ の一つの基本解であり，かつ $(\mathrm{L}_0^*\text{-I}^*\text{-B}_0^*)$ の一つの基本解であることが示される．([拡] 定理12.2参照；同書における $U(t,x,y)$ の構成法は見かけ上もう少し一般的な記述になっているが，本質的には同じである．なお，後述の注意3を見よ.)

非有界領域では基本解の一意性は保証されない．(反例は [拡] §17参照.) そこで次の最小基本解の概念を導入する．

定義 領域 Ω における初期値-境界値問題 $(\mathrm{L}_0\text{-I-B}_0)$ の基本解 $U(t,x,y)$ が

最小基本解であるとは，$(\mathrm{L}_0\text{-}\mathrm{I}\text{-}\mathrm{B}_0)$ の任意の基本解 $\tilde{U}(t, x, y)$ が，すべての $t>0$，すべての $x, y\in\bar{\Omega}$ に対して $\tilde{U}(t, x, y)\geqq U(t, x, y)$ を満たすことである．$(\mathrm{L}_0^*\text{-}\mathrm{I}^*\text{-}\mathrm{B}_0^*)$ の**最小基本解**も同様に定義する．

定理 1.2.6 前ページで構成した基本解 $U(t, x, y)$ は，$(\mathrm{L}_0\text{-}\mathrm{I}\text{-}\mathrm{B}_0)$ のただ一つの最小基本解であり，同時に $(\mathrm{L}_0^*\text{-}\mathrm{I}^*\text{-}\mathrm{B}_0^*)$ のただ一つの最小基本解でもある．

前ページの $U(t, x, y)$ が $(\mathrm{L}_0\text{-}\mathrm{I}\text{-}\mathrm{B}_0)$ の最小基本解であり，$(\mathrm{L}_0^*\text{-}\mathrm{I}^*\text{-}\mathrm{B}_0^*)$ の最小基本解でもあることは，[拡] 定理 13.1 によってわかる．また，それらの最小基本解の一意性は明らかである．

注意 3 上に述べた‘一意性’によって，[拡] の§12 で構成した基本解 $U(t, x, y)$ が前ページで構成した $U(t, x, y)$ と同じであり，また前ページの $U(t, x, y)$ が領域 D_n や函数 ω_n のとり方に無関係なことがわかる．

最小基本解は，一応は $(\mathrm{L}_0\text{-}\mathrm{I}\text{-}\mathrm{B}_0)$，$(\mathrm{L}_0^*\text{-}\mathrm{I}^*\text{-}\mathrm{B}_0^*)$ のおのおのに対して定義したが，実は両者に共通なのだから，今後，前ページで構成した $U(t, x, y)$ を単に‘最小基本解’と呼ぶ．

最小基本解 $U(t, x, y)$ が有界領域における基本解 $U_n(t, x, y)$ の単調増加列 (1.2.19) の極限として (1.2.21) で定義されるから，有界領域における基本解の性質で最小基本解に遺伝するものが多い．例えば (1.2.6) から

$$U(t, x, y)\geqq 0, \quad \int_\Omega U(t, x, y)dy\leqq 1 \tag{1.2.22}$$

は直ちに得られ，また**最小基本解の半群性**

$$\int_\Omega U(t, x, z)U(s, z, y)dz=U(t+s, x, y) \tag{1.2.23}$$

も (1.2.4) と積分論の単調収束定理によって得られる．

この§の最後に，R がある多様体 $\boldsymbol{M}$ の部分領域であって，その境界の一部分（境界全体でもよい）が適当に滑らかな場合には，その滑らかな部分では R における最小基本解が Dirichlet 境界条件を満たすことを示す．以下この§では，集合 $E\subset \boldsymbol{M}$ の閉包 $\bar{E}$，境界 ∂E 等の用語・記号は，$\boldsymbol{M}$ における位相で考えるものとする．（次の§では§1.1 の冒頭の約束に戻る．）

定理 1.2.7 R が向きづけられた m 次元 C^∞ 級多様体 $\boldsymbol{M}$ の部分領域で，その境界 ∂R の一部分 S が $m-1$ 次元 C^3 級単純超曲面から成るとし，偏微分作用素 A の係数 $a^{ij}(x)$, $b^i(x)$ は $R\cup S$ で C^2 級，$c(x)$ は $R\cup S$ で Hölder 連続とする．このとき，∂R における相対位相で考えた S の内部を $\mathring{S}$ と書くと，R において前述のように構成した最小基本解 $U(t, x, y)$ は $(0, \infty)\times(R\cup\mathring{S})\times(R\cup\mathring{S})$ の上まで連続的に拡張されて，$\mathring{S}$ の上で Dirichlet 条件を満たす；すなわち，x または y が $\mathring{S}$ 上の点ならば $U(t, x, y)=0$ となる．

証明 前に述べた非有界領域における基本解の構成において $\Omega=R$ の場合は，(1.2.15) を満たす正則有界領域の列 $\{D_n\}$ は，

(1.2.24) $$\overline{D}_n\subset D_{n+1}\quad(n=1, 2, \cdots),\quad \bigcup_{n=1}^{\infty}\overline{D}_n=R$$

を満たすものとなる．(ここでは閉包の記号 ‾ の意味が前と異るから，最後の R は $\overline{R}$ ではない．) また，前の $\partial\Omega$ に相当する‘境界’は R の中には存在しないから，(1.2.17) で定義される $\alpha_n(x)$ は

(1.2.25) $$\partial D_n \text{ の上で}\quad \alpha_n(x)=1$$

となる．有界領域 D_n に対して前に述べた一意的な基本解を $U_{D_n}(t, x, y)$ と書くと，R における最小基本解 $U(t, x, y)$ は

(1.2.26) $$U(t, x, y)=\lim_{n\to\infty}U_{D_n}(t, x, y)$$

で与えられる．次に R を $\boldsymbol{M}$ の部分領域と考えて，$R\cup\mathring{S}$ における一つの基本解 $\tilde{U}(t, x, y)$ を以下のように構成する．$\{\Omega_n\}$ を M の中の正則有界領域の列で，次の条件を満たすものとする：

(1.2.27) $$\begin{cases}\overline{\Omega}_n\subset\Omega_{n+1}\subset R,\quad \overline{\Omega}_n\cap S\subset\mathring{S}\quad(n=1, 2, \cdots)\\ \lim\limits_{n\to\infty}\Omega_n=R,\quad \lim\limits_{n\to\infty}(\overline{\Omega}_n\cap S)=\mathring{S}.\end{cases}$$

各 Ω_n に対して，$\partial\Omega_n$ 上で Dirichlet 境界条件を与えた場合の，前に述べた一意的な基本解を $U_{\Omega_n}(t, x, y)$ とすると，$U_{\Omega_n}(t, x, y)$ は n に関して単調増加であるから，基本解 $\tilde{U}(t, x, y)$ を

(1.2.28) $$\tilde{U}(t, x, y)=\lim_{n\to\infty}U_{\Omega_n}(t, x, y)$$

で定義する．各 $U_{\Omega_n}(t, x, y)$ は $\partial\Omega_n$ 上で Dirichlet 境界条件を満たすから，

(1.2.27), (1.2.28) により $\tilde{U}(t, x, y)$ は $(0, \infty)\times(R\cup\mathring{S})\times(R\cup\mathring{S})$ において連続であって,

$$x \text{ または } y \text{ が } \in\mathring{S} \text{ ならば } \tilde{U}(t, x, y)=0 \tag{1.2.29}$$

を満たす．一方，各 $\overline{D}_n$ はコンパクトで $\overline{D}_n\subset R=\bigcup_{k=1}^{\infty}\Omega_k$ だから，各 n に対して $\overline{D}_n\subset\Omega_k$ なる k があり，このとき定理 1.2.3 により

$$0\leqq U_{D_n}(t, x, y)\leqq U_{\Omega_n}(t, x, y)\leqq\tilde{U}(t, x, y)\ ;$$

ここで，(1.2.18) と同じ規約を用いることにより，上の不等式はすべての点 $(t, x, y)\in(0, \infty)\times R\times R$ で成立する．だから (1.2.26) により

$$(0, \infty)\times R\times R \text{ の上で } \quad 0\leqq U(t, x, y)\leqq\tilde{U}(t, x, y).$$

このことと (1.2.29) により，$U(t, x, y)$ は $(0, \infty)\times(R\cup\mathring{S})\cup(R\cup\mathring{S})$ の上まで連続的に拡張されて，x または y が $\mathring{S}$ 上の点ならば $U(t, x, y)=0$ となる．□

§1.3 楕円型境界値問題，Green 函数，Neumann 函数

この§では楕円型境界値問題に関する事項を述べる．ここでも Ω は正則領域であり，特にことわらなければ有界とはかぎらないものとする．f および φ をそれぞれ領域 Ω およびその境界 $\partial\Omega$ の上の函数とし，§1.1に述べた

方程式 $Au=-f$ と境界条件 (B_φ) を満たす解 u を求める問題，

方程式 $A^*v=-f$ と境界条件 (B_φ^*) を満たす解 v を求める問題

を，それぞれ**楕円型境界値問題** $(A_f\text{-}B_\varphi)$, $(A_f^*\text{-}B_\varphi^*)$ と呼ぶことにする．

§1.1に述べたように，楕円型偏微分作用素 A の中の係数 $c(x)$，境界条件 (B_φ) の中の係数 $\alpha(x)$ は，それぞれ

$$\overline{\Omega} \text{ において } c(x)\leqq 0, \quad \partial\Omega \text{ において } 0\leqq\alpha(x)\leqq 1$$

と仮定しているが，ここでは更に次の条件 (C_1) を仮定する：

(C_1) $\left.\begin{array}{l} c(x) \text{ は } \overline{\Omega} \text{ で恒等的に } 0 \text{ ではない} \\ \alpha(x) \text{ は } \partial\Omega \text{ で恒等的に } 0 \text{ ではない}\end{array}\right\}$ の少なくとも一方が成立する．

特に (B_φ) が Dirichlet 境界条件ならば，明らかにこの仮定が成り立っている．この仮定が成り立たないのは，$c(x)\equiv 0$ かつ (B_φ) が Neumann 境界条件の場合である．この場合についてはあとで述べる．

定理 1.3.1 条件 (C_1) のもとでは，拡散方程式の最小基本解 $U(t,x,y)$ から，$\overline{\Omega}\times\overline{\Omega}$ において $x\neq y$ なるかぎり有限値をとる函数

$$G(x,y)=\int_0^\infty U(t,x,y)\,dt \tag{1.3.1}$$

が定義されて，次のことが成り立つ：

(1.3.2) 任意のコンパクト集合 $F\subset\overline{\Omega}$ に対して $\sup_{x\in\overline{\Omega}}\int_F G(x,y)\,dy<\infty$；

(1.3.3) $\left[\begin{array}{l}\text{任意の } y\in\overline{\Omega} \text{ を固定するとき } G(x,y) \text{ は } x \text{ の函数として } \overline{\Omega}\setminus\{y\} \\ \text{において楕円型方程式 } AG=0 \text{ と境界条件 } (B_0) \text{ とを満たす；}\end{array}\right.$

(1.3.3*) $\left[\begin{array}{l}\text{任意の } x\in\overline{\Omega} \text{ を固定するとき } G(x,y) \text{ は } y \text{ の函数として } \overline{\Omega}\setminus\{x\} \\ \text{において楕円型方程式 } A^*G=0 \text{ と境界条件 } (B_0^*) \text{ とを満たす．}\end{array}\right.$

([拡] 定理 18.1 参照)

系　前定理の $G(x,y)$ に対して，$x,y\in\bar{\Omega}$，$z\in\partial\Omega$ ならば

(1.3.4)
$$\frac{\partial G(z,y)}{\partial \boldsymbol{n}_\Omega(z)}=\int_0^\infty \frac{\partial U(t,z,y)}{\partial \boldsymbol{n}_\Omega(z)}dt \quad (z\neq y)\,;$$

(1.3.4*)
$$\frac{\partial G(x,z)}{\partial \boldsymbol{n}_\Omega(z)}=\int_0^\infty \frac{\partial U(t,x,z)}{\partial \boldsymbol{n}_\Omega(z)}dt \quad (z\neq x).$$

([拡] 定理 18.1 の系；これらの式は形式的には，(1.3.1)の両辺の法線微分を考えて，微分と積分の順序を交換したものである.)

上の定理の函数 $G(x,y)$ を用いて楕円型境界値問題 $(\mathrm{A}_f\text{-}\mathrm{B}_\varphi)$, $(\mathrm{A}_f^*\text{-}\mathrm{B}_\varphi^*)$ の解を表わす公式が与えられる（後述の定理 1.3.2, 1.3.3）ので，$G(x,y)$ を楕円型境界値問題の **Green 函数**という.

定理 1.3.2　$f(x)$ は Ω で有界かつ Hölder 連続な函数とし，その台は $\bar{\Omega}$ の有界部分集合に含まれるとする．また $\varphi(x)$ は $\partial\Omega$ の上で連続であって，$\alpha(x)<1$ なる点 x では Hölder 連続な函数とする．このとき，

i)　$\partial\Omega$ 上のあるコンパクト集合の外では $\alpha(x)>0$ かつ $|\varphi(x)|/\alpha(x)$ が有界ならば，

(1.3.5)
$$u(x)=\int_\Omega G(x,y)f(y)dy + \int_{\partial\Omega}\left\{G(x,y)[1+\beta(y)]-\frac{\partial G(x,y)}{\partial \boldsymbol{n}_\Omega(y)}\right\}\varphi(y)dS(y)$$

で定義される函数 u は，楕円型境界値問題 $(\mathrm{A}_f\text{-}\mathrm{B}_\varphi)$ の解である.

ii)　$\partial\Omega$ 上のあるコンパクト集合の外で $\alpha(x)<1$ かつ $|\varphi(x)|/\{1-\alpha(x)\}$ が可積分 ($dS(x)$ に関して) ならば，

(1.3.5*)
$$v(y)=\int_\Omega f(x)G(x,y)dx + \int_{\partial\Omega}\varphi(x)\left\{G(x,y)-\frac{\partial G(x,y)}{\partial \boldsymbol{n}_\Omega(x)}\right\}dS(x)$$

で定義される函数 v は，楕円型境界値問題 $(\mathrm{A}_f^*\text{-}\mathrm{B}_\varphi^*)$ の解である.

([拡] 定理 19.2, 19.2* 参照；同書では上に述べたよりもやや一般的な仮定になっているが，ここでは本書で応用するのに十分な形として，上のように述

べておく.)

注意 1　上の定理で $\partial\Omega$ が有界ならば(従って特に Ω そのものが有界ならば)，i)，ii) のそれぞれの冒頭の α, φ に関する仮定は述べなくてよい．$\partial\Omega$ が有界でなくても，Dirichlet 境界条件の場合には i) における仮定は $\varphi(x)$ の有界性を意味し，Neumann 境界条件の場合には ii) における仮定は $\varphi(x)$ の可積分性を意味する.

注意 2　前§の注意 2 は，上の定理 1.3.2 の記述にも適用される．——

領域 Ω が有界ならば，上の定理の逆に相当する次の定理が成り立つ.

定理 1.3.3　Ω を有界な正則領域とし，f は Ω 上で有界連続な函数，φ は $\partial\Omega$ 上で連続な函数とする．(f も φ も Hölder 連続性は仮定しなくてよい.) このとき，

i)　函数 $u(x)$ が楕円型境界値問題 $(\mathrm{A}_f\text{-}\mathrm{B}_\varphi)$ の解ならば $u(x)$ は $\overline{\Omega}\setminus S_1$ $(S_1=\{z\in\partial\Omega\,|\,\alpha(z)=1\})$ において (1.3.5) で与えられる.

ii)　函数 $v(y)$ が楕円型境界値問題 $(\mathrm{A}_f^*\text{-}\mathrm{B}_\varphi^*)$ の解ならば $v(y)$ は Ω において (1.3.5*) で与えられる.

([拡] 定理 19.1, 19.1* 参照)

系　偏微分作用素 A において $c(x)\equiv 0$ とする．D を正則有界領域，K を D に含まれる正則コンパクト集合とし，領域 $\Omega=D\setminus K$ の境界上で，$x\in\partial K$ のとき $\alpha(x)=1$，$x\in\partial D$ のとき $\alpha(x)=0$ として境界条件を与える．このとき Green 函数 $G(x, y)$ は，任意の $x\in\Omega$ に対して

$$\int_{\partial K}\frac{\partial G(x,y)}{\partial \boldsymbol{n}_K(y)}dS(y)=1 \tag{1.3.6}$$

を満たす.

証明　函数 $u(x)\equiv 1$ は，Ω で $Au=0$，∂D 上で $\partial u/\partial \boldsymbol{n}_\Omega=0$，$\partial K$ 上で $u=1$ を満たすから，上の定理 1.3.3 の i) により (1.3.5) が成立し，それは (1.3.6) の形になる．($\boldsymbol{n}_\Omega$ は Ω から見て外向きの単位法線と規約してあるから，$\partial/\partial\boldsymbol{n}_\Omega=-\partial/\partial\boldsymbol{n}_K$ となる.) □

定理 1.3.1 と定理 1.2.1，1.2.2，1.2.3 により，次の各定理を得る.

定理 1.3.4 $S_\nu=\{z\in\partial\Omega\,|\,\alpha(z)=\nu\}$ $(\nu=0,1)$ とおくと，Green 函数 $G(x,y)$ は任意の $x,y\in\overline{\Omega}$ および $z\in\partial\Omega$ に対して

i) $G(x,y)\geqq 0$ であって，等号が成立するのは $x\in S_1$ または $y\in S_1$ のとき，かつそのときにかぎる；

ii) $-\dfrac{\partial G(z,y)}{\partial \boldsymbol{n}_\Omega(z)}\geqq 0$ であって，等号が成立するのは $z\in S_0$ または $y\in S_1$ のとき，かつそのときにかぎる．

iii) $G(x,z)\beta(z)-\dfrac{\partial G(x,z)}{\partial \boldsymbol{n}_\Omega(z)}\geqq 0$ であって，等号が成立するのは $x\in S_1$ または $z\in S_0$ のとき，かつそのときにかぎる；特に Dirichlet 境界条件の場合には，任意の $x\in\Omega$, $z\in\partial\Omega$ に対して $-\dfrac{\partial G(x,z)}{\partial \boldsymbol{n}_\Omega(z)}>0$ となる．——

偏微分作用素の二つの係数 $c_1(x)$, $c_2(x)$, 境界条件の二つの係数 $\alpha_1(x)$, $\alpha_2(x)$ を前§の定理 1.2.2 の前に述べた通りとし，対応する楕円型境界値問題の Green 函数を $G_1(x,y)$, $G_2(x,y)$ とする．このとき，

定理 1.3.5 $\overline{\Omega}$ 上で $c_1(x)\leqq c_2(x)$, かつ $\partial\Omega$ 上で $\alpha_1(x)\geqq\alpha_2(x)$ であるとし，$c_2(x)$, $\alpha_2(x)$ の少なくとも一方はそれぞれ $\overline{\Omega},\partial\Omega$ 上で恒等的に 0 ではないとすると，任意の $x,y\in\overline{\Omega}$ に対して

$$0\leqq G_1(x,y)\leqq G_2(x,y). \tag{1.3.7}$$

——

次に，$\Omega_1\subset\Omega_2$ なる二つの正則有界領域 Ω_1, Ω_2 を考え，$\alpha_1(x)$, $\alpha_2(x)$ を前§の定理 1.2.3 の前に述べた通りとし，Ω_1, Ω_2 における楕円型境界値問題の Green 函数を $G_1(x,y)$, $G_2(x,y)$ とする．このとき

定理 1.3.6 $\partial\Omega_1\cap\partial\Omega_2$ の上で $\alpha_1(x)\geqq\alpha_2(x)$, かつ $\partial\Omega_1\setminus\partial\Omega_2$ の上では $\alpha_1(x)\equiv 1$ とし，$c(x),\alpha_2(x)$ の少なくとも一方はそれぞれ $\overline{\Omega}_2$, $\partial\Omega_2$ の上で恒等的に 0 ではないとすると，任意の $x,y\in\overline{\Omega}_1$ に対して

$$0\leqq G_1(x,y)\leqq G_2(x,y)\,; \tag{1.3.8}$$

また，ある集合 $S\subset\partial\Omega_1\cap\partial\Omega_2$ の上で $\alpha_1(x)\equiv\alpha_2(x)$ ならば，任意の $x,y\in\overline{\Omega}$, $z\in S$ に対して

$$0\leqq -\frac{\partial G_1(z,y)}{\partial \boldsymbol{n}_{\Omega_1}(z)}\leqq -\frac{\partial G_2(z,y)}{\partial \boldsymbol{n}_{\Omega_2}(z)}, \tag{1.3.9}$$

$$0\leqq G_1(x,z)\beta_1(z)-\frac{\partial G_1(x,z)}{\partial \boldsymbol{n}_{\Omega_1}(z)}\leqq G_2(x,z)\beta_2(z)-\frac{\partial G_2(x,z)}{\partial \boldsymbol{n}_{\Omega_2}(z)}\,; \tag{1.3.9*}$$

特に Dirichlet 境界条件の場合には，任意の $x\in\Omega_1$，$z\in S$ に対して

$$(1.3.9_1^*)\qquad 0\leqq -\frac{\partial G_1(x,z)}{\partial \boldsymbol{n}_{\Omega_1}(z)}\leqq -\frac{\partial G_2(x,z)}{\partial \boldsymbol{n}_{\Omega_2}(z)}. \text{ ——}$$

Ω を有界でない正則領域とし，その中に(1.2.15)を満たす有界な正則領域の列 $\{D_n\}$ をとる．各 D_n および Ω における Dirichlet 境界条件を与えた場合の Green 函数をそれぞれ $G_n(x,y)$ および $G(x,y)$ とする．ただし，x または y が $\Omega\diagdown\overline{D}_n$ に属するとき $G_n(x,y)=0$ と定義しておく．このとき次の定理が成立する．(この定理は一般の境界条件の場合にも，部分領域 D_n の境界上での $\alpha_n(x)$ を (1.2.16〜17) で定義することによって，ほとんど同じ形で述べられるが，本書で応用するためには Dirichlet 境界条件の場合の形を明記しておく方がよいから，この形で述べておく．一般の場合については［拡］の定理18.5を見られたい．)

定理 1.3.7　任意の $x, y\in\overline{\Omega}$ および $z\in\partial\Omega$ に対して，

i)　$\{G_n(x,y)\}$ は n に関し単調増加であって，$n\to\infty$ とするとき $G(x,y)$ に収束する；

ii)　$\left\{-\dfrac{\partial G_n(z,y)}{\partial \boldsymbol{n}_\Omega(z)}\right\}$ は n に関し単調増加であって，$n\to\infty$ とするとき $-\dfrac{\partial G(x,y)}{\partial \boldsymbol{n}_\Omega(z)}$ に収束する；

iii)　$\left\{-\dfrac{\partial G_n(x,z)}{\partial \boldsymbol{n}_\Omega(z)}\right\}$ は n に関し単調増加であって，$n\to\infty$ とするとき $-\dfrac{\partial G(x,z)}{\partial \boldsymbol{n}_\Omega(z)}$ に収束する．——

Green 函数 $G(x,y)$ は $x\neq y$ なるかぎり有限値をとる函数として定義されているが，x と y が同時に領域の内部の一点 z に近づくときに $G(x,y)$ の値が ∞ に近づくということは，Ω が Euclid 空間の中の領域で A が普通のラプラシアン $\triangle$ の場合には周知の事実である．本書で扱っている R における楕円型偏微分作用素 A についても同じことがいえるが，ここでは Ω が R の中の有界な正則領域の場合について，上の性質および関連する事項を述べておく．

定理 1.3.8　$G(x,y)$を有界な正則領域Ωにおける楕円型境界値問題の Green

函数とする.

i)　z を Ω の内点とし，$\{x_n\}$，$\{y_n\}$ をいずれも z に近づく Ω の中の点列で，各 n に対して $x_n \neq y_n$ とすると

(1.3.10)
$$\lim_{n\to\infty} G(x_n, y_n) = \infty\ ;$$

ii)　特に境界条件が Dirichlet 境界条件であるとし，z を $\partial\Omega$ 上の点とする. $\{x_n\}$ を Ω の中の点列で，z における $\partial\Omega$ の法線に沿って z に近づくものとすると，

(1.3.11)
$$\lim_{n\to\infty}\left\{-\frac{\partial G(x_n, z)}{\partial \boldsymbol{n}_\Omega(z)}\right\} = \infty\ ;$$

また，z を含まないような $\partial\Omega$ の任意のコンパクト部分集合 B をとると，Ω の中から z に近づく任意の点列 $\{x_n\}$ に対して，

(1.3.12)
$$y \in B \text{ について一様に } \lim_{n\to\infty} \frac{\partial G(x_n, y)}{\partial \boldsymbol{n}_\Omega(y)} = 0.$$

証明の概略　i)の証明は［拡］の(22.19′)の証明(同書 212〜213 ページ)と本質的に同じである. 同書においては点 x_0 を固定して，$U(t, x, y)$ について適当な正数 ε_0，t_0 をとると，$0<t<t_0$ なるかぎり

(1.3.13)
$$\lim_{\varepsilon\downarrow 0} \inf_{|x-x_0|=\varepsilon} U(t, x, x_0) \geqq \frac{\varepsilon_0}{2t^{m/2}} \quad (\text{［拡］の}(22.21))$$

($|x-x_0|$ は x_0 の近傍で固定した局所座標に関する Euclid 的距離) なることを示し，これより

$$\lim_{\varepsilon\downarrow 0} \inf_{|x-x_0|=\varepsilon} G(x, x_0) = \infty \quad (\text{［拡］の}(22.19'))$$

を導いてあるが，x と y がともに点 z の適当な座標近傍内にあれば(1.3.13)から

(1.3.13′)
$$\lim_{\varepsilon\downarrow 0} \inf_{|x-y|=\varepsilon} U(t, x, y) \geqq \frac{\varepsilon_0}{2t^{m/2}} \quad (0<t<t_0)$$

が得られるから，(1.3.1) と Lebesgue 積分論における Fatou の補題および (1.3.13′) において次元 $m \geqq 2$ なることによって

$$\lim_{n\to\infty} G(x_n, y_n) \geqq \lim_{\varepsilon\downarrow 0} \inf_{|x-y|=\varepsilon} G(x, y) \geqq \int_0^{t_0} \lim_{\varepsilon\downarrow 0} \inf_{|x-z|=\varepsilon} U(t, x, y)\,dt = \infty$$

となり，(1.3.10) を得る.

ii) の (1.3.11) も i) と全く同様にして証明される．すなわち，基本解の構成法をたどることによって (1.3.13) を示したのと同様にして，z における $\partial\Omega$ の法線に沿って x が z に近づくとき

$$(1.3.14)\qquad \varliminf_{\varepsilon\downarrow 0}\ \inf_{|x-y|=\varepsilon}\left\{-\frac{\partial U(t,x,z)}{\partial \boldsymbol{n}_\Omega(z)}\right\}\geqq\frac{\varepsilon_0}{2t^{m/2}}\quad(0<t<t_0)$$

なることが示され，あとは (1.3.4*) を用いて i) の証明と同じ推論をすればよい．ii) の (1.3.12) は定理 1.3.4 の iii) から次のようにして導かれる．その定理において $S_1=\partial\Omega$ (Dirichlet 境界条件により) であるから，

$$(1.3.15)\qquad z\in\partial\Omega,\ y\in B\ \text{ならば}\ \frac{\partial G(z,y)}{\partial \boldsymbol{n}_\Omega(y)}=0,$$

一方，z の近傍 W でコンパクトな閉包 $\overline{W}$ をもち $\overline{W}\cap B=\phi$ なるものをとると，$\dfrac{\partial G(x.y)}{\partial \boldsymbol{n}_\Omega(y)}$ は $(\overline{W}\cap\overline{\Omega})\times B$ の上で連続，従って一様連続である．このことと (1.3.15) とから (1.3.12) が得られる．▯

次の定理は，楕円型方程式 $Au=-f$，$A^*v=-f$ の解について，定理 1.2.7 に対応する事実を述べたものである．

定理 1.3.9 定理 1.2.7 の仮定がすべて成り立っているとし，この場合の R における拡散方程式の最小基本解から Green 函数 $G(x.y)$ を (1.3.1) によって定義する．このとき，任意の $f\in C_0^1(R)$ に対して函数 u, v を

$$(1.3.16)\qquad u(x)=\int_R G(x,y)f(y)dy,\quad v(y)=\int_R f(x)G(x,y)dx$$

と定義すると，u は R において $Au=-f$，$\mathring{S}$ の上で $u=0$ を満たし，v は R において $A^*v=-f$，$\mathring{S}$ の上で $v=0$ を満たす．

証明 v について証明しておく．u についても全く同様に証明される．

定理 1.2.7 の中で述べられた記号は，ことわりなしに同じ意味に用いることにする．v を R において考えるかぎりは，定理 1.3.2 において $\Omega=R$ (従って $\partial\Omega=\phi$ であって，φ は考えない) の場合であるから，(1.3.5*) は (1.3.15) になり $A^*v=-f$ が成り立つ．よって，$\mathring{S}$ の上で $v=0$ となることを示そう．

定理 1.2.7 の証明中に構成した基本解 $\tilde{U}(t,x,y)$ を用いる．これから

$$\tilde{G}(x, y)=\int_0^\infty \tilde{U}(t, x, y)dt \quad (x, y\in R\cup \mathring{S},\ \ x\neq y)$$

が定義されて，$\boldsymbol{M}$の部分領域としてのRにおいて，$\mathring{S}$の上で Dirichlet 境界条件を与えた場合の Green 函数になるから，$f\in C_0^1(R)$ ならば $|f(x)|$ はRの上で Hölder 連続になることと定理1.3.2により，函数

$$(1.3.17)\qquad \tilde{v}(y)=\int_R |f(x)|\tilde{G}(x, y)dx$$

は$\mathring{S}$の上で $\tilde{v}=0$ を満たす．一方，定理1.2.7の証明中に示したように

$$(0, \infty)\times(R\cup\mathring{S})\times(R\cup\mathring{S}) \text{ の上で } 0\leqq U(t, x, y)\leqq \tilde{U}(t, x, y)$$

が成立するから，

$$(R\cup\mathring{S})\times(R\cup\mathring{S}) \text{ (ただし } x\neq y\text{) の上で } 0\leqq G(x, y)\leqq \tilde{G}(x, y)$$

が成立し，従って (1.3.16)，(1.3.17) により

$$R\cup\mathring{S} \text{ の上で } |v(y)|\leqq\tilde{v}(y)$$

となる．$\mathring{S}$の上で $\tilde{v}(y)=0$ だから $v(y)=0$ も成り立つ．□

次に，この§の初めに述べた条件 (C_1) が成り立たない場合の楕円型境界値問題について述べる準備として，拡散方程式の基本解の不変測度について述べる．

今後この§では，Ωは有界な正則領域とし，条件 (C_1) が成り立たないとする．そのことは次の条件 (C_2) が成り立つことである：

$$(C_2)\qquad \overline{\Omega} \text{ の上で } c(x)\equiv 0,\ \text{かつ } \partial\Omega \text{ の上で } \alpha(x)\equiv 0.$$

従って特に，境界条件 (B_0)，(B_0^*) はそれぞれ次のようになる．

$$(B_0)\quad \partial u/\partial \boldsymbol{n}=0, \qquad (B_0^*)\quad \partial v/\partial \boldsymbol{n}-\beta v=0.$$

このとき，拡散方程式の基本解 $U(t, x, y)$ は任意の $t>0$，任意の $x, y\in\overline{\Omega}$ に対して正の値をとり，$\int_\Omega U(t, x, y)dy\equiv 1$ を満たす．(定理1.2.1の i) および (1.2.14) 参照．)

定義　$\overline{\Omega}$ 上の有界な Borel 測度μがあって，任意の Borel 集合 $E\subset\overline{\Omega}$ に対して

$$(1.3.18)\qquad \int_E\left\{\int_{\overline{\Omega}} U(t, x, y)\, d\mu(x)\right\}dy=\mu(E)$$

が成立するとき，μ を基本解 $U(t, x, y)$ の**不変測度**という．

このような測度 μ が存在すれば，μ は測度 dy に関して絶対連続であって，その密度函数 $\omega(x)$ は Ω 上でほとんどいたるところ正の値をとり，

$$\int_{\Omega}\omega(x)U(t, x, y)dx=\omega(y)\ ; \tag{1.3.19}$$

$\omega(y)$ の値は一応は a.a.y*) に対して定まるのであるが，基本解の性質により (1.3.19) の左辺は y について $\overline{\Omega}$ で連続 (実は $\overline{\Omega}$ で C^1 級，Ω で C^2 級) だから，その連続函数が $\omega(y)$ であるとしてよい．よって今後，(1.3.19) がすべての $t>0$, $y\in\overline{\Omega}$ に対して成立すると考える．従って ω は $\partial\omega/\partial t=A^*\omega$ と境界条件 (B_0^*) を満たすことになるが，実は t を含まない函数だから

$$\Omega \text{ において } A^*\omega(x)=0, \quad \partial\Omega \text{ 上で } \frac{\partial\omega(x)}{\partial \boldsymbol{n}_{\Omega}}-\beta(x)\omega(x)=0 \tag{1.3.20}$$

が成立し，$\omega(x)$ はコンパクト集合 $\overline{\Omega}$ 全体で正の値をとる．

不変測度の存在と一意性の定理を述べておく ([拡] 定理 20.1)．

定理 1.3.10 Ω が有界な正則領域であって，条件 (C_2) が成り立つならば，基本解 $U(t, x, y)$ の不変測度が存在し，定数倍を除きただ一つである．——

この定理により，不変測度の密度函数 $\omega(x)$ で

$$\int_{\Omega}\omega(x)dx=1 \tag{1.3.21}$$

を満たすものがただ一つ定まる．今後 $\omega(x)$ は特にことわらなければ (1.3.21) を満たすものとする．この函数 ω を用いて，定理 1.3.1 に対応する次の定理が述べられる．([拡] 定理 21.1)

定理 1.3.11 条件 (C_2) のもとでの基本解 $U(t, x, y)$ とその不変測度の密度函数 $\omega(y)$ とから，$x\neq y$ なるすべての $x, y\in\overline{\Omega}$ に対して有限な値をとる函数

$$N(x, y)=\int_0^{\infty}\{U(t, x, y)-\omega(y)\}\,dt \tag{1.3.22}$$

が定義されて，次のことが成り立つ：

---

*) a.a. = almost all = (測度 dy に関して)ほとんどすべての．

(1.3.23)
$$\sup_{x\in\bar{\Omega}}\int_{\Omega}|N(x,y)|dy<\infty\ ;$$

(1.3.24)
$$\begin{cases}\text{任意の } y\in\bar{\Omega} \text{ を固定するとき } N(x,y) \text{ は } x \text{ の函数として } \bar{\Omega}\setminus\{y\} \\ \text{において楕円型方程式 } AN=\omega \text{ と境界条件 } (\mathrm{B}_0) \text{ を満たす；}\end{cases}$$

(1.3.24*)
$$\begin{cases}\text{任意の } x\in\bar{\Omega} \text{ を固定するとき } N(x,y) \text{ は } y \text{ の函数として } \bar{\Omega}\setminus\{x\} \\ \text{において楕円型方程式 } A^*N=\omega \text{ と境界条件 } (\mathrm{B}_0^*) \text{ を満たす.}\end{cases}$$

上の定理の函数 $N(x,y)$ を用いて楕円型境界値問題 $(\mathrm{A}_f\text{-}\mathrm{B}_\varphi)$, $(A_f^*\text{-}\mathrm{B}_\varphi^*)$ の解を表わす公式が与えられる（後述の定理 1.3.13）. 条件 (C_2) のもとでのこれらの境界値問題は古典的なラプラシアンに関する Neumann 問題の一般化になっているので，函数 $N(x,y)$ は **Neumann 函数**と呼ばれる.

これらの境界値問題が解をもつためには（古典的な Neumann 問題の場合と同様に）f と φ との間に次の定理に述べる関係式が成り立つことが必要である. その関係式は，函数 ω が (1.3.20) を満たすことと Green の公式とを用いて容易に導かれる.（[拡] 定理 21.2）

定理 1.3.12　i)　$f(x)$ は Ω 上で有界連続，$\varphi(x)$ は $\partial\Omega$ 上で連続とするとき，楕円型境界値問題 $(\mathrm{A}_f\text{-}\mathrm{B}_\varphi)$ が解をもつならば

(1.3.25)
$$\int_{\Omega}f(x)\omega(x)dx+\int_{\partial\Omega}\varphi(x)\omega(x)dS(x)=0\ ;$$

ii)　$f(x)$ は Ω 上で連続かつ可積分，$\varphi(x)$ は $\partial\Omega$ 上で連続とするとき，楕円型境界値問題 $(\mathrm{A}_f^*\text{-}\mathrm{B}_\varphi^*)$ が解をもつならば

(1.3.25*)
$$\int_{\Omega}f(x)dx+\int_{\partial\Omega}\varphi(x)dS(x)=0.\ \text{——}$$

次に解の存在と一意性の定理を述べる.（[拡] 定理 21.3, 21.3*）

定理 1.3.13　i)　$f(x)$ は Ω 上で有界かつ Hölder 連続，$\varphi(x)$ は $\partial\Omega$ 上で Hölder 連続とし，条件 (1.3.25) が満たされているとする. このとき，函数

(1.3.26)
$$u(x)=\int_{\Omega}N(x,y)f(y)dy+\int_{\partial\Omega}N(x,y)\varphi(y)dS(y)+C$$

（C は任意の定数）は楕円型境界値問題 $(\mathrm{A}_f\text{-}\mathrm{B}_\varphi)$ の解である. また，この境界

値問題の解は定数の差を除き一意的である．

ii）$f(x)$ は Ω 上で Hölder 連続かつ可積分，$\varphi(x)$ は $\partial\Omega$ 上で Hölder 連続とし，条件（1.3.25*）が満たされているとする．このとき，函数

$$v(y)=\int_{\Omega}f(x)N(x,y)dx+\int_{\partial\Omega}\varphi(x)N(x,y)dS(x)+C\omega(y) \tag{1.3.26*}$$

（C は任意の定数）は楕円型境界値問題 (A_f^*-B_φ^*) の解である．また，この境界値問題の解は，$\omega(y)$ の定数倍の差を除き一意的である．——

この§の最後に，領域 Ω の内部においてのみ偏微分方程式 $Au=-f$ を考えて境界条件を考えない場合の Green 函数について述べておく，この場合には，$\partial\Omega$ の性質（滑らかさ）や $\partial\Omega$ の近傍における A の係数の挙動について何も仮定しない（もちろん $\Omega=R$ でもよい）から，この§の前半の記述において $\Omega=R$ の場合と考えればよいのであるが，このような場合に本書において用いる 'Green 函数' という言葉を次のように約束しておく．

$\Omega\times\Omega$ の上で $x\neq y$ なるかぎり定義されて正数値をとる函数 $G(x,y)$ があって，任意の $f\in C_0^1(\Omega)$ に対して函数

$$u(x)=\int_{\Omega}G(x,y)f(y)dy \tag{1.3.27}$$

が Ω において有界で $Au=-f$ を満たすとき，$G(x,y)$ を **Green 函数**と呼ぶことにする．このような $G(x,y)$ は一意的とはかぎらない．

定理 1.3.1 で述べた $G(x,y)$ がこの意味の Green 函数であることは明らかである．偏微分作用素 A の係数 $c(x)$（$\leqq 0$ と仮定している）が恒等的に 0 ではないならば，定理 1.3.1（$\Omega=R$ の場合と考えればよい）における条件 (C_1) が満たされているから，拡散方程式の最小基本解 $U(t,x,y)$ から

$$G(x,y)=\int_0^\infty U(t,x,y)dt \quad \left(\begin{array}{l}\text{これは(1. 3. 1)}\\ \text{と同じ式である}\end{array}\right) \tag{1.3.28}$$

によって定義される $G(x,y)$ は，ここで述べた意味の Green 函数である．

しかし $c(x)\equiv 0$ であっても，任意のコンパクト集合 $E\subset\Omega$ に対して

(1.3.29)
$$\sup_{x\in\Omega}\int_0^\infty dt\int_E U(t,x,y)dy<\infty$$

が成立すれば，(1.3.28) によって一つの Green 函数 $G(x,y)$ が与えられる．このことは，定理 1.3.1 に対応する前掲書［拡］の定理 18.1 の証明からわかる．逆に，(1.3.27) が $Au=-f$ の有界な解を与えるような Green 函数 $G(x,y)$ が (1.3.28) で定義されるならば，(1.3.29) が成立する．第2章 §2.1 で Green 函数を扱うときは，このような場合を考えるものとする．

例 $\Omega=\mathbf{R}^m$ において $A=\triangle$（普通のラプラシアン）の場合には

$$U(t,x,y)=\frac{1}{(4\pi t)^{m/2}}e^{-\frac{|x-y|^2}{4t}}$$

であるから，$m\geqq 3$ ならば (1.3.28) により Green 函数が定義されて，

$$G(x,y)=\frac{\Gamma(m/2)}{2(m-2)\pi^{m/2}}\cdot\frac{1}{|x-y|^{m-2}}$$

となる，ただし $\Gamma(\cdot)$ はガンマ函数である．

§1.4　調和函数の性質

この§では，領域 Ω の内部で $Au=0, A^*v=0$ を満たす函数 u, v の性質および，それらに関連するいくつかの事項を述べる．それらの性質や関連事項のうち，本書の第2章以後に用いられる事柄を記述することをおもな目的としているので，本§全体としては必ずしもまとまった記述ではない．(特に後半においては断片的な記述になる．)

この§では，ことわりなければ Ω の有界性も $\partial\Omega$ の滑らかさも仮定しないし，偏微分作用素 A, A^* は Ω の内部においてのみ，§1.1に述べた条件を満たすように定義されていればよい；A, A^* の中の係数 $c(x)$ に対して，常に

(1.4.1) $$c(x)\leqq 0$$

と仮定していることを，念のため再記しておく．

領域 Ω で $Au=0$ を満たす函数 u は Ω で A-**調和**である（あるいは A-**調和函数**である）という．A^*-**調和(函数)** であるということも同様に定義する．

まず A-調和函数に関する最大値原理，Harnack の諸定理およびそれらに関連する事項を述べる．最大値原理（次に述べる定理1.4.1とその系）は条件(1.4.1)に関係する性質であるため，A^*-調和函数に対しては，そのままの形では成立しない．一方，Harnack の諸定理（後述）は楕円型境界値問題の解の性質（定理1.3.3）や Green 函数の性質（特に定理1.3.5）などによって証明されるので，この章で引用している[拡]においては A-調和函数についてのみ述べてある Harnack 諸定理の多くが（その証明の中で最大値原理をも使っている場合を除き）A^*-調和函数についても成立する；そのことは，後に Harnack 諸定理を述べるところで引用する［拡］の中の A-調和函数に関する定理の証明を見れば容易にわかる．よって，このあとで Harnack の諸定理を述べる際には，後の章で引用する必要に応じて，A^*-調和函数についても併記することにする．

Harnack の定理を用いると，有界とはかぎらない領域全体で正の値をとる

A^*-調和函数 ω の存在が示され，この函数 ω を用いて，A^*-調和函数に関する最大値原理に相等する定理を述べることができる(後述の定理 1.4.8).

定理 1.4.1　i)　函数 $u(x)$ が Ω において微分不等式 $Au \geqq 0$ を満たし，Ω の内部において u が正の最大値をとることができるのは，$c(x) \equiv 0$ の場合にかぎり，かつそのとき u は Ω において定数である.

ii)　函数 $u(x)$ が Ω において微分不等式 $Au \leqq 0$ を満たし，Ω の内部において u が負の最小値をとることができるのは，$c(x) \equiv 0$ の場合にかぎり，かつそのとき u は Ω において定数である.

iii)　初めから $c(x) \equiv 0$ と仮定すれば，i)における u の最大値，ii)における u の最小値の符号に関する仮定なしに，u は Ω において定数となる.

系 1　i)　Ω で A-調和な函数 u が，Ω の内部において正の最大値または負の最小値をとることができるのは，$c(x) \equiv 0$ の場合にかぎり，かつそのとき u は Ω において定数である.

ii)　初めから $c(x) \equiv 0$ と仮定した場合は，Ω で A-調和な函数 u が Ω の内部で最大値または最小値をとれば，u は Ω において定数である.

系 2　Ω を有界領域とし，函数 u が Ω で A-調和，$\overline{\Omega}$ で連続とする．このとき，$\overline{\Omega}$ における $|u(x)|$ の最大値をとる点が $\partial\Omega$ 上に存在する．特に，$c(x) \equiv 0$ ならば，$\overline{\Omega}$ における $u(x)$ の最大値，最小値をとる点が，いずれも $\partial\Omega$ 上に存在する．——

上の系1および系2の事実を A-調和函数に関する**最大値原理**というが，定理 1.4.1 の事実も含めてそう呼ぶこともある．また，系1の事実および系2において $c(x) \equiv 0$ の場合の事実は**最大値・最小値原理**とも呼ばれるが，特にそれらを‘最小値’に関する命題として応用する場合には，そのことを明示するために，単に**最小値原理**と呼ばれることもある.(これらの定理および証明については，[拡] の定理 10.3, 10.4, 22.1 およびそれらの系を参照.) 次の系3は上の定理 1.4.1 の ii), iii) から直ちに出ることであるが，これにより二つの調和函数の領域内部における大小関係が境界上での大小関係から導かれるので，系3の事実を**比較定理**とも呼ぶ．領域の境界が適当に滑らかならば，これは定理

1.3.3と定理1.3.4からも明らかであるが，ここでは境界の滑らかさを仮定していない．

系3 Ωを有界領域とし，函数uがΩにおいて$Au\leqq 0$を満たし$\overline{\Omega}$上で連続であって，$\partial\Omega$上で$u(x)\geqq 0$ならば，Ωにおいて$u(x)\geqq 0$である．——

次の定理は最大値・最小値原理の結果であって，普通のラプラシアンの場合にはよく知られている．(本書における偏微分作用素Aの場合について[拡]に述べられていないので，ここで証明を与えておく.)

定理1.4.2 Ωを有界な正則領域とし，Aにおいて$c(x)\equiv 0$とする．函数$u(x)$は$\overline{\Omega}$で連続かつΩの内部でA-調和であって，定数函数ではないとする．$u(x)$が$\partial\Omega$上で最小値，最大値をとる点をそれぞれz_1, z_2とすると

$$\frac{\partial u(z_1)}{\partial \boldsymbol{n}_\Omega}<0, \quad \frac{\partial u(z_2)}{\partial \boldsymbol{n}_\Omega}>0. \tag{1.4.2}$$

証明 第1の式を証明する．第2の式も全く同様にして証明される．また，$u(x)-u(z_1)$もA-調和だから，$u(z_1)=0$として第1の式を証明すればよい．

$\overline{\Omega}_0\subset\Omega$なる正則領域$\Omega_0$をとり，$\Omega_0$の内部に一点$y_0$をとる．$\Omega$におけるDirichlet 問題の Green 函数を$G(x,y)$とすると，$x\in\Omega\setminus\{y_0\}$ならば定理1.3.4により$G(x,y_0)>0$だから，$c_0=\max_{x\in\partial\Omega_0}G(x,y_0)$は正である．また，函数$u$に対する仮定と定理1.4.1の系1により，$u$は$\Omega$の内部で正の値をとるから，$c_1=\min_{x\in\partial\Omega_0}u(x)$も正である．さて，

$$x\in\overline{\Omega}\setminus\Omega_0 \text{ に対して } v(x)=\frac{c_1}{c_0}G(x,y_0)$$

と定義すると，$u-v$は$\Omega\setminus\overline{\Omega}_0$において$A$-調和であって

$$\begin{cases} x\in\partial\Omega_0 \text{ ならば } & u(x)\geqq c_1\geqq\dfrac{c_1}{c_0}G(x,y_0)=v(x) \\ x\in\partial\Omega \text{ ならば } & u(x)\geqq 0=v(x) \end{cases}$$

だから，定理1.4.1の系3により$\Omega\setminus\overline{\Omega}_0$において$u(x)-v(x)\geqq 0$となる．特に$u(z_1)=v(z_1)=0$だから$\left.\dfrac{\partial(u-v)}{\partial\boldsymbol{n}_\Omega}\right|_{x=z_1}\leqq 0$となる．一方，定理1.3.4により$\dfrac{\partial v(z_1)}{\partial\boldsymbol{n}_\Omega}<0$である．よって$\dfrac{\partial u(z_1)}{\partial\boldsymbol{n}_\Omega}<0$が成立する．□

次に Harnack の諸定理を述べる.

一般に，集合 E の上の函数列 $\{f_n\}$（パラメータ n を連続的に変化する実数で置き替えてもよい）が，ある函数 f に E で**広義一様収束**するとは，E の任意のコンパクト部分集合の上で一様収束することである.

定理 1.4.3 (Harnack の第1定理)　Ω を有界領域とし，函数 $u_n(x)$ $(n=1, 2, \cdots)$ は Ω で A-調和，$\overline{\Omega}$ で連続とする．このとき，函数列 $\{u_n\}$ が $\partial\Omega$ 上で一様収束すれば，

i)　$\{u_n\}$ は $\overline{\Omega}$ で一様収束し，その極限函数 u は Ω で A-調和である；

ii)　Ω に含まれる任意の座標近傍 W と，その中の局所座標 $(x^1, \cdots, x^m)$ に関する2階以下の任意の偏微分演算 L に対して，函数列 $\{Lu_n\}$ は W において広義一様に Lu に収束する.

（[拡] 定理 22.3 参照；なお，同書に述べられているように，偏微分作用素 A の係数が C^∞ 級ならば，上の ii) の L は任意階数の偏微分演算でよいが，このことを今後本書において用いる機会はない.）

定理 1.4.4　領域 Ω で A-調和な函数の列 $\{u_n\}$ が Ω 上で一様有界ならば，$\{u_n\}$ の適当な部分列が Ω で広義一様に収束する.

（[拡] 定理 22.6；この定理を Harnack の第3定理と呼ぶこともある.）

定理 1.4.3 の i) の証明は最大値原理によるので，A が Ω の内部においてのみ定義されている場合は，A^*-調和函数についてはこのままの形では成立しない．しかし定理 1.4.4 においては，$\overline{D}\subset\Omega$ なる正則有界領域 D を考え，D における Dirichlet 問題の Green 函数 $G_D(x, y)$ によって A-調和（または A^*-調和）函数を D の中で表現する式を用いればよいから（[拡] 定理 22.6 の証明参照），A^*-調和函数についても定理 1.4.4 は成立する．更に定理 1.4.4 によって Ω で広義一様収束する部分列に対して，定理 1.4.3 の ii) の証明を適用（[拡] 定理 22.3 の ii) の証明参照）すれば，A^*-調和函数についてもこの命題が成立することがわかる．以上の考察により，定理 1.4.3 と定理 1.4.4 を合併したものの変形として，A-調和函数についても A^*-調和函数についても次の定理が成立する.

定理 1.4.5　領域ΩにおいてA-調和（またはA^*-調和）な函数の族 $\{u_\lambda\}$ があって，Ωの任意のコンパクト部分集合の上で一様有界ならば，函数の族 $\{|\nabla u_\lambda|\}$ もΩの任意のコンパクト部分集合の上で一様有界であって，函数族 $\{u_\lambda\}$ の適当な部分列 $\{u_{\lambda_\nu}; \nu=1,2,\cdots\}$ はΩでA-調和（またはA^*-調和）なある函数uに広義一様に収束し，更にベクトル値函数の列 $\{\nabla u_{\lambda_\nu}\}$ はベクトル値函数 ∇u に広義一様に収束する．——

下の二つの定理も，前掲書［拡］でA-調和函数について証明されているが，A^*-調和函数についても同様に証明される．

定理 1.4.6 (Harnack の補題)　領域Ωの中の任意のコンパクト集合Kに対して，正の定数 c_K, c'_K が存在して，ΩでA-調和（またはA^*-調和）で非負値をとる任意の函数uと，任意の点 $x_0, x\in K$ に対して

(1.4.3)　$$c_K u(x_0)\leqq u(x)\leqq c'_K u(x_0)$$　(Harnack の不等式)．——

ここで定数 c_K, c'_K がコンパクト集合Kのみに関係し，非負値A-調和（またはA^*-調和）函数uには関係しないことが重要である．

定理 1.4.7 (Harnack の第2定理)　領域ΩでA-調和（またはA^*-調和）な函数の列 $\{u_n\}$ があって，各点 $x\in\Omega$ において $\{u_n(x)\}$ はnに関して単調増加であり，かつ一点 $x_0\in\Omega$ において有界ならば，$\{u_n\}$ はΩでA-調和（またはA^*-調和）な函数に，Ω上で広義一様に収束する；$\{u_n(x)\}$ が各点 $x\in\Omega$ でnに関して単調減少としても同様である．——

ここで，Ω上でいたるところ正の値をとるA-調和函数，A^*-調和函数の存在を証明しておく．

まず，一点 $x_0\in\Omega$ を固定し，x_0を含む正則有界領域の列 $\{D_n\}$ で，$\overline{D}_n\subset D_{n+1}$ $(n=1,2,\cdots)$，$\bigcup_{n=1}^{\infty}D_n=\Omega$ を満たすものを定めて，各D_nにおける Dirichlet 境界値問題の Green 函数 $G_{D_n}(x,y)$ を考える．定理 1.3.2 と定理 1.3.4 により，函数

(1.4.4)　$$u_n(x)=-\int_{\partial D_n}\frac{\partial G_{D_n}(x,y)}{\partial \boldsymbol{n}_{D_n}(y)}dS(y)$$

は D_n 上でいたるところ正の値をとる A-調和函数である．だから，函数 $\omega_n(x)=u_n(x)/u_n(x_0)$ は D_n 上でいたるところ正の値をとり $\omega_n(x_0)=1$ を満たす A-調和函数である．任意の n を固定するとき，D_n の上の函数列 $\{\omega_k\,;\,k\geqq n\}$ は Harnack の不等式により D_n の任意のコンパクト部分集合の上で一様有界であるから，定理1.4.5により $\{\omega_k\}$ の適当な部分列が D_n で A-調和なある函数に広義一様収束する．だから，n に関する対角線論法により，初めの函数列 $\{\omega_n\}$ の適当な部分列が Ω で A-調和なある函数 ω に Ω で広義一様に収束する．このとき Ω 上で $\omega(x)\geqq 0$ かつ $\omega(x_0)=1$ であるから，Harnack の不等式により x_0 を含む任意のコンパクト集合の上で ω は正の最小値をとり，従って Ω 上いたるところ $\omega(x)>0$ となる．以上により Ω 上いたるところ正の値をとる A-調和函数の存在が示された．同様な A^*-調和函数の存在を示すには，前と同じ Green 函数 $G_{D_n}(x,y)$ を用いて，(1.4.4) のかわりに

$$(1.4.4^*)\qquad v_n(y)=-\int_{\partial D_n}\frac{\partial G_{D_n}(x,y)}{\partial \boldsymbol{n}_{D_n}(x)}dS(x)$$

なる函数を定義すると，これは D_n 上いたるところ正の値をとる A^*-調和函数であるから，あとは上と同様に議論すればよい．

さて，Ω でいたるところ正の値をとる A^*-調和函数 ω を用いて，A^*-調和函数に関する最大値原理について述べる．まず Ω で C^2 級の函数 u に対して

$$(1.4.5)\qquad \tilde{A}u=\omega^{-1}\operatorname{div}(\omega\nabla u)-([\boldsymbol{b}-\nabla p]\cdot\nabla u),\quad p=\log\omega,$$

なる偏微分作用素 $\tilde{A}$ を定義すると，

$$\nabla p=(\nabla\omega)/\omega,\quad -\operatorname{div}(\omega[\boldsymbol{b}-\nabla p])+c\omega=A^*\omega=0$$

なることを用いて計算することにより，A^* と $\tilde{A}$ との間には

$$(1.4.6)\qquad \omega^{-1}A^*(\omega u)=\tilde{A}u$$

なる関係があることが示される．だから函数 v が A^*-調和であることと，函数 $u=v/\omega$ が $\tilde{A}$-調和であることとは同値である．ところが $\tilde{A}$ は A の形に書き表わしたときの $c(x)\equiv 0$ なる条件を満たしているから，A^*-調和函数 v に対して，函数 v/ω に定理1.4.1やその系（いずれも $c(x)\equiv 0$ の場合）を適用した事実が成り立つ；特に系1の ii) により次のことがいえる．

定理 1.4.8 ωを領域Ωの上でいたるところ正の値をとるA^*-調和函数とする．vがΩ上のA^*-調和函数で，v/ωがΩの内部で最大値または最小値をとれば，vはωの定数倍である．——

このことから次の**最大値・最小値原理**を得る：

定理 1.4.9 ωを前定理の通りとし，DがΩの部分領域で，その閉包$\overline{D}$はΩに含まれるコンパクト集合であるとする．函数vが$\overline{D}$で連続かつDでA^*-調和ならば，v/ωは$\overline{D}$における最大値と最小値をいずれもDの境界∂Dの上でとる．——

Ω上いたるところ正の値をとるA-調和函数ωを用いて，Aおよびそれと形式的に共役なA^*に関する議論を，$c(x)\equiv 0$の場合に帰着させることもできる．それには，$p=\log\omega$，$\tilde{\boldsymbol{b}}=\boldsymbol{b}+2\nabla p$と定義して，

$$\tilde{A}w=\mathrm{div}(\nabla w)+(\tilde{\boldsymbol{b}}\cdot\nabla w),\quad \tilde{A}^*w=\mathrm{div}(\nabla w-\tilde{\boldsymbol{b}}w)$$

とすると，$\tilde{A}^*$は$\tilde{A}$の形式的共役作用素である．（この$\tilde{A}$は前ページの$\tilde{A}$とは別のものである；念のため注意しておく．）このとき，前ページの場合と同様に，簡単な計算によって

$$\omega^{-1}Au=\tilde{A}(\omega^{-1}u),\quad \omega A^*v=\tilde{A}^*(\omega v) \tag{1.4.7}$$

なる関係が示されるから，$\tilde{u}=\omega^{-1}u$，$\tilde{v}=\omega v$とおけば

$$Au=-f \iff \tilde{A}\tilde{u}=-\omega^{-1}f,\quad A^*v=-f \iff \tilde{A}^*\tilde{v}=-\omega f$$

となり，AとA^*に関する議論が，$\tilde{A}$と$\tilde{A}^*$に関する議論に帰着される．このとき，対応する拡散方程式の基本解の関係も重要であるが，ここでは次の章で用いられる下記の事実を述べておく．

Dをその閉包がΩに含まれる正則有界領域とし，Dにおける拡散方程式$\partial u/\partial t=Au$にDirichlet境界条件を与えたものの基本解を$U_D(t,x,y)$（§1.1）とすると，函数

$$\tilde{U}_D(t,x,y)=\omega(x)^{-1}U_D(t,x,y)\omega(y)$$

はDにおける拡散方程式$\partial w/\partial t=\tilde{A}w$にDirichlet境界条件を与えたものの基本解である．このことは(1.4.7)を用いて容易に験証される．

次に，調和函数の**一意接続定理**を述べる．この定理は局所的な性質であり，

偏微分作用素 A の係数 $c(x)$ に対する仮定 (1.4.1) は必要でないから，A-調和函数と A^*-調和函数との間に本質的な違いは全くない．

複素平面内の領域 D で正則(または調和)な函数 u があって，D の中の空でない開集合において $u\equiv 0$ となるならば，D 全体で $u\equiv 0$ となる；このことは一致の定理としてよく知られている．ここで調和函数をラプラス方程式 $\triangle u=0$ の解と考えることにより，上の定理は m 次元空間 $\mathbf{R}^m$ の中の領域における調和函数に拡張される．更にラプラシアン $\triangle$ の場合から変数係数の2階楕円型偏微分作用素 A の場合に拡張した定理が一意接続定理であって，Aronszajn [2]，Cordes[3] らによって証明された；その証明は，例えば熊ノ郷 [4] の §5.6 に詳しく記述されているので，それを参照されたい．この定理が局所的性質であることにより，Euclid 空間の中の領域でも多様体の中の領域でも証明は同じである．だから下記の定理の Ω は本書で扱っている多様体 (§1.1) の中の領域として読まれたい．

定理 1.4.10 (一意接続定理)　領域 Ω で A-調和 (または A^*-調和) な函数 u があって，Ω の中の空でない開集合において $u\equiv 0$ ならば，Ω 全体で $u\equiv 0$ である．

上記の [2]，[3] においては，'空でない開集合において $u\equiv 0$' という条件よりも弱い 'Ω の一点が u の無限位の零点である' という条件 (述べ方は少し違うが，これとほぼ同等な条件) のもとで証明されているが，本書で応用するには上の定理の述べ方で十分であるから，このように内容のわかりやすい述べ方にしておく．([4] には上の定理に述べた形で証明されている．)

最後に，楕円型方程式 $Au=-f$ あるいは $A^*u=-f$ の '弱い解' (定義は下記)と真の解に関する定理を述べる．(ここで一般には $f\neq 0$ だから，この定理は調和函数にかぎった話ではないが，この § で関連事項として述べる．) ここでも係数 $c(x)$ に対する仮定 (1.4.1) は不要であり，前掲書 [拡] の §23 で方程式 $Au=-f$ について述べてある定理が，方程式 $A^*u=-f$ についてもそのまま成立する．

定義　領域 Ω で局所可積分な函数 $u(x)$ が**楕円型方程式** $Au=-f$ **の弱い解**であるとは，任意の $\psi\in C_0^\infty(\Omega)$ に対して

$$\int_{\Omega} u(x)\cdot A^*\psi(x)dx+\int_{\Omega} f(x)\psi(x)dx=0 \tag{1.4.8}$$

が成立することである．A と A^* を入れ替えて，**楕円型方程式** $A^*u=-f$ **の弱い解**を同様に定義する．

弱い解に対して，普通の意味の（すなわち，その方程式に現われるすべての偏導函数が普通の意味で存在して連続な）解を**真の解**という．真の解が弱い解であることは，Green の公式によって明らかである．

このとき次の定理が成立する(［拡］定理 23.1 参照)．

定理 1.4.11　函数 f は領域 Ω で Hölder 連続とする．Ω において局所可積分な函数 u が楕円型方程式 $Au=-f$（または $A^*u=-f$）の弱い解ならば，Ω におけるその方程式の真の解 v で，Ω 上で $u(x)=v(x)$ (a.e.) となるものが存在する．——

拡散方程式についても同様な定理が成立し，またそれらの方程式が境界条件を伴なう場合の定理もある（［拡］§23 参照）が，本書において応用の機会がないから省略する．

§1.5　ベクトル解析に関連した事項

この§の内容は，偏微分方程式に関する結果ではないが，前§までに述べた事項の一部を用いて，本書第5章以降で必要なことを準備する．

R の部分領域 Ω の上の函数 u が**区分的に滑らか** (piecewise smooth) であるとは，u が $\overline{\Omega}$ で連続であり，有限個の正則領域 $\Omega_1, \cdots, \Omega_n$ が存在して $\Omega \setminus (\partial\Omega_1 \cup \cdots \cup \partial\Omega_n)$ の各連結成分で u が C^1 級なることである．

Ω 上でいたるところ正の値をとる C^2 級の函数 ω が与えられたとき，

$$d_\omega x = \omega(x)dx \quad (dx = \sqrt{a(x)}\,dx^1 \cdots dx^m \text{ は今までの通り})$$

なる測度を定義し，これに関連したいくつかの記号を約束する．

まず，Ω 上のベクトル場

$$\Phi = (\varphi_1, \cdots, \varphi_m), \quad \Psi = (\psi_1, \cdots, \psi_m) \qquad (\text{共変成分})$$

に対して，§1.1で定義したように

$$(\Phi \cdot \Psi) = a^{ij}\varphi_j \psi_j \quad (\Omega \text{ 上のスカラー函数})$$

とし，<u>重み</u> ω をもつ測度 $d_\omega x$ に関する‘内積’と‘ノルム’を

$$(\Phi, \Psi)_{\Omega,\omega} = \int_\Omega (\Phi \cdot \Psi) d_\omega x, \quad \|\Phi\|_{\Omega,\omega} = (\Phi, \Phi)_{\Omega,\omega}{}^{1/2}$$

と定義する (各式の右辺が意味をもつ限り)．例えば u が Ω 上で区分的に滑らかな函数ならば

$$\|\nabla u\|_{\Omega,\omega}^2 = \int_\Omega a^{ij} \frac{\partial u}{\partial x^i} \frac{\partial u}{\partial x^j} d_\omega x \ (\leqq \infty)$$

が定義される．なお，$\omega \equiv 1$ のときは添え字 ω を省略することが多い．

$\|\Phi\|_{\Omega,\omega} < \infty$ なる Ω 上のベクトル場 Φ の全体が作る線型空間の‘ノルム’ $\|\cdot\|_{\Omega,\omega}$ に関する完備化を $\boldsymbol{L}^2_\omega(\Omega)$ と書き，Ω 上で区分的に滑らかな函数 ψ で $\nabla\psi \in \boldsymbol{L}^2_\omega(\Omega)$ なるもの全体を $P_\omega(\Omega)$ と書く；また，Ω に含まれる正則コンパクト集合 K に対して，函数 $\psi \in P_\omega(\Omega \setminus K)$ で $\psi|_{\partial K} = 0$ を満たすもの全体を $P_\omega(\Omega\,;K)$ と書くことにする．

注意 前掲書［拡］において領域 Ω の境界 $\partial\Omega$ が‘区分的に滑らか’という言葉を定義したが，これは上に述べた‘函数が区分的に滑らか’なこととは別の概念である．本書においては前掲書［拡］の意味でこの言葉を用いることはない．

さてここで前掲書［拡］§24 の結果を引用するが，その内容をすべて，ω の重みをつけて考えることができる．すなわち，測度 dx を $d_\omega x$ で置き換え，発散作用素 div を $\mathrm{div}_\omega \Phi=\omega^{-1}\mathrm{div}(\omega\Phi)$ で定義される div_ω で置き換えるのである．［拡］§24 の各定理（補助定理，系を含む）の証明をこのような場合の形に修正することができる．

例えば，Ω で連続なベクトル場の全体を $\boldsymbol{C}(\Omega)$ と書くとき，$\boldsymbol{\Psi}\in\boldsymbol{C}(\Omega)$ が

$$(1.5.1)\qquad \mathrm{div}_\omega \boldsymbol{\Phi}=0 \text{ なる任意の } \boldsymbol{\Phi}\in\boldsymbol{C}_0^1(\Omega) \text{ に対して } \int_\Omega(\boldsymbol{\Psi}\cdot\boldsymbol{\Phi})d_\omega x=0$$

を満たすならば，ある $\psi\in C^1(\Omega)$ が存在して $\boldsymbol{\Psi}=\nabla\psi$ となる，という事実は重要な役割をもち (cf.［拡］定理 24.2)，この事実は次の補助定理に帰着されるので，その証明（上述のように‘修正’した）の概略を与えておく．

補助定理 1.5.1 Γ を Ω の内部にあって長さをもつ向きづけられた単純閉曲線とし，いたるところ C^1 級で有限個の点を除き C^2 級とする．各点 $x\in\Gamma$ に対して，$\boldsymbol{t}=\boldsymbol{t}(x)$ を x における Γ の接線ベクトルで単位の長さをもち，点 x における Γ の向きづけと同じ方向をもつものとする．このとき (1.5.1) を満たす任意の $\boldsymbol{\Psi}\in\boldsymbol{C}(\Omega)$ に対して $\int_\Gamma(\boldsymbol{\Psi}(x)\cdot\boldsymbol{t}(x))d\sigma(x)=0$ が成立する；ここで $d\sigma$ は Γ 上の線素を表わす．(cf.［拡］補助定理 24.2)

証明 Γ がいたるところ C^2 級として証明すればよい．Γ を内部に含む管（くだ）状の領域 T を，閉包 $\overline{T}$ が Ω の内部の有限個の座標近傍で覆われるようにとる．このとき T の内部全体に一つの曲線座標が構成できるから，それを固定する．$\varepsilon>0$ に対して，$\mathbf{R}^m$ の上で C^∞ 級の非負値函数 ρ_ε で，台が原点の ε 近傍に含まれ $\int_{\mathbf{R}^m}\rho_\varepsilon(y)dy=1$ (dy は普通の Lebesgue 測度) なるものを定める．T の内部に固定した曲線座標を使って $\rho_\varepsilon(x-y)$ $(x, y\in T)$ を考えると，x が Γ 上を動くかぎり，十分小さいすべての $\varepsilon>0$ に対して，y の函数としての $\rho_\varepsilon(x-y)$ の台は T の内部に含まれる．だから

$$(1.5.2)\qquad \Phi_\varepsilon(y)=\begin{cases}\omega(y)^{-1}\displaystyle\int_\Gamma \rho_\varepsilon(x-y)\boldsymbol{t}(x)d\sigma(x) & (y\in T)\\ 0 & (y\in\Omega\setminus T)\end{cases}$$

と定義すると $\Phi_\varepsilon\in \boldsymbol{C}_0^1(\Omega)$ であって，$y\in T$ ならば

$$\mathrm{div}_\omega\,\Phi_\varepsilon(y)=-\int_\Gamma(\nabla_x\rho(x-y)\cdot\boldsymbol{t}(x))d\sigma(x)=-\int_\Gamma\frac{\partial\rho_\varepsilon(x-y)}{\partial\boldsymbol{t}(x)}d\sigma(x)=0$$

となる．一方 $y\in\Omega\setminus T$ ならば $\mathrm{div}_\omega\,\Phi_\varepsilon=0$ は自明だから，仮定により

$$\int_\Gamma\left(\left[\int_T\rho_\varepsilon(x-y)\Psi(y)dy\right]\cdot\boldsymbol{t}(x)\right)d\sigma(x)=\int_\Omega(\Phi_\varepsilon(y)\cdot\Psi(y))d_\omega y=0$$

となる．ここで $\varepsilon\downarrow 0$ とすれば ρ_ε の性質により補助定理の結論を得る．▯

更に，［拡］定理 24.3 の系の仮定のうち '$\psi\in C^1(\Omega)\cap C^0(\Omega\cup S)$' を '$\psi$ は Ω で区分的に滑らか' という条件で置き替えても，同様に証明できる；証明の最後にある内積の式を ω の重みつきに修正したものは，本質的には次の補助定理に帰着され，それは同書の補助定理 21.1 として証明されている．

補助定理 1.5.2　$\Phi\in \boldsymbol{C}^1(\Omega)$ が Ω 上で $\mathrm{div}_\omega\,\Phi=0$，$\partial\Omega$ 上で $(\Phi\cdot\boldsymbol{n})=0$ を満たすとし，また $\varphi,\psi\in C^1(\overline{\Omega})$ とすると，

$$(\nabla\varphi,\psi\Phi)_{\Omega,\omega}+(\nabla\psi,\varphi\Phi)_{\Omega,\omega}=0.\ \text{——}$$

上に述べた［拡］定理 24.3 の系において Ω, S をそれぞれ $\Omega\setminus K$, ∂K (50 ページ) とすると，次の定理が得られる．

定理 1.5.1　$\Phi\in \boldsymbol{L}^2_\omega(\Omega\setminus K)$ であって，任意の $\psi\in P_\omega(\Omega\,;\,K)$ に対して $(\Phi,\nabla\psi)_{\Omega\setminus K,\omega}=0$ を満たすならば，$\Omega\setminus K$ 上で有界な任意の $\psi\in P_\omega(\Omega\,;\,K)$ に対して $(\psi\Phi,\nabla\psi)_{\Omega\setminus K,\omega}=0$ が成立する．——

上の定理は $K=\phi$ でもよい；その場合は次のように書ける．

定理 1.5.2　$\Phi\in \boldsymbol{L}^2_\omega(\Omega)$ であって，任意の $\psi\in P_\omega(\Omega)$ に対して $(\Phi,\nabla\psi)_{\Omega,\omega}=0$ を満たすならば，Ω 上で有界な任意の $\psi\in P_\omega(\Omega)$ に対して $(\psi\Phi,\nabla\psi)_{\Omega,\omega}=0$ が成立する．

§1.6　付記（測度の漠収束，半連続函数）

本章の標題とした偏微分方程式に関することではないが，測度の漠収束の概念と，半連続函数に関して，本書で使う事柄を念のために述べておく．

I．**測度の漠収束について**　Ω を R の部分領域とし，Ω 上で連続な函数で，台が Ω のコンパクト部分集合であるもの全体（§1.1 で $C_0^0(\Omega)$ と書いた）を，簡単に $C_0(\Omega)$ と書くことにする．Ω における Borel 集合族（Ω の中の開集合全体で生成される σ-加法族）$\boldsymbol{B}_\Omega$ の上で定義された測度 μ で，任意のコンパクト集合 $K\subset\Omega$ に対して $\mu(K)<\infty$ となるもの全体を $\boldsymbol{M}_\Omega$ と書き，測度 $\mu\in\boldsymbol{M}_\Omega$ を **Borel 測度**と呼ぶ；今後，特に指定またはことわりなく‘測度’といえば Borel 測度を意味するものとする．

$\{\mu_n\,;\,n=1,2,\cdots\}\subset\boldsymbol{M}_\Omega$，$\mu\in\boldsymbol{M}_\Omega$ であって，任意の $f\in C_0(\Omega)$ に対して $\lim_{n\to\infty}\int_\Omega fd\mu_n=\int_\Omega fd\mu$ が成立するとき，測度の列 $\{\mu_n\}$ は測度 μ に**漠収束**する (vaguely convergent) という．

$\{\mu_n\}$ が漠収束すれば，任意のコンパクト集合 $K\subset\Omega$ の上で $\{\mu_n\}$ は一様有界である．なぜならば，$K\subset D\subset\overline{D}\subset\Omega$ なる開集合 D で $\overline{D}$ がコンパクトなものをとり，函数 $f\in C_0(\Omega)$ で

$$\Omega \text{ 上で } 0\leqq f(x)\leqq 1,\quad K \text{ で } f(x)=1,\quad \Omega\setminus D \text{ で } f(x)=0$$

なるものをとると，$\mu_n(K)\leqq\int_\Omega f\,d\mu_n$ であり，数列 $\left\{\int_\Omega f\,d\mu_n\right\}_{n=1,2,\cdots}$ は収束するから有界である．この事実の（部分的な）逆として，次の定理が成り立つ．

定理 1.6.1　測度の列 $\{\mu_n\}\subset\boldsymbol{M}_\Omega$ があって，任意のコンパクト集合 $K\subset\Omega$ に対して $\sup_n\mu_n(K)<\infty$ ならば，$\{\mu_n\}$ の適当な部分列がある測度 $\mu\in\boldsymbol{M}_\Omega$ に漠収束する．

証明　各 $f\in C_0(\Omega)$ と各 μ_n に対して $L_n(f)=\int_\Omega f\,d\mu_n$ とおく．$C_0(\Omega)$ の可算部分集合 $\mathscr{D}$ で，ノルム $\|f\|_\infty=\max_{x\in\Omega}|f(x)|$ に関して稠密なものが存在する．各 $f\in\mathscr{D}$ に対して，f の台がコンパクトだから，その上で $\{\mu_n\}$ が一様有界なことにより，$\{L_n(f)\}_{n=1,2,\cdots}$ は有界数列となって収束する部分列をもつ．$\mathscr{D}$ が

可算集合であるから，対角線論法により，自然数の部分列 $\{n'\}$ を選んで，すべての $f\in\mathcal{D}$ に対して $\{L_{n'}(f)\}$ が収束するようにできる．このことと，$\mathcal{D}$ が $C_0(\Omega)$ でノルム $\|f\|_\infty$ に関して稠密なことにより，すべての $f\in C_0(\Omega)$ に対して有限な極限値 $L(f)=\lim_{n'\to\infty} L_{n'}(f)$ が存在することが示される．このとき $L(f)$ は $C_0(\Omega)$ の上の線型汎函数 (有界とは限らない) である．ここで，Ω の部分領域の列 $\{\Omega_k\}$ で，各 $\overline{\Omega}_k$ はコンパクトであって，$\overline{\Omega}_k\subset\Omega_{k+1}$ $(k=1, 2, \cdots)$，$\bigcup_{k=1}^{\infty}\Omega_k=\Omega$ となるものを固定する．汎函数 $L(f)$ の $C_0(\Omega_k)$ への制限を $L^{(k)}(f)$ と書くと，$k<l$ ならば $L^{(l)}$ は $L^{(k)}$ の拡張である．k を固定するとき $\{\mu_n(\Omega_k)\}_{n=1,2,\cdots}$ は有界であるから，$L^{(k)}$ は $C_0(\Omega_k)$ 上の有界線型汎函数である．よって Riesz-Markov の定理により，Ω_k 上の Borel 測度 $\mu^{(k)}$ が存在して，すべての $f\in C_0(\Omega_k)$ に対して

$$L^{(k)}(f)=\int_{\Omega_k} f\,d\mu^{(k)} \tag{1.6.1}$$

が成立する．$k<l$ ならば $L^{(l)}$ が $L^{(k)}$ の拡張であることにより測度 $\mu^{(l)}$ は $\mu^{(k)}$ の拡張 ($\boldsymbol{B}_{\Omega_k}$ から $\boldsymbol{B}_{\Omega_l}$ への) である．従って，Ω 上の Borel 測度 μ ですべての $\mu^{(k)}$ $(k=1, 2, \cdots)$ の拡張であるものが存在して，すべての $f\in C_0(\Omega)$ に対して

$$L(f)=\int_{\Omega} f\,d\mu \tag{1.6.2}$$

が成立する．このことと $L_n(f)$ の定義および $\lim_{n'\to\infty} L_{n'}(f)=L(f)$ によって，$\{\mu_{n'}\}$ が μ に漠収束する．□

Ω の R における閉包 $\overline{\Omega}$ がコンパクトな場合には，上の漠収束の定義中の $\Omega, \boldsymbol{B}_\Omega, \boldsymbol{M}_\Omega, C_0(\Omega)$ をそれぞれ $\overline{\Omega}, \boldsymbol{B}_{\overline{\Omega}}, \boldsymbol{M}_{\overline{\Omega}}, C(\overline{\Omega})$ ($\overline{\Omega}$ 上の連続函数の全体) で置き替えることにより，$\overline{\Omega}$ 上の測度の列の漠収束が定義される．このとき，定理 1.6.1 の仮定において K を $\overline{\Omega}$ とすることにより，同じ定理が成立する．(この場合の方が証明は簡単である；部分領域の列 $\{\Omega_k\}$ を考える必要がない.) 前の記述をこのような場合に修正することは容易である．

漠収束の概念はもっと一般的に定義されることが多い．すなわち，$\mu_0\in\boldsymbol{M}_\Omega$ に対して $V_{f,\varepsilon}(\mu_0)=\left\{\mu\in\boldsymbol{M}_\Omega \,\middle|\, \left|\int_\Omega f\,d\mu-\int_\Omega f\,d\mu_0\right|<\varepsilon\right\}$ $(f\in C_0(\Omega), \varepsilon>0)$ を μ_0 の近傍系の基とし

て M_Ω に入れた位相を**漠位相** (vague topology) といい，この位相に関する収束を**漠収束**と呼ぶのである．このとき，上述の定理1.6.1の拡張として次のことがいえる：測度の族 (すなわち M_Ω の部分集合) が，Ω の各コンパクト部分集合の上で一様有界ならば，漠位相に関して相対コンパクトである．本書においては，測度の漠収束に関する事項は初めに述べたような可算列の場合についてのみ用いるので，一般的な位相の概念にはこれ以上は立入らないことにする．

Ω 上の有界な測度 μ は，ノルムを $\|f\|_\infty=\max|f(x)|$ で定義した線型ノルム空間 $C_0(\Omega)$ の上の有界線型汎函数であるから，函数解析学においては，一様有界な測度の列の漠収束は汎弱収束 (汎函数としての弱収束) と呼ばれる．本書において漠収束の概念を用いるのは大抵は一様有界な測度の列の場合であるから，'漠収束' よりも '汎弱収束' の方が耳馴れた読者が多いかも知れない．しかし汎弱収束という言葉は，本来まず線型ノルム空間 $C_0(\Omega)$ が前面に出ていて，その上の汎函数としての弱収束という意味である．一方，本書では多くの場合，測度の列が考察の対象であり，それが漠収束する場合に，そのことをある特定の連続函数の積分に適用するのであって，線型ノルム空間 $C_0(\Omega)$ を主題とすることはない．だから今後 '漠収束' の用語を用いることにする．

II．半連続函数について　本項では，R の中の領域 Ω で定義された実数値または $\pm\infty$ の値をとる函数を考える．函数値の大小については，任意の実数 α に対して $-\infty<\alpha<\infty$ なる大小関係を規約しておく．

Ω 上で $-\infty\leqq f(x)\leqq\infty$ なる値をとる函数 f が**下(に)半連続**であるとは，任意の実数 α に対して $\{x\in\Omega\,|\,f(x)>\alpha\}$ が開集合であることであり，**上(に)半連続**であるとは，任意の実数 α に対して $\{x\in\Omega\,|\,f(x)<\alpha\}$ が開集合となることである．f が Ω で有限な値のみをとる場合には，それが連続であることと，下半連続かつ上半連続であることとは同等である．

f が下半連続であることと $-f$ が上半連続であることとは同等であるから，それらの一方に関する性質から他方に関する性質が容易に導かれる．よって，以下においては，下半連続函数について述べることにする．

f が Ω で下半連続なことは，次の (1.6.3) または (1.6.4) が成り立つことと定義しても同等であることは，容易にわかる．

(1.6.3)　任意の点 $x\in\Omega$ と，x に収束する任意の点列 $\{x_n\}\subset\Omega$ に対して $\varliminf_{n\to\infty} f(x_n)\geqq f(x)$；ただし $f(x_n)=-\infty$ となる n が無限個あるときは，上の下極限は $-\infty$ と解する．

(1.6.4)　任意の点 $x \in \Omega$ と任意の $\varepsilon > 0$ に対して，x の適当な近傍 W_x をとれば，$y \in W_x$ なるかぎり $f(y) \geqq f(x) - \varepsilon$；ただし $f(x) = \pm\infty$ のときは，$\infty - \varepsilon = \infty$，$(-\infty) - \varepsilon = -\infty$ と解する．

次の (1.6.5) は (1.6.4) を用いて，コンパクト集合上の連続函数の最大値・最小値に関する定理と全く同様にして証明される；また (1.6.6) も下半連続性の定義から容易に証明される．

(1.6.5)　Ω で下半連続な函数は，Ω の任意のコンパクト部分集合 K の上で下に有界であり，K 上での最小値をとる点がある．

(1.6.6)　Ω で下半連続な函数の列 $\{f_n\}$ があって，Ω の各点で n に関して単調増加ならば，極限函数 $f(x) = \lim_{n\to\infty} f_n(x)$ も Ω で下半連続である．

従って特に，

(1.6.7)　Ω で連続な実数値函数の単調増加列の極限函数は，Ω で下半連続である．

(1.6.7) の極限函数 $f(x)$ は明らかに

$$\Omega \text{ において } \quad -\infty < f(x) \leqq \infty \tag{1.6.8}$$

を満たす．逆に，(1.6.8) を満たす下半連続函数 f は Ω で連続な函数の単調増加列の極限函数になることが証明されるが，本書では f が ((1.6.8) よりも強い仮定として) Ω で下に有界な場合についてこの事実を用いるので，その場合を次の定理 1.6.2 に述べて，証明を与えておこう．

その証明中に使うために，まず次の事に注意する；この事実は，下半連続性が (1.6.3) と同等なことを用いて容易に証明される：

(1.6.9)　f が Ω 上の下半連続函数で，$\varphi(\lambda)$ が $-\infty \leqq \lambda \leqq \infty$ において連続かつ単調増加な実数値函数ならば，合成函数 $\varphi \circ f$ は Ω 上で下半連続である．

定理 1.6.2　Ω 上で下に有界な下半連続函数 f に対して，Ω 上の連続函数の単調増加列 $\{f_n\}$ で，Ω の各点で $f(x) = \lim_{n\to\infty} f_n(x)$ となるものが存在する．

証明　［第1段］　函数 f が有界な場合．R において $\|a_{ij}(x)\|$ を Riemann

計量と考えて距離を定義し，二点 $x, y \in R$ の距離を $|x-y|$ で表わすことにする．Ω 上の函数 f_n を

$$f_n(x)=\inf_{y\in\Omega}\{f(y)+n|x-y|\}$$

と定義し，$\{f_n\}$ が定理の条件を満たす函数列であることを示そう．

まず各 f_n が連続であることを示す．任意の $\varepsilon>0$ に対して $\delta=\varepsilon/(n+1)$ とおいて，$|x-x'|<\delta$ なる任意の二点 $x, x'\in\Omega$ をとる．このとき

$$f(y)+n|x-y|<f_n(x)+\delta$$

となる $y\in\Omega$ が存在し，従って

$$\begin{aligned} f_n(x') &\leqq f(y)+n|x'-y|<f(y)+n|x-y|+n|x-x'| \\ &<f_n(x)+\delta+n\delta=f_n(x)+\varepsilon \end{aligned}$$

となる．上の議論で x と x' を入れ替えてもよいから

$$f_n(x)<f_n(x')+\varepsilon$$

も成立し，$|f_n(x)-f_n(x')|<\varepsilon$ が得られる．よって f_n は Ω で連続である．

次に，f_n の定義から $f_n(x)\leqq f_{n+1}(x)\leqq f(x)$ なることは容易にわかる．だから $\{f_n\}$ は単調増加列であって，その極限函数を $\varphi(x)$ とすると Ω 上で $\varphi(x)\leqq f(x)$ が成り立つ．よって $f(x)\geqq\varphi(x)$ なることを示せばよい．任意の点 $x\in\Omega$ を定めるとき，f_n の定義により各 n に対して

$$f(y_n)+n|x-y_n|<f_n(x)+1/n \tag{1.6.10}$$

となる $y_n\in\Omega$ が存在する．このとき

$$n|x-y_n|<f_n(x)+1/n-f(y_n)\leqq f(x)+1-\inf_{y\in\Omega}f(y)$$

が成り立つから，$n\to\infty$ とするとき $|y_n-x|\to 0$ となる．だから (1.6.10) と f の下半連続性により

$$f(x)\leqq\varliminf_{n\to\infty}f(y_n)\leqq\lim_{n\to\infty}\left\{f_n(x)+\frac{1}{n}\right\}=\varphi(x)$$

を得る．以上により f が有界な場合に定理が証明された．

［第2段］ 函数 f が有界でない場合．f は下に有界と仮定してあるから，Ω 上で $1\leqq f(x)\leqq\infty$ として証明すればよい．(下半連続性は定数を加えても変わらない．) 函数

$$\varphi(\lambda)=\begin{cases}\lambda/(1+|\lambda|) & (-\infty<\lambda<\infty \text{ のとき}) \\ \pm 1 & (\lambda=\pm\infty \text{ のとき；ただし複号同順})\end{cases}$$

は $-\infty\leqq\lambda\leqq\infty$ において連続かつ狭義単調増加であるから，開区間 $(-1,\ 1)$ で連続な逆函数 φ^{-1} が存在し，(1.6.9) により

$$g(x)=(\varphi\circ f)(x)$$

は下半連続函数で，$1/2\leqq g(x)\leqq 1$ となる．だから第1段により Ω 上の連続函数の単調増加列 $\{g_n\}$ で g に収束するものが存在する；このとき Ω 上で $g_1(x)\geqq 1/2$ としてよい．ここですべての n, x に対して $g_n(x)<1$ ならば

$$f_n(x)=(\varphi^{-1}\circ g_n)(x)\equiv g_n(x)/\{1-g_n(x)\}$$

で定義される函数列 $\{f_n\}$ が求めるものである．また，$g_n(x)=1$ となる n, x が存在する場合には，$1/2<c_1<c_2<\cdots<c_n<\cdots\to 1$ なる数列 $\{c_n\}$ をとると $0<c_ng_n(x)<1$ であるから

$$f_n(x)=c_ng_n(x)/\{1-c_ng_n(x)\}$$

で定義される函数列が求めるものである．□

半連続函数は解析学における基礎的な事項の一つであるが，最近はこのこと(特に定理1.6.2)に関する講義が必ずしも行なわれていないように思われるので，特にこの項目を設けて，本書において必要最小限度のことを解説した．

第2章　優調和函数

§2.1　優調和函数の定義

本章では，Ω は任意の領域とする；すなわち，有界性や境界の滑らかさを仮定しない．Ω において，§1.1で述べた形の楕円型偏微分作用素 A およびその形式的共役作用素 A^* を考える．

定義　Ω で定義された函数 $u(x)$ が，Ω で A **に関して優調和**（略して A-**優調和**）であるとは，次の条件 i)，ii)，iii) が成立することである：

i)　Ω において $-\infty<u(x)\leqq\infty$ かつ $u(x)\not\equiv\infty$；

ii)　$u(x)$ は Ω において下に半連続である；

iii)　D が $\overline{D}\subset\Omega$ なる正則有界領域であり，$w(x)$ が $\overline{D}$ で連続かつ D で A-調和であって，∂D 上で $w(x)\leqq u(x)$ ならば，D において $w(x)\leqq u(x)$ が成立する．

上の条件 iii) において 'A-調和' を 'A^*-調和' と書き換えることにより，A^* **に関して優調和**（略して A^*-**優調和**）な函数を定義する．

まず，A-優調和函数は $Au\leqq0$ を満たす函数の概念の拡張であることを示すため，次のことに注意する．$\overline{D}\subset\Omega$ なる任意の正則有界領域Dに対して，D における Dirichlet 問題の Green 函数(§1.3)を $G_D(x, y)$ とすると，u が $\overline{D}$ で連続，D で C^2 級であって，Au が D で有界ならば，D において

$$(2.1.1)\qquad u(x)=-\int_D G_D(x, y)\cdot Au(y)dy-\int_{\partial D}\frac{\partial G_D(x, y)}{\partial n_D(y)}u(y)dS(y)$$

が成立する．（定理1.3.3による．）

定理 2.1.1　函数 $u(x)$ が Ω で C^2 級ならば，u が Ω で A-優調和であること

と $Au \leqq 0$ を満たすこととは同等である．

証明　まず u が Ω で $Au \leqq 0$ を満たすならば A-優調和であることを示す．u が前述の定義の条件 i), ii) を満たすことは C^2 級なることから自明だから，条件 iii) を満たすことを示せばよい．iii)に述べられたような任意の領域 D と函数 w とをとると，D において u は (2.1.1) を満たし，同様に w は

$$w(x) = -\int_{\partial D} \frac{\partial G_D(x, y)}{\partial \boldsymbol{n}_D(y)} w(y) dS(y) \tag{2.1.2}$$

を満たす．(2.1.1) と (2.1.2) とにおいて

$$\begin{cases} G_D(x, y) > 0, \quad Au(y) \leqq 0 \quad (x, y \in D), \\ \dfrac{\partial G_D(x, y)}{\partial \boldsymbol{n}_D(y)} \leqq 0, \quad u(y) \geqq w(y) \quad (x \in D, y \in \partial D) \end{cases}$$

だから，D において $u(x) \geqq w(x)$ となり，iii) が成立する．次に，逆の命題(の対偶)を示すため，$Au(x_0) > 0$ となる点 $x_0 \in \Omega$ があると仮定すると，$x_0 \in D \subset \overline{D} \subset \Omega$ なるようなある有界領域 D において $Au > 0$ となる．w を境界値問題：D において $Aw = 0$, ∂D 上で $w = u$, の解とする．このとき w は条件 iii) の仮定を満たすが，一方 D において (2.1.1)，(2.1.2) および $Au > 0$ が成立するから $u(x) < w(x)$ となる，だから u は条件 iii) を満たさないことになり，A-優調和ではない．□

A-優調和函数の例　領域 Ω で A-調和な函数が A-優調和であることは，定義から明らかである．Ω において，§1.3 の最後のページに述べたように，拡散方程式の基本解から作られる Green 函数の存在を仮定すれば，定理 2.1.1を使って，A-調和でない A-優調和函数が次のようにして構成される．

$f(x)$ を Ω 上で非負値をとる Hölder 連続な函数で，その台が Ω の内部に含まれる有界集合であるとすると，函数

$$u(x) = \int_\Omega G(x, y) f(y) dy \tag{2.1.3}$$

は $Au = -f$ を満たすから，定理 2.1.1 によって A-優調和である．この事実の一般化として，μ が Ω における Borel 測度であって函数

$$u(x) = \int_\Omega G(x, y) d\mu(y) \tag{2.1.4}$$

が Ω で恒等的に ∞ でないならば，u は A-優調和であることが証明される(後述定理2.1.4)．従って特に，任意の y を固定するとき $G(x,y)$ は x の函数として A-優調和である．(μ が一点 y に集中した単位質量の場合である．)

注意 偏微分作用素 A の係数 $c(x)$ ($\leqq 0$ と仮定している) が Ω において恒等的に 0 ではないならば，§1.3 で述べたように Green 函数 $G(x,y)$ が存在するが，$c(x)\equiv 0$ の場合には，Ω で正の値をとり定数でない A-優調和函数が存在することと，上のような Green 函数が存在することとが同等であることを，次の§2.2で証明する．

定理 2.1.2 函数 u_1, u_2 が Ω で A-優調和ならば，任意の正の定数 c_1, c_2 に対して $c_1u_1+c_2u_2$ は Ω で A-優調和である．

証明 u_1, u_2 が Ω で A-優調和ならば，$c_1u_1+c_2u_2$ が定義の条件 i)，ii) を満たすこと，および c_1u_1，c_2u_2 のおのおのが iii) を満たすことは明らかであるから，$u=u_1+u_2$ が iii) を満たすことを示せばよい．この u に対して iii) の仮定を満たす領域 D と函数wとをとる．u_1, u_2 の下半連続性により，∂D 上の連続函数の列 $\{u_{1n}\}$, $\{u_{2n}\}$ で ∂D 上の各点で n について単調増加であって，それぞれ u_1, u_2 に収束するものがある．任意の $\varepsilon>0$ を与えると，

$$S_n=\{\, y\in\partial D \mid u_{1n}(y)+u_{2n}(y)>w(y)-\varepsilon \,\} \quad (n=1,2,\cdots)$$

は ∂D における相対位相で開集合であって，n について単調増加であり，∂D はコンパクトで $\bigcup_{n=1}^{\infty} S_n=\partial D$ だから，$S_n=\partial D$ となる n がある．この n を固定し，w_1, w_2, w_0 を D で A-調和であって ∂D 上でそれぞれ

$$w_1=u_{1n}, \quad w_2=u_{2n}, \quad w_0=1$$

となる函数 (Dirichlet 問題の解) とする．このとき，u_1, u_2 が条件 iii) を満たすことにより，Dにおいて

$$u(x)=u_1(x)+u_2(x)\geqq w_1(x)+w_2(x)\geqq w(x)-\varepsilon w_0(x)$$

が成立するが，ε は任意に小さくとれるから $u(x)\geqq w(x)$ が得られ，函数 u は条件 iii) を満たす．□

定理 2.1.3 Ω で A-優調和な函数の列 $\{u_n\}$ があって，各点 $x\in\Omega$ において $\{u_n(x)\}$ が n について単調増加であり，$u(x)=\lim_{n\to\infty} u_n(x)$ が Ω で恒等的に ∞ で

はないならば，u は A-優調和である．

証明 u が定義の条件 i)，ii) を満たすことは明らかであるから，iii) を示せばよい．u に対して iii) の仮定を満たす領域 D と函数 w とをとる．u_n-w は ∂D 上で下に半連続であるから，任意の $\varepsilon>0$ を与えると，

$$S_n=\{\, y\in\partial D \mid u_n(y)>w(y)-\varepsilon \,\} \quad (n=1,2\cdots)$$

は ∂D における相対位相で開集合である．よって，あとは前定理の証明と全く同様にして，D において $u(x)\geqq w(x)$ となることが示される．▯

ここで，§1.3 の最後のページに述べた Green 函数 $G(x,y)$ が存在すれば (2.1.4) の函数 u が A-優調和であることを証明しよう．$G(x,y)$ は，Ω における拡散方程式の最小基本解 $U(t,x,y)$ から

$$G(x,y)=\int_0^\infty U(t,x,y)dt \tag{2.1.5}$$

によって得られたものであった．だから $U(t,x,y)$ の半群性により

$$\begin{aligned}\int_\Omega G(x,y)U(t,y,z)dy&=\int_0^\infty d\tau\int_\Omega U(\tau,x,y)\,U(t,y,z)dy \\ &=\int_0^\infty U(\tau+t,x,z)d\tau=\int_t^\infty U(\tau,x,z)d\tau.\end{aligned} \tag{2.1.6}$$

以上のことを使って，次の定理を証明する．

定理 2.1.4 μ が Ω における Borel 測度であって，函数

$$u(x)=\int_\Omega G(x,y)d\mu(y) \tag{2.1.7}$$

が Ω で恒等的に ∞ ではないならば，u は Ω で A-優調和である．特に，任意の $y\in\Omega$ を固定するとき，$G(x,y)$ は x の函数として Ω で A-優調和である．

証明 まず，有界領域の列 $\{D_n\}$ で $\overline{D}_n\subset D_{n+1}$，$\Omega=\bigcup_{n=1}^{\infty} D_n$ なるものを固定し，各 n に対して函数 $\omega_n\in C_0^2(\Omega)$ で

$$\omega_n(x)=1 \ (x\in\overline{D}_n), \quad =0 \ (x\in\Omega\setminus D_{n+1})$$

なるものを固定する．次に各 n と $t>0$，$y\in\Omega$ に対して

$$f_n(t,y)=\omega_n(y)\int_\Omega U(t,y,z)\omega_n(z)d\mu(z) \tag{2.1.8}$$

は非負値であって，$U(t,y,z)$ の連続性・可微分性により，$f_n(t,y)$ は y について

C^2 級，従ってもちろん Hölder 連続である．だから函数

$$u_n(t,x)=\int_\Omega G(x,y)f_n(t,y)dy \tag{2.1.9}$$

は x について $Au_n(t,x)=-f_n(t,x)\leqq 0$ を満たすから，定理 2.1.1 により x について A-優調和である．また $f_n(t,x)$ は，従って $u_n(t,x)$ も n について単調増加であるから，∞の値を許す函数

$$u(t,x)=\lim_{n\to\infty} u_n(t,x)\quad (\leqq\infty)$$

が定義されるが，(2.1.8)，(2.1.9) および (2.1.6) により

$$\begin{aligned}u(t,x)&=\int_\Omega G(x,y)dy\int_\Omega U(t,y,z)d\mu(z)\\&=\int_\Omega\left\{\int_t^\infty U(\tau,x,z)d\tau\right\}d\mu(z)\end{aligned} \tag{2.1.10}$$

となり，従って (2.1.5) により

$$u(t,x)\leqq\int_\Omega G(x,z)d\mu(z)=u(x)$$

となるから，$u(x)$ に関する仮定により，各 $t>0$ に対して $u(t,x)$ は x について恒等的に∞ではない．だから定理 2.1.3 により $u(t,x)$ は x について A-優調和である．ここで $t_n\downarrow 0$ なる数列 $\{t_n\}$ をとれば，(2.1.10) により $u(t_n,x)$ は n について単調増加であって $\lim_{n\to\infty} u(t_n,x)=u(x)$ だから，再び定理 2.1.3 により $u(x)$ は A-優調和である．特に，一点 y を固定し，(2.1.7)の μ として y に集中した単位質量を考えれば，$G(x,y)$ は x の函数として A-優調和である．□

A^*-優調和函数について　今までA-優調和函数について述べた事項は，A^*-優調和函数についてもそのまま成立する．ただし，Green 函数 $G(x,y)$ については，x と y との役目が入れかわる．例えば定理 2.1.4 の (2.1.7) は

$$v(y)=\int_\Omega G(x,y)d\mu(x) \tag{2.1.7*}$$

と書けばよい．なお，§1.3 の最後に述べた (1.3.29)，(1.3.28) により，任意のコンパクト集合 $E\subset\Omega$ に対して

$$\sup_{x\in\Omega}\int_E G(x,y)dy<\infty \tag{2.1.11}$$

が成立するから，μ が有界な Borel 測度ならば (2.1.7*) で定義される v は局所可積分，従って $v \not\equiv \infty$ となる．だから A^*-優調和函数に関して定理 2.1.4 に対応する定理は，次の形で述べておく方が使いやすいことが多い．

定理 2.1.4*　μ が Ω における有界 Borel 測度ならば (2.1.7*) で定義される函数 v は Ω で A^*-優調和である．特に，任意の $x \in \Omega$ を固定するとき，$G(x, y)$ は y の函数として A^*-優調和である．——

偏微分作用素 A において $b^i(x) \equiv 0$，従って $A = A^*$ の場合には，$G(x, y) = G(y, x)$ であって，定理 2.1.4 を定理 2.1.4* と同じ書き方にできる．優調和函数に関する大抵の文献では $A = A^*$ の場合（またはそれを抽象化した形）が扱われているが，本書においては特に断わらない限り $b^i(x) \not\equiv 0$ としているので，A-優調和と A^*-優調和の概念を区別する．

A において $c(x) \equiv 0$ の場合には，いわゆる**最小値原理**が成立する；これは A-優調和函数と A^*-優調和函数とに関して，それぞれ次の定理 2.1.5, 2.1.5* の形に述べられる．

定理 2.1.5　偏微分作用素 A の係数 $c(x)$ が $\equiv 0$ なるとき，領域 Ω で A-優調和な函数が Ω の内部で最小値をとれば，それは Ω において定数である．

証明　函数 u が Ω で A-優調和であって，Ω の内部で最小値をとるとする．$c(x) \equiv 0$ ならば u に定数を加えても A-優調和性は変わらないから，最小値が 0 であるとしてよい．u が Ω において定数でないとすると，$E = \{x \in \Omega \mid u(x) = 0\}$ は Ω の真部分集合であるから，Ω の内部に E の境界点 x_0 が存在し，従って $x_0 \in D \subset \overline{D} \subset \Omega$ なる正則な有界領域 D がとれる．u の下半連続性により，∂D 上で非負値をとる連続函数の単調増加列 $\{\varphi_n\}$ で，∂D 上で u に収束するものがある．D における Dirichlet 問題の Green 函数を $G_D(x, y)$ とし，各 n に対して，D において A-調和であって ∂D 上で φ_n に等しい函数 (Dirichlet 問題の解) を w_n とすると，u の A-優調和性により

$$u(x_0) \geqq w_n(x_0) = -\int_{\partial D} \frac{\partial G_D(x, y)}{\partial \boldsymbol{n}_D(y)} \varphi_n(y) dS(y)$$

となるから，$n \to \infty$ として

$$u(x_0) \geqq -\int_{\partial D} \frac{\partial G_D(x_0, y)}{\partial \boldsymbol{n}_D(y)} u(y) dS(y) \tag{2.1.12}$$

が成立する．∂D 上で $\partial G_D(x_0, y)/\partial \boldsymbol{n}_D(y) < 0$ であり，また D のとり方により $\partial D \setminus E$ は ∂D における相対位相で空でない開集合であって，その上では $u>0$ であるから，(2.1.12) の右辺は正である．一方 $x_0 \in \partial E$ なることと u の下半連続性により $u(x_0)=0$ だから，これは矛盾である．▯

定理 2.1.5*　偏微分作用素 A の係数 $c(x)$ が $\equiv 0$ とし，$\omega(x)$ を Ω で正の値をとる A^*-調和函数とする．函数 $v(x)$ が領域 Ω で A^*-優調和であって，v/ω が Ω の内部で最小値をとれば，Ω 上で $v=C\omega$ となる定数 C が存在する．

注意　Ω で正の値をとる A^*-調和函数 ω は常に存在する．(§1.4)

定理 2.1.5* の証明　Ω で C^2 級の函数 w に対して

$$\tilde{A}w = \omega^{-1} \mathrm{div}\{\omega(\nabla w)\} - ([\boldsymbol{b} - \nabla p] \cdot \nabla w), \quad p = \log \omega,$$

で定義される偏微分作用素 $\tilde{A}$ を考えると，これと A^* との間には

$$\omega^{-1} A^*[\omega w] = \tilde{A}w \tag{2.1.13}$$

なる関係がある (46 ページ)．まず，v が Ω で A^*-優調和ならば $u=v/\omega$ が Ω で $\tilde{A}$-優調和であることを示す．v が優調和性の定義の条件 i), ii) を満たせば，u も同じ条件を満たすことは明らかである．D が $\overline{D} \subset \Omega$ なる正則有界領域であり，w が $\overline{D}$ で連続かつ D で $\tilde{A}$-調和であって，∂D 上で $w \leqq u$ を満たすとする．このとき ωw は $\overline{D}$ で連続であって，(2.1.13) により D で A^*-調和であり，∂D 上で $\omega w \leqq v$ となるから，v が A^*-優調和なことにより，D において $\omega w \leqq v$，従って $w \leqq u$ となる．これで u が $\tilde{A}$ について定義の条件 iii) を満たすことがわかったから，u は Ω で $\tilde{A}$-優調和である．さて函数 v が定理 2.1.5* の仮定を満たすとすると，函数 $u=v/\omega$ は Ω の内部で最小値をとり，上に証明したように，u は Ω で $\tilde{A}$-優調和である．$\tilde{A}$ は A の形に書き表わしたときの $c(x) \equiv 0$ なる条件を満たしているから，定理 2.1.5 により u は Ω 上である定数 C に等しい．よって Ω 上で $v=C\omega$ となる．▯

次の定理も，優調和函数の性質として興味ある事実であり，§2.3 と §6.4 で利用される．優調和函数は連続とは限らないから，この性質は自明ではない．

定理 2.1.6 領域 Ω において函数 u, v が共に A-優調和（または，共に A^*-優調和）であって，$u=v$ (a.e.) ならば，Ω において $u\equiv v$ である．

証明 u, v が A^*-優調和函数の場合を証明する．任意の一点 $y_0\in\Omega$ を固定し，$u(y_0)=v(y_0)$ を示せばよい．ω を前定理に述べた函数とし，任意の実数 $\alpha<u(y_0)/\omega(y_0)$ をとる．($u(y_0)=\infty$ のときは α として任意に大きい実数をとる.) u の下半連続性により，y_0 の適当な近傍 $\Omega_1(\subset\Omega)$ において $\alpha<u/\omega$ となる．このとき，Ω_1 は y_0 の座標近傍に含まれ，その中で一つの局所座標系を固定して Euclid 空間に埋め込んだときに，$\partial\Omega_1$ が y_0 を中心とする単位球面になっているとしてよい．この座標系に関し，y_0 を中心とする半径 r の球の内部を Ω_r とする．$\Omega_1\setminus\{y_0\}$ の点を '極座標'（y_0 を原点とする）で表わすことにより，$\Omega_1\setminus\{y_0\}$ を開区間 $(0,1)$ と単位球面との直積と考える．Ω_1 のとり方と定理の仮定により Ω_1 で $\alpha<v/\omega$ (a.e.) だから，Fubini の定理により，適当な $r(0<r<1)$ をとれば $\partial\Omega_r$ の上で面積要素に関して $\alpha<v/\omega$ (a.e.) となる．(§1.1 の dx, dS の定義参照.) v は $\partial\Omega_r$ 上で下に半連続だから，$\partial\Omega_r$ 上の連続関数の単調増加列 $\{\varphi_n\}$ で $\lim_{n\to\infty}\varphi_n=v$ となるものがある．Ω_r における Dirichlet 問題の Green 函数を $G(x,y)$ (定理 1.3.1, 定理 1.3.3) とすると，函数 $\omega(y)$ は Ω_r において

$$\omega(y)=\int_{\partial\Omega_r}\omega(x)\left\{-\frac{\partial G(x,y)}{\partial \boldsymbol{n}_{\Omega_r}(x)}\right\}dS(x) \tag{2.1.14}$$

を満たす．ここで函数 $w_n(y)$ $(n=1,2,\cdots)$ を

$$w_n(y)=\int_{\partial\Omega_r}\varphi_n(x)\left\{-\frac{\partial G(x,y)}{\partial \boldsymbol{n}_{\Omega_r}(x)}\right\}dS(x) \tag{2.1.15}$$

によって定義すると，Ω_r において $A^*w_n=0$, $\partial\Omega_r$ 上で $w_n=\varphi_n\leqq v$ となるから，v が A^*-優調和なことにより

$$v(y_0)\geqq w_n(y_0)=\int_{\partial\Omega_r}\varphi_n(x)\left\{-\frac{\partial G(x,y_0)}{\partial \boldsymbol{n}_{\Omega_r}(x)}\right\}dS(x).$$

$n\to\infty$ としてから，$\partial\Omega_r$ 上で $v/\omega>\alpha$ (a.e.) なることと (2.1.14) を用いて

$$v(y_0)\geqq\int_{\partial\Omega_r}v(x)\left\{-\frac{\partial G(x,y_0)}{\partial \boldsymbol{n}_{\Omega_r}(x)}\right\}dS(x)$$

$$\geqq \int_{\partial\Omega_r} \alpha\omega(x)\left\{-\frac{\partial G(x, y_0)}{\partial \boldsymbol{n}_{\Omega_r}(x)}\right\} dS(x) = \alpha\omega(y_0).$$

以上において α は $u(y_0)/\omega(y_0)$ にいくらでも近くとれるから，$v(y_0) \geqq u(y_0)$ が得られる．u と v とを入れかえても同様な議論ができるから $u(y_0) \geqq v(y_0)$ が得られ，$u(y_0) = v(y_0)$ となる．

u, v が A-優調和函数の場合も，全く同じ方法で証明することができる．ただし，上の証明において $\omega(x)$ を定数 1 で置き換え，(2.1.14) のかわりに Green 函数 $G(x, y)$ の性質

(2.1.14′) $$\int_{\partial\Omega_r}\left\{-\frac{\partial G(x, y)}{\partial \boldsymbol{n}_{\Omega_r}(y)}\right\} dS(y) = 1 \quad (x \in \Omega_r)$$

を用い，また函数 w_n $(n=1, 2, \cdots)$ は

(2.1.15′) $$w_n(x) = \int_{\partial\Omega_r}\left\{-\frac{\partial G(x, y)}{\partial \boldsymbol{n}_{\Omega_r}(y)}\right\} \varphi_n(y) dS(y)$$

と定義すればよい．□

ここで，Ω が Euclid 空間 $\mathbf{R}^m$ の中の任意の領域 ($\Omega = \mathbf{R}^m$ でもよい)，$A = \triangle$ (ラプラシアン) の場合に，優調和函数の具体例をあげておこう．調和函数は優調和であるが，以下の例はすべて Ω で調和ではない函数である．

例 1 y を $\mathbf{R}^m$ の任意に固定した点 ($y \in \Omega$ でも $y \notin \Omega$ でもよい)，k を任意に固定した自然数，a を定数，b を正の定数とするとき，

$$\begin{aligned} u(x) &= a - b|x-y|^{2k} \\ &= a - b\{(x^1 - y^1)^2 + \cdots + (x^m - y^m)^2\}^k \end{aligned}$$

は優調和である (u はいたる所 C^2 級で $\triangle u = -2k(2k-1)b|x-y|^{2k-2}$)．

例 2 y を例 1 の通り，c を正の定数とするとき，$v(x) = c|x-y|^{-(m-2)}$ は優調和である．$y \in \Omega$ の場合は $v(y) = \infty$ となるから，v は Ω 全体では C^2 級ではない．

例 3 例 1 の u，例 2 の v の形の函数を有限個作って (点 y や定数 k, a, b, c は各 u, v ごとに異なる)，それらの正係数一次結合を w とすると，w は優調和である．このとき，v の形の函数が∞になる点では $w = \infty$ である．

この例 3 の w のように，$w = \infty$ となる点が Ω の中に何個でもありえるが，

更に次の例のように，Ω の中の可算無限個の点 y_ν $(\nu=1, 2, \cdots)$ で $w(y_\nu)=\infty$ となる場合もある；ここで可算集合 $\{y_\nu | \nu=1, 2, \cdots\}$ は Ω の中で稠密でもよい．この例を見れば，定理 2.1.6 が自明でないことが，一層よく認識されるであろう．

例 4 例 2 の形の函数 $v_\nu(x)=|x-y_\nu|^{-(m-2)}$ は優調和である．$\rho>0$ を与えて $K_\rho=\{x \mid |x| \leqq \rho\}$ とし，球 K_1 の表面積を a とすると

$$\int_{\Omega \cap K_\rho} v_\nu(x)dx \leqq \int_{|x-y_\nu|<\rho} \frac{1}{|x-y_\nu|^{m-2}}dx = a\int_0^\rho \frac{1}{r^{m-2}} r^{m-1}dr = \frac{a}{2}\rho^2\ ;$$

最初の不等式≦で，$\{x \mid |x-y_\nu|<\rho\}$ が $\Omega \cap K_\rho$ を含むのではないが，函数値の比較から積分値の大小がわかる．その次の等式は極座標（y_ν が原点）への変換である．よって $w=\sum_{\nu=1}^{\infty} 2^{-\nu} v_\nu$ は局所可積分，従ってほとんどいたる所有限である．$\sum_{\nu=1}^{n} 2^{-\nu} v_\nu$ は優調和だから定理 2.1.3 により w は優調和である．

§2.2　正値 A-優調和函数の存在と Green 函数の存在

この§では，領域 Ω において定数でない正値 A-優調和函数が存在することと，拡散方程式の最小基本解 $U(t, x, y)$ から

(2.2.1)
$$G(x, y)=\int_0^\infty U(t, x, y)dt$$

によって定義される Green 函数の存在とが，同等であることを証明する．

偏微分作用素 A の係数 $c(x)$ ($\leqq 0$ と仮定している；§1.1) が Ω において恒等的に 0 ではないならば，前に述べたように，(2.2.1) によって Green 函数 $G(x, y)$ が定義され，従って，前§の (2.1.3) で定義される函数 u は非負値 A-優調和函数である．(2.1.3) における $f(x)$ として $c(x)$ の定数倍でないものをとっておけば，$u(x)$ が定数でないことは次のようにして確認される．もしも $u(x)\equiv k$ (定数) とすると $Au(x)=kc(x)$ となるが，一方 Green 函数の性質により (2.1.3) で定義される $u(x)$ は $Au=-f$ を満たすべきであるから $-f(x)=kc(x)$ となり，f のとり方に反する．

以上により，$c(x)$ が恒等的に 0 ではない場合には，初めに述べた事実は自明のこととなる．よって，以下この§では $c(x)\equiv 0$ とする．従って，A-調和函数の最大値・最小値原理，A-優調和函数の最小値原理が成り立つ．

ここで，最小基本解 $U(t, x, y)$ が有界領域における基本解の極限として得られたものであることを想起しておく．$\{D_n\}_{n=1,2,\cdots}$ を正則な有界領域の列で

(2.2.2)
$$\overline{D}_n\subset D_{n+1},\quad \bigcup_{n=1}^\infty D_n=\Omega$$

なるものとし，各 D_n に対して ∂D_n 上で Dirichlet 境界条件 $u=0$ を与えたときの拡散方程式の基本解を $U_n(t, x, y)$とする．x, y の少なくとも一方が $\Omega\setminus\overline{D}_n$ に属するときは $U_n(t, x, y)=0$ と定義しておくと，函数列 $\{U_n(t, x, y)\}_{n=1,2,\cdots}$ は $(0, \infty)\times\Omega\times\Omega$ 上で n に関して単調増加で

(2.2.3)
$$\lim_{n\to\infty} U_n(t, x, y)=U(t, x, y)$$

となる(第1章，§1.2)．

今後，記号の簡便のため，まぎれの起る恐れがない場合には，函数の値を表わすときに変数を省略することが多い．例えば，E が函数 u, v の定義域に含まれる集合であるとき，‘すべての $x \in E$ に対して $u(x)=v(x)$’ が成り立つことを ‘E において $u=v$’ と書き，また $\max_{x \in E} u(x)$ を $\max_{E} u$ と書く；$\min_{E} u$, $\sup_{E} u$, $\inf_{E} u$ 等も同様に用いられる．

この§の目的のため，まず次のような函数列 $\{\omega_n\}$ を考える．$\overline{D}_0 \subset \Omega$ なる正則有界領域 D_0 をとり，(2.2.2) を満たす正則有界領域の列 $\{D_n\}_{n=1,2,\cdots}$ を $\overline{D}_0 \subset D_1$ なるようにとる．各 $n \geqq 1$ に対して ω_n を

$$D_n - \overline{D}_0 \text{ で } A\text{-調和}, \quad \partial D_0 \text{ の上で } \omega_n = 0, \quad \partial D_n \text{ の上で } \omega_n = 1$$

となる函数とし，更に D_0 では $\omega_n=0$, $\Omega \setminus \overline{D}_n$ では $\omega_n=1$ と定義して，Ω 全体で連続な函数としておく．このとき，

補助定理 2.2.1 i) $\{\omega_n\}$ は n に関して単調に減少し，Ω 上で連続かつ $\Omega \setminus \overline{D}_0$ で A-調和なある函数 ω に，広義一様に収束する．

ii) 上記の函数 ω は領域 D_0 のみによって定まり，領域の列 $\{D_n\}_{n=1,2,\cdots}$ のとり方には関係しない．

iii) 函数 ω は $\Omega \setminus \overline{D}_0$ において，恒等的に 0 となるか又は常に正の値をとるかの，いずれかである．どちらが成り立つかは，D_0 のとり方に関係しない．($\overline{D}_0$ においては i) により常に $\omega=0$ となる.)

証明 i) 最大値原理により各 ω_n は Ω 上で $0 \leqq \omega_n \leqq 1$ であるから，

$$\partial D_0 \text{ において } \omega_n - \omega_{n+1} = 0, \quad \partial D_n \text{ において } \omega_n - \omega_{n+1} \geqq 0.$$

$\omega_n - \omega_{n+1}$ は $D_n - \overline{D}_0$ で A-調和だから，$D_n - D_0$ で $\omega_n \geqq \omega_{n+1}$(最小値原理)となり，従って Ω 全体で $\{\omega_n\}$ が n に関して単調に減少する．任意の n_0 に対して，$n \geqq n_0$ ならば ω_n は $D_{n_0} \setminus \overline{D}_0$ で A-調和であり，$\overline{D}_0$ ではすべての ω_n が $\equiv 0$ だから，$\{\omega_n\}$ は Ω 上で連続かつ $\Omega \setminus \overline{D}_0$ で A-調和なある函数 ω に，広義一様に収束する(第1章，定理 1.4.7).

ii) 上に述べたような領域の列 $\{D_n\}$ と $\{D'_n\}$ があるとし，対応する函数列 $\{\omega_n\}$, $\{\omega'_n\}$ の極限函数をそれぞれ ω, ω' とする．任意の n に対して，$\overline{D}_n$ がコンパクトだから，$\overline{D}_n \subset \overline{D}'_{n'}$ なる n' がある．このとき i) の証明と同様にして Ω

上で $\omega_n \geqq \omega'_{n'}$ となる．i) により Ω 上で $\omega'_n \geqq \omega'$ だから $\omega_n \geqq \omega'$ となり，ここで $n\to\infty$ とすれば $\omega \geqq \omega'$ を得る．同様にして $\omega \leqq \omega'$ も示されるから，$\omega \equiv \omega'$ となり，ω が $\{D_n\}$ のとり方に関係しないことがわかる．

iii) $\Omega \setminus \overline{D}_0$ において，$\omega \equiv 0$ でないならば ω が常に正であることは，最小値原理から明らかである．上に述べたような D_0 と同じ条件を満たす別の D'_0 を考え，これに対して作られた $\{\omega'_n\}$ の極限関数を ω' とする．$D_0 \cup D'_0 \subset D$ なる D を D_0 と同じ条件を満たすように作り，D_0 と D, D'_0 と D についてそれぞれこの命題が示されれば，D_0 と D'_0 についてもこの命題が成り立つ．よって初めから $D_0 \subset D'_0$ と仮定して，$\omega \equiv 0$ と $\omega' \equiv 0$ とが同等なことを証明すれば十分である．また ii) により，領域の列 $\{D_n\}$ は D_0 と D'_0 に共通にとってよい；従って $\overline{D'_0} \subset D_1$ としてよい．

まず $\Omega \setminus \overline{D}_0$ において $\omega \equiv 0$ ならば $\omega' \equiv 0$ なることを示す．$D_0 \subset D'_0$ により，$\omega_n - \omega'_n$ は $D_n \setminus \overline{D'_0}$ で A-調和であって

$$\partial D'_0 \text{ において } \omega_n \geqq 0 = \omega'_n, \quad \partial D_n \text{ において } \omega_n = \omega'_n = 1$$

だから $D_n \setminus \overline{D'_0}$ において $\omega_n \geqq \omega'_n \geqq 0$；ここで $n\to\infty$ とすれば i) によって $\omega \geqq \omega' \geqq 0$ となるから，$\omega \equiv 0$ ならば $\omega' \equiv 0$ である．次に，$\Omega \setminus \overline{D}_0$ において $\omega > 0$ ならば，$\Omega \setminus \overline{D'_0}$ において $\omega' > 0$ なることを示せばよい．$\max\limits_{\partial D'_0} \omega = c_0$, $\max\limits_{\partial D_1} \omega = c_1$ とおき，領域 $D_1 \setminus \overline{D}_0$ $(\supset \partial D'_0)$ に最大値・最小値原理を適用すれば，$0 < c_0 < c_1$ となる．$c_0 < c < c_1$ なる c をとると，コンパクト集合 $\partial D'_0$ の上で ω_n が ω に一様収束するから，ある n_0 が存在して，$n > n_0$ ならば $\partial D'_0$ の上で $\omega_n < c$ となる．$\omega'_n - (\omega_n - c)$ は $D_n \setminus \overline{D'_0}$ で A-調和で

$$\partial D'_0 \text{ において } \omega'_n = 0 > \omega_n - c, \quad \partial D_n \text{ において } \omega'_n = 1 > \omega_n - c$$

だから，$D_n \setminus \overline{D'_0}$ において $\omega'_n - (\omega_n - c) > 0$，従って $\omega'_n > \omega_n - c \geqq \omega - c$ となる，特に ∂D_1 の上で $n\to\infty$ として $\omega' \geqq \omega - c$ を得るから，c と c_1 のとり方により $\max\limits_{\partial D_1} \omega' \geqq c_1 - c > 0$．従って $\Omega \setminus \overline{D'_0}$ において $\omega \not\equiv 0$ となるから，$\omega > 0$ なることがわかる．□

補助定理 2.2.2 前の補助定理の iii) で $\omega \equiv 0$ が成り立つならば，Ω において定数でない正値 A-優調和函数は存在しない．

証明 Ω において定数でない正値 A-優調和函数 u があると仮定すると，点 $x_1, x_2 \in \Omega$ と正数 c を $u(x_1) < c < u(x_2)$ なるようにとれる．u の下半連続性により，$W = \{x \in \Omega \mid u(x) > c\}$ は x_2 を含む開集合であるから，$x_2 \in W_0 \subset \overline{W}_0 \subset W$ なる開集合 W_0 がある．$D = \Omega \setminus \overline{W}_0$ は開集合であって x_1 を含み，また $\partial D \subset \overline{W}_0 \subset W$ だから，

$$(2.2.4) \qquad \inf_D u \leqq u(x_1) < c \leqq \inf_W u \leqq \inf_{\partial D} u.$$

一方，$\omega \equiv 0$ が成り立つということは前に述べた D_0 のとり方に関係しないから，D_0 を $D_0 \subset W$ なるようにとって，前に述べたように $\{D_n\}$ と $\{\omega_n\}$ を作ったときに，$\{\omega_n\}$ の極限函数が $\omega \equiv 0$ となったとしてよい．$\alpha = \inf_D u$, $\beta = \inf_{\partial D} u$ とおくと，(2.2.4) により $\alpha < \beta$ であるから，各 n に対して

$$\partial D \cap D_n \text{ の上で} \quad (\alpha - \beta)\omega_n + \beta \leqq \beta \leqq u\,;$$

また，∂D_n の上では $\omega_n = 1$ だから

$$D \cap \partial D_n \text{ の上で} \quad (\alpha - \beta)\omega_n + \beta \leqq \alpha \leqq u.$$

だから

$$\partial(D \cap D_n) \text{ の上で} \quad u - \{(\alpha - \beta)\omega_n + \beta\} \geqq 0$$

となる．函数 $u - \{(\alpha - \beta)\omega_n + \beta\}$ は $D \cap D_n$ において A-優調和であるから $D \cap D_n$ の各連結成分の上で最小値原理を適用すれば

$$D \cap D_n \text{ において} \quad u \geqq (\alpha - \beta)\omega_n + \beta$$

となる．ここで $n \to \infty$ とすると $\omega \equiv 0$ により，D において $u \geqq \beta = \inf_{\partial D} u$, 従って $\inf_D u \geqq \inf_{\partial D} u$ を得る；これは (2.2.4) と矛盾する．だから Ω において定数でない正値 A-優調和函数は存在しない．▯

さて，この§の初めに述べたような正則有界領域の列 $\{D_n\}$ と，基本解の列 $\{U_n(t, x, y)\}$ を考える．各有界領域 D_n に対しては

$$(2.2.5) \qquad G_n(x, y) = \int_0^\infty U_n(t, x, y)\,dt$$

が定義されて，Dirichlet 境界値問題の Green 函数となり，$\{G_n(x, y)\}$ は n に関して単調増加である．よって，Ω 上で有界かつ Hölder 連続な任意の函数 f に対して

$$u_n(x)=\int_{D_n} G_n(x,y)f(y)dy \tag{2.2.6}$$

で定義される函数 u_n は

$$D_n \text{ において } Au_n=-f, \quad \partial D_n \text{ の上で } u_n=0 \tag{2.2.7}$$

を満たし，特に $f\geqq 0$ ならば，u_n は非負値であって n に関して単調増加である．($x\in\Omega\setminus D_n$ に対しては $u_n(x)=0$ と定義することにより，u_n は Ω で連続な函数と考えることにする．）ここで次のことを証明する．

補助定理 2.2.3　Ω において定数でない正値 A-優調和函数が存在するとする．そのとき，$f\in C_0^1(\Omega)$ かつ Ω 上で $f\geqq 0$ ならば，(2.2.6) で定義される函数列 $\{u_n\}$ は $\sup_n \sup_{x\in\Omega} u_n(x)<\infty$ を満たす．

証明　函数 f の台を含むような D_{n_0} をとって固定し，$D_0=D_{n_0}$ とする．この D_0 を用いて，$n>n_0$ なる D_n に対して函数 ω_n を前のように定義すると，補助定理 2.2.1 により函数列 $\{\omega_n\}$ は $\Omega\setminus\bar{D}_0$ で A-調和な函数 ω に収束し，仮定と補助定理 2.2.2 (の対偶) により，$\Omega\setminus\bar{D}_0$ で $\omega>0$ となる．だから，$S=\partial D_{n_0+1}$ とおき $\gamma=\min_S \omega$ とおくと $\gamma>0$ である．$n>n_0$ なる各 n に対して $c_n=\max_{\partial D_0} u_n$ とおくと，(2.2.7) と $\Omega\setminus D_0$ で $f=0$ なることにより

$$\begin{cases} D_n\setminus\bar{D}_0 \text{ において} & A[c_n(1-\omega)-u_n]=0, \\ \partial D_0 \text{ の上で} & c_n(1-\omega)=c_n\geqq u_n, \\ \partial D_n \text{ の上で} & c_n(1-\omega)\geqq 0=u_n. \end{cases}$$

だから最小値原理により $D_n\setminus\bar{D}_0$ の上で $c_n(1-\omega)-u_n\geqq 0$ となる．特に S の上で $u_n\leqq c_n(1-\omega)$ となるから

$$\begin{aligned} \max_S u_n &\leqq \max_S c_n(1-\omega) = c_n(1-\gamma) \\ &= (1-\gamma)\max_{\partial D_0} u_n \leqq (1-\gamma)\max_{\bar{D}_0} u_n. \end{aligned} \tag{2.2.8}$$

次に，D_{n_0+1} において $Au_n=Au_{n_0+1}=f$ により $A(u_n-u_{n_0+1})=0$，$\partial D_{n_0+1}=S$ の上で $u_{n_0+1}=0$ であるから，最大値原理と (2.2.8) により

$$\max_{\bar{D}_0}(u_n-u_{n_0+1}) \leqq \max_S u_n \leqq (1-\gamma)\max_{\bar{D}_0} u_n.$$

だから $\max_{\bar{D}_0} u_n-\max_{\bar{D}_0} u_{n_0+1} \leqq \max_{\bar{D}_0} u_n-\gamma\max_{\bar{D}_0} u_n$ となり，これより

$$\max_{\bar{D}} u_n \leqq \frac{1}{\gamma}\max_{\bar{D}} u_{n_0+1} \tag{2.2.9}$$

を得る．一方 $D_n\setminus\bar{D}_0$ では $Au_n=f=0$，∂D_n の上では $u_n=0$ だから，最大値原理により $\max_{\bar{D}_n\setminus\bar{D}_0} u_n \leqq \max_{\partial\bar{D}_0} u_n \leqq \max_{\bar{D}_0} u_n$；これと (2.2.9) とから

$$\max_{\bar{D}_n} u_n \leqq \frac{1}{\gamma} \max_{\bar{D}} u_{n_0+1}$$

を得る．この右辺は n $(>n_0)$ に無関係な有限な値をとる．また $1\leqq n\leqq n_0$ なる各 n に対して $\max_{\bar{D}_n} u_n$ は有限であり，すべての n について $\Omega\setminus D_n$ では $u_n=0$ であるから，上の結果から $\sup_n \sup_{x\in\Omega} u_n(x)<\infty$ が得られる．□

以上のことを用いて，次の定理を証明しよう．

定理 2.2.1 領域 Ω における拡散方程式の最小基本解 $U(t,x,y)$ から (2.2.1) によって Green 函数 $G(x,y)$ が定義されるための必要十分条件は，Ω において定数でない正値 A-優調和函数が存在することである．

証明 A の係数 $c(x)$ が Ω で恒等的に 0 の場合に証明すればよい

Green 函数 $G(x,y)$ が存在すれば，定理 2.1.4 により，任意の $y\in\Omega$ を固定するとき $G(x,y)$ は x の函数として Ω で A-優調和であるから，この定理における‘必要’性は明らかである．よって，‘十分’性を証明する．

Ω において定数でない正値 A-優調和函数があるとする．(2.2.1) によって Green 函数 $G(x,y)$ が定義されることを示すには，第1章 §1.4 の最後に述べたように，Ω の内部にある任意のコンパクト集合 E に対して

$$\sup_{x\in\Omega}\int_0^\infty dt\int_E U(t,x,y)dy<\infty \tag{2.2.10}$$

なることを証明すればよい．Ω 上で $f\geqq 0$ かつ E 上で $f\geqq 1$ となる函数 $f\in C_0^1(\Omega)$ を定め，u_n を (2.2.6) によって定義すると，補助定理 2.2.3 により

すべての n，すべての $x\in\Omega$ に対して $u_n(x)\leqq M<\infty$

となる M がある．このとき (2.2.5) により，任意の $x\in\Omega$ に対して

$$\int_0^\infty dt\int_E U_n(t,x,y)\,dy=\int_E G_n(x,y)dy\leqq u_n(x)\leqq M.$$

ここで $n\to\infty$ とすると，$U_n(t,x,y)$ の n に関する単調性と (2.2.3) により $\int_0^\infty dt\int_E U(t,x,y)dy\leqq M$ になるから (2.2.10) が成立する．□

定理 2.2.2　前定理の Green 函数 $G(x, y)$ が存在するとし，$G_n(x, y)$ を前に述べた通りとすると，函数列 $\{G_n(x, y)\}$ は n に関し単調増加で

$$\lim_{n\to\infty} G_n(x, y) = G(x, y)\ ; \tag{2.2.11}$$

この収束は，互いに交わらない任意のコンパクト集合 $E, F \subset \Omega$ に対して，$E \times F$ の上で一様である．また任意の点 $z \in \Omega$ に対して

$$\lim_{\substack{x\to z\\ y\to z}} G(x, y) = \infty. \tag{2.2.12}$$

証明　$\{U_n(t, x, , y)\}$ が n に関して単調増加なこと，および (2.2.1), (2.2.3), (2.2.5) により，$\{G_n(x, y)\}$ は n に関し単調増加であって (2.2.11) が成り立つ．E, F がコンパクトで $E \cap F = \phi$ ならば，$G_n(x, y)$, $G(x, y)$ は $E \times F$ で連続であるから，Dini の定理により (2.2.11) の収束は $E \times F$ の上で一様である．また，$G_n(x, y)$ が (2.2.12) を満たす（第1章，定理1.3.8）ことから，$G(x, y)$ が (2.2.12) を満たすことがわかる．▯

§2.3 優調和函数の局所可積分性と Riesz 分解

この§では領域 Ω における A-優調和函数 u に対して，i)局所可積分性，ii) Ω 上で非負値をとる任意の $f\in C_0^2(\Omega)$ に対して $\int_\Omega u(x)\cdot A^*f(x)dx\leqq 0$ となること，および iii) Riesz 分解の定理(後述定理 2.3.4 と定理 2.3.5) を証明する．ii) は優調和函数 u が Schwartz の超函数の意味で $Au\leqq 0$ を満たすことであり，その意味では iii) も超函数の理論に含まれるが，ここでは超函数の理論は前提としないで，直接証明を与える．

$\overline{D}$ が Ω に含まれるコンパクト集合であるような任意の正則領域 D に対し，∂D 上で Dirichlet 境界条件を与えたときの D における拡散方程式の基本解を $U_D(t, x, y)$ と書くことにする．

補助定理 2.3.1 Ω_0 を Ω の中の正則領域で，$\overline{\Omega}_0$ が Ω に含まれるコンパクト集合であるものとする．$u(x)$ は Ω で A-優調和であって，$\overline{\Omega}_0$ の上で正の値をとる函数とし，$v(x)$ は $\overline{\Omega}_0$ の上で連続かつ $0\leqq v(x)<u(x)$ を満たし，$\partial\Omega_0$ 上では $v(x)=0$ となる函数とする．このとき，任意の $t>0$ と任意の $x\in\overline{\Omega}_0$ に対して $\int_{\Omega_0} U_{\Omega_0}(t, x, y)v(y)dy<u(x)$ となる．

証明 領域 Ω で正の値をとり $A\omega=0$ を満たす函数 ω を一つ固定し，$\tilde{A}$ を $\tilde{A}w=\mathrm{div}(\nabla w)+([\boldsymbol{b}+2\omega^{-1}\nabla\omega]\cdot\nabla w)$ なる偏微分作用素とする．このとき，§1.4 (47ページ) で述べたように，$\tilde{U}_{\Omega_0}(t, x, y)=\omega(x)^{-1}U_{\Omega_0}(t, x, y)\omega(y)$ は Ω_0 における拡散方程式 $\partial w/\partial t=\tilde{A}w$ に Dirichlet 境界条件を与えたものの基本解であり，また $\tilde{u}=\omega^{-1}u$ とおくと，$\tilde{A}\tilde{u}=\omega^{-1}Au$ となる；このことから，u が A-優調和ならば $\tilde{u}$ は $\tilde{A}$-優調和なることが容易にわかる．この補助定理の u, v に対して $\tilde{u}=\omega^{-1}u$, $\tilde{v}=\omega^{-1}v$ とおいて $\int_{\Omega_0}\tilde{U}_{\Omega_0}(t, x, y)\tilde{v}(y)dy<\tilde{u}(x)$ $(x\in\overline{\Omega}_0)$ を示せばこの補助定理の結論を得るが，$\tilde{A}$ は A において $c(x)\equiv 0$ とした形であるから，最初から $c(x)\equiv 0$ の場合にこの補助定理を示せばよい．以下この場合について証明を述べる．

そこで，$v(t, x)=\int_{\Omega_0} U_{\Omega_0}(t, x, y)v(y)dy$ とおき，

$$\text{ある } t>0,\ x\in\bar{\Omega}_0 \text{ に対して}\quad v(t,x)\geqq u(x)$$

となることを仮定して矛盾を導けばよい．まず $u(x)-v(x)$ は $\bar{\Omega}_0$ において正の値をとる下半連続関数であるから

$$(2.3.1)\qquad \bar{\Omega}_0 \text{ の上で}\quad 0<v(x)+\delta<u(x)$$

となる正数 δ をとることができる．いま

$$t_0=\inf\{\,t>0 \mid v(t,x)\geqq u(x) \text{ となる } x\in\Omega_0 \text{ がある}\}$$

とおくと，$t_0>0$ である；このことは，基本解 $U_{\Omega_0}(t,x,y)$ の性質により $\bar{\Omega}_0$ で一様に $\lim_{t\downarrow 0} v(t,x)=v(x)$ となることと (2.3.1) によってわかる．また，

$$(2.3.2)\qquad (\tau,x)\in(0,t_0)\times\bar{\Omega}_0 \text{ ならば } 0\leqq v(\tau,x)<u(x)$$

だから，$x\in\partial\Omega_0$ ならば $v(t,x)=0$ なることと，$v(t,x)$ の連続性および $u(x)$ の下半連続性により，

$$(2.3.3)\qquad v(t_0,x_0)=u(x_0)<\infty$$

となる点 x_0 が Ω_0 の内部にとれる．更に，$x_0\in D\subset\Omega_0$ なる正則領域 D を

$$\bar{D} \text{ において } v(x)<v(x_0)+\delta/3,\quad u(x)>u(x_0)-\delta/3$$

となるようにとれる．これらの不等式と (2.3.1) とから

$$(2.3.4)\qquad \bar{D} \text{ において}\quad v(x)+\frac{\delta}{3}<\inf_{x\in\bar{D}} u(x).$$

$\{u_n\}$ を ∂D 上の連続函数の単調増加列で，∂D 上で $\lim_{n\to\infty} u_n(y)=u(y)$ となるものとすると，

$$(2.3.5)\qquad \lim_{n\to\infty}\{\min_{y\in\partial D} u_n(y)\}=\inf_{y\in\partial D} u(y)$$

なることが，Dini の定理の証明と同様にして示される；その論法は，上の右辺の値が ∞ (すなわち ∂D 上で $u(y)\equiv\infty$) の場合も，本質的に同じである．w_n を Dirichlet 境界値問題：

$$D \text{ において } Aw_n=0,\quad \partial D \text{ の上で } w_n=u_n$$

の解とすると，u の優調和性により D において $w_n(x)\leqq u(x)$ であり，$\{w_n\}$ は n に関して単調増加だから，D の各点で

$$(2.3.6)\qquad w(x)=\lim_{n\to\infty} w_n(x) \text{ が存在して } w(x)\leqq u(x)\leqq\infty.$$

A に対する仮定 $c(x)\equiv 0$ により，w_n は ∂D 上で最小値をとるから，D におい

て $w_n(x) \geqq \min_{y\in\partial D} u_n(y)$ となる．従って (2.3.5)，(2.3.4) により

$$(2.3.7) \qquad D \text{ において } \ w(x) \geqq \inf_{y\in\partial D} u(y) > v(x) + \frac{\delta}{3}.$$

一方，w_n を D における拡散方程式 $\partial w_n/\partial t = Aw_n$ (実は両辺ともに0) の解で，初期値 $w_n(x)$，境界値 $u_n(x)$ をとるものと考えると，D における基本解 $U_D(t, x, y)$ (この§の初めに述べたもの) を用いて

$$w_n(x) = \int_D U_D(t, x, y) w_n(y) dy + \int_0^t d\tau \int_{\partial D} \left\{ -\frac{\partial U_D(\tau, x, y)}{\partial \boldsymbol{n}_D(y)} \right\} u_n(y)\, dS(y)$$

なる関係が得られるから，$n\to\infty$ とすると，(2.3.5) により

$$(2.3.8) \qquad u(x) \geqq w(x) = \int_D U_D(t, x, y) w(y) dy + \int_0^t d\tau \int_{\partial D} \left\{ -\frac{\partial U_D(\tau, x, y)}{\partial \boldsymbol{n}_D(y)} \right\} u(y)\, dS(y).$$

$v(t, x)$ を $(0, \infty)\times D$ に制限した函数を D における拡散方程式の解と考え，$y\in\partial D$ に対する $v(t, y)$ 自身の値を境界値と考えると

$$v(t, x) = \int_D U_D(t, x, y) v(y) dy + \int_0^t d\tau \int_{\partial D} \left\{ -\frac{\partial U_D(t-\tau, x, y)}{\partial \boldsymbol{n}_D(y)} \right\} v(\tau, y)\, dS(y).$$

特に $t=t_0$，$x=x_0$ とすると，(2.3.7)，(2.3.2)，(2.3.8) により

$$\begin{aligned} v(t_0, x_0) &\leqq \int_D U_D(t_0, x_0, y) \left\{ w(y) - \frac{\delta}{3} \right\} dy \\ &\quad + \int_0^{t_0} d\tau \int_{\partial D} \left\{ -\frac{\partial U_D(\tau, x_0, y)}{\partial \boldsymbol{n}_D(y)} \right\} u(y)\, dS(y). \\ &\leqq u(x_0) - \frac{\delta}{3} \int_D U_D(t_0, x_0, y) dy. \end{aligned}$$

基本解の正値性により $\int_D U_D(t_0, x_0, y) dy > 0$ であるから，上の不等式は (2.3.3) と矛盾する．これで補助定理 2.3.1 が示された．□

注意1 後述の定理 2.3.1 が証明されたならば，Ω で A-優調和な函数 u に対して，集合 $\{x\in\Omega \mid u(x)=\infty\}$ は内点をもたないことがわかる．しかし定理

2.3.1の証明が終るまでは，このことは保証されていないから，今の段階では，例えば (2.3.8) の各項は∞かも知れない．だから，上の証明においては，任意の有限な実数は$<\infty$，$\infty\leqq\infty$などの約束に従っていると考えるのであるが，基本解の性質 $U_D(t,x,y)\geqq 0$，$-\dfrac{\partial U_D(\tau,x,y)}{\partial \boldsymbol{n}_D(y)}\geqq 0$ などによって，∞ の項があっても上の証明の各段階は正当化される．定理 2.3.1 が証明されてしまえば，上の証明中の式には，∞の項はなかったことになる．

補助定理 2.3.2 Ω_0 および $u(x)$ を補助定理 2.3.1 のとおりとすると，任意の $t>0$，$x\in\overline{\Omega}_0$ に対して

$$\int_{\Omega_0} U_{\Omega_0}(t,x,y)u(y)dy\leqq u(x). \tag{2.3.9}$$

証明 $\{\Omega_n\}$ を $\overline{\Omega}_n\subset\Omega_0$ なる領域の単調増加列で $\bigcup_{n=1}^{\infty}\Omega_n=\Omega_0$ となるものとし，各 n に対して，$\varphi_n(x)$ を $\overline{\Omega}_0$ 上で $0\leqq\varphi_n(x)\leqq 1$ なる連続函数で

$$x\in\overline{\Omega}_n \text{ ならば } \varphi_n(x)=1,\quad x\in\partial\Omega_0 \text{ ならば } \varphi_n(x)=0$$

を満たすものとする．u は $\overline{\Omega}_0$ の上で正の値をとる下半連続函数だから，$\overline{\Omega}_0$ で非負値をとる連続函数の列 $\{u_n\}$ で，n に関して単調に増加して u に収束するものがある．各 n に対し，函数 $v_n(x)=u_n(x)\varphi_n(x)$ は補助定理 2.3.1 の函数 v に対する仮定を満たすから，任意の $t>0$，$x\in\overline{\Omega}_0$ に対して

$$\int_{\Omega_0} U_{\Omega_0}(t,x,y)u_n(y)\varphi_n(y)\,dy\leqq u(x)$$

が成り立つ．ここで $n\to\infty$ とすれば (2.3.9) を得る．□

なお，次の事実も下記の二つの定理の証明に用いる．

(2.3.10) 函数 u が領域 Ω で A-優調和ならば，$\overline{\Omega}_0$ が Ω に含まれるコンパクト集合であるような任意の正則領域 Ω_0 に対して，$\overline{\Omega}_0$ で連続かつ Ω_0 で A-調和な函数 h を適当にとれば，$\overline{\Omega}_0$ において $u(x)+h(x)>0$ となる．

このような函数 h は，例えば次のように定義される．u は $\overline{\Omega}_0$ の上で最小値をとるから，それを α とする．$\alpha>0$ ならば $h\equiv 0$ とすればよいから，$\alpha\leqq 0$ とする．w を Ω_0 で A-調和かつ $\partial\Omega_0$ で境界値 $w=1$ をとる函数とすると，w は $\overline{\Omega}_0$ で正の最小値 β をとるから，$h(x)=\{1-(\alpha/\beta)\}w(x)$ とすればよい．（A にお

いて $c(x)\equiv 0$ は仮定していないから，w に最小値原理は適用されないが，$\partial\Omega_0$ で $w>0$ ならば $\bar{\Omega}_0$ で $w>0$ となることは，境界値問題の解を与える式(1.3.5)と Green 函数の性質 (1.3.3*) からわかる.)

定理 2.3.1 領域 Ω で A-優調和な函数 u は，Ω で局所可積分である．すなわち，$\bar{D}\subset\Omega$ なる任意の有界領域 D に対して $\int_D |u(x)|dx<\infty$.

証明 u は A-優調和だから $u(x_0)<\infty$ なる点 x_0 がある．Ω_0 を $\bar{D}\cup\{x_0\}\subset\Omega_0\subset\bar{\Omega}_0\subset\Omega$ なる正則有界領域とする．Ω_0 に対して (2.3.10) のような A-調和函数 h をとり，函数 $u_1(x)=u(x)+h(x)$ が D で可積分なことを示せば十分であるから，初めから $\bar{\Omega}_0$ において $u(x)>0$ と仮定して，u が D で可積分なことを示せばよい．この仮定のもとでは補助定理 2.3.2 により，任意の $t>0$, $x\in\bar{\Omega}_0$ に対して

$$\int_{\Omega_0} U_{\Omega_0}(t, x, y)u(y)\,dy \leqq u(x). \tag{2.3.11}$$

$t_0>0$ をひとつ固定すると，任意の $x, y\in\Omega_0$ に対して $U_{\Omega_0}(t_0, x, y)$ は正の値をとるから，$\gamma\equiv\min_{y\in\bar{D}} U_{\Omega_0}(t_0, x_0, y)>0$ となる．だから (2.3.11) により $\int_D \gamma\cdot u(y)dy\leqq\int_{\Omega_0} U_{\Omega_0}(t_0, x_0, y)u(y)dy\leqq u(x_0)<\infty$ となり，u が D で可積分なことが示された．▯

定理 2.3.2 函数 u が領域 Ω で A-優調和ならば，Ω で非負値をとる任意の $f\in C_0^2(\Omega)$ に対して $\int_\Omega u(x)\cdot A^*f(x)dx\leqq 0$.

証明 f の台を含む有界領域 Ω_0 で $\bar{\Omega}_0\subset\Omega$ なるものをとり，

$$\int_{\Omega_0} u(x)\cdot A^*f(x)dx\leqq 0 \tag{2.3.12}$$

を示せばよい．Ω_0 に対して (2.3.10) のような A-調和函数 h をとる．このとき $\int_{\Omega_0} h(x)\cdot A^*f(x)dx=\int_{\Omega_0} Ah(x)\cdot f(x)dx=0$ となる．だから，函数 $u_1(x)=u(x)+h(x)$ に対して $\int_{\Omega_0} u_1(x)\cdot A^*f(x)dx\leqq 0$ を証明すれば，u に対して (2.3.12) が成り立つことになる．よって初めから $\bar{\Omega}_0$ で $u(x)>0$ と仮定して (2.3.12) を証明すればよい．この仮定のもとでは補助定理 2.3.2 と $f(x)\geqq 0$ なることにより

$$\int_{\Omega_0} u(y)\left\{\int_{\Omega_0} f(x)U_{\Omega_0}(t,x,y)dx - f(y)\right\}dy$$

(2.3.13)
$$= \int_{\Omega_0} f(x)\left\{\int_{\Omega_0} U_{\Omega_0}(t,x,y)u(y)dy - u(x)\right\}dx \leqq 0.$$

一方，基本解の性質により

$$\frac{\partial}{\partial t}\int_{\Omega_0} f(x)U_{\Omega_0}(t,x,y)\,dx = \int_{\Omega_0} f(x)\frac{\partial U_{\Omega_0}(t,x,y)}{\partial t}dx$$
$$= \int_{\Omega_0} f(x)\cdot A_x U_{\Omega_0}(t,x,y)dx = \int_{\Omega_0} A^*f(x)\cdot U_{\Omega_0}(t,x,y)dx$$

(A の添え字 x は，$U_{\Omega_0}(t,x,y)$ の変数 x について A を施すことを示す）となるから，

$$\lim_{t\downarrow 0}\frac{\partial}{\partial t}\int_{\Omega_0} f(x)U_{\Omega_0}(t,x,y)dx = A^*f(y)$$

が $y\in\Omega_0$ について有界収束で成立し，従って

$$\lim_{t\downarrow 0}\frac{1}{t}\left\{\int_{\Omega_0} f(x)U_{\Omega_0}(t,x,y)dx - f(y)\right\}$$
$$= \lim_{t\downarrow 0}\frac{1}{t}\int_0^t\left\{\frac{\partial}{\partial\tau}\int_{\Omega_0} f(x)U_{\Omega_0}(\tau,x,y)dx\right\}d\tau = A^*f(y)$$

が $y\in\Omega_0$ について有界収束で成立する．だから，(2.3.13) の左辺を t で割って $t\downarrow 0$ とした極限をとれば，(2.3.12) が得られる．□

定理 2.3.3　Ω 上の A-優調和函数 u に対して，Ω における Borel 測度 μ が存在して，任意の $f\in C_0^2(\Omega)$ に対して

(2.3.14)
$$-\int_{\Omega} u(x)\cdot A^*f(x)dx = \int_{\Omega} f(x)d\mu(x).$$

証明　任意の $f\in C_0(\Omega)$ に対して，そのノルムを $\|f\| = \max_{x\in\Omega}|f(x)|$ によって定義すると，$C_0(\Omega)$ は線型ノルム空間をなす．$\{D_n\}_{n=1,2,\cdots}$ を Ω の中の有界領域の列で $\overline{D}_n\subset D_{n+1}$, $\bigcup_{n=1}^{\infty} D_n = \Omega$ なるものとし，各 n に対して，$C_0(\Omega)$ に属する函数で台が $\overline{D}_n$ に含まれるものの全体を $\overline{C_0(D_n)}$ と書くことにする；$\overline{C_0(D_n)}$ に属する関数 f は，$\overline{D}_n$ で連続かつ ∂D_n で $f(x)=0$ となるものであって，$\Omega-\overline{D}_n$ では $f(x)\equiv 0$ として Ω 全体に拡張したものと考えてもよい．$\overline{C_0(D_n)}$ は $C_0(\Omega)$ の線型部分空間であり，ノルム $\|f\|$ に関して完備（従って Banach 空間）である．また $C_0^2(D_n)$ は $\overline{C_0(D_n)}$ の中でノルムに関して稠密な線型部分空間

である．ここで，任意の $f\in C_0^2(\Omega)$ に対して (2.3.14) の左辺の値を $L(f)$ と書くことにすると，$L(f)$ は $C_0^2(\Omega)$ の上の線型汎函数であり，また前定理によって正値汎函数である；すなわち

(2.3.15) $\qquad \overline{\Omega}$ 上で $f(x)\geqq 0$ ならば $\quad L(f)\geqq 0.$

各 n に対して，Ω 上で $g_n(x)\geqq 0$, $\overline{D}_n$ 上で $g_n(x)=1$ となる $g_n\in C_0^2(\Omega)$ を一つ固定しておく．まず

(2.3.16) $\qquad$ 任意の $f\in C_0^2(D_n)$ に対して $\quad |L(f)|\leqq L(g_n)\|f\|$

となることを示そう．（$f\in C_0^2(D_n)$ を $\Omega\setminus D_n$ においては $f(x)=0$ と定義することにより $f\in C_0^2(\Omega)$ と考える．）g_n の定め方により，$f\in C_0^2(D_n)$ ならばΩ上で $-\|f\|g_n(x)\leqq f(x)\leqq\|f\|g_n(x)$ が成り立つから，L が正値線型汎関数なることにより $-\|f\|L(g_n)\leqq L(f)\leqq\|f\|L(g_n)$；これは (2.3.16) を意味する．$C_0^2(D_n)$ は $\overline{C_0(D_n)}$ の中でノルムに関して稠密だから，(2.3.16) により，$C_0^2(D_n)$ の上で考えた線型汎函数 L は $\overline{C_0(D_n)}$ の上の正値線型汎函数 $L_n(f)$ に一意的に拡張されて $|L_n(f)|\leqq L(g_n)\|f\|$ を満たす．だから，Riesz-Markov の定理により，D_n における Borel 測度 μ_n で $\mu_n(D_n)\leqq L(g_n)<\infty$ なるものが存在して

(2.3.17) $\qquad$ 任意の $f\in\overline{C_0(D_n)}$ に対して $\quad L_n(f)=\int_{D_n}f(x)d\mu_n(x).$

次に，測度 $\mu_n\,(n=1,2,\cdots)$ を Ω 上の一つの Borel 測度 μ に拡張する．$n<m$ であって $f\in C_0^2(D_n)$ ならば

$$\int_{D_n}f(x)d\mu_n(x)=L_n(f)=L(f)=L_m(f)=\int_{D_m}f(x)d\mu_m(x)$$

となる．$C_0^2(D_n)$ は $\overline{C_0(D_n)}$ の中でノルムに関して稠密であり，$\mu_n(D_n)<\infty$, $\mu_m(D_n)\leqq\mu_m(D_m)<\infty$ だから，上の式から任意の $f\in\overline{C_0(D_n)}$ に対して

$$\int_{D_n}f(x)d\mu_n(x)=\int_{D_n}f(x)d\mu_m(x)$$

が得られる．以上により，$n<m$ ならば任意の Borel 集合 $E\subset D_n$ に対して $\mu_n(E)=\mu_m(E)$ となる．だから Ω における Borel 測度 μ が存在して

(2.3.18) $\quad$ 任意の n, 任意の Borel 集合 $E\subset D_n$ に対して $\mu(E)=\mu_n(E)$

となる．このとき任意の $f\in C_0^2(\Omega)$ に対して，f の台を含む D_n をとれば，

(2.3.17)，(2.3.18)により

$$L(f)=L_n(f)=\int_{D_n}f(x)d\mu_n(x)=\int_{\Omega}f(x)d\mu(x).$$

これで (2.3.14) が示されたことになる．▯

次に Riesz 分解の定理を与える．$\bar{D}\subset\Omega$ なる任意の正則有界領域 D における Dirichlet 境界値問題の Green 函数を $G_D(x,y)$ と書く．

定理 2.3.4　函数 u が Ω において A-優調和であるための必要十分条件は，$\bar{D}\subset\Omega$ なる任意の正則有界領域 D に対して，D における有界 Borel 測度 μ_D と，D上の A-調和函数 h_D が存在して，D 上で次の式が成立することである：

$$u(x)=\int_D G_D(x,y)d\mu_D(y)+h_D(x). \tag{2.3.19}$$

このとき μ_D, h_D は u と D により一意的に定まる；特に μ_D は，Ω において u によって定まる Borel 測度 μ の D への制限である．また，領域 $\Omega_0(\subset\Omega)$ において u が A-調和なことと $\mu(\Omega_0)=0$ なることとは同等である．

((2.3.19) を A-優調和函数 u の **Riesz 分解**という．)

証明　十分性．函数 $v(y)=\int_D G_D(x,y)dx$ は領域 D における境界値問題：$A^*v(y)=-1$ $(y\in D)$，$v(y)=0$ $(y\in\partial D)$，の解であるから $\bar{D}$ で有界である．このことと $\mu_D(D)<\infty$ により，函数 $w(x)=\int_D G_D(x,y)d\mu_D(y)$ は D で可積分 (Fubini の定理により)，従ってほとんどいたる所で有限値をとる．だから定理 2.1.4 (で Ω を D とする) により w は D において A-優調和，従ってまた，定理 2.1.2 により u も D で A-優調和である．A-優調和性の定義は局所的であるから，D の任意性により，u は Ω で A-優調和である．

必要性．任意の $f\in C_0^2(D)$ をとる；$\Omega\setminus D$ では $f(x)=0$ とすることにより，$f\in C_0^2(\Omega)$ と考えてよい．特に f を $\bar{D}$ で考えると，∂D の上で境界条件 $f(x)=0$ を満たし，A^*f が $\bar{D}$ で連続だから，定理 1.3.3 により

$$f(y)=-\int_D A^*f(x)\cdot G_D(x,y)dx \tag{2.3.20}$$

が成り立つ．A-優調和函数 u に対して定理 2.3.3 により，Ω における Borel 測度 μ が存在して (2.3.14) が成立するから，これを上に述べた $f\in C_0^2(D)$ に適

用するときは，両辺の積分領域をDと書き，μのDへの制限μ_Dを用いて

$$(2.3.21) \qquad -\int_D u(x)\cdot A^*f(x)dx=\int_D f(y)d\mu_D(y)$$

と書いてもよい．この右辺の$f(y)$に (2.3.20) の右辺を代入して，積分の順序を変えると

$$-\int_D u(x)\cdot A^*f(x)dx=-\int_D\left\{\int_D G_D(x,y)d\mu_D(y)\right\}A^*f(x)dx,$$

すなわち

$$(2.3.22) \qquad \int_D\left\{u(x)-\int_D G_D(x,y)d\mu_D(y)\right\}A^*f(x)dx=0.$$

上の式の$\{\cdots\}$内の函数を$h_D^0(x)$とおく．$u(x)$は定理2.3.1によりDで可積分であり，$\int_D G_D(x,y)d\mu_D(y)$も，上の十分性の証明で述べたようにDで可積分であるから，$h_D^0(x)$はDで可積分である．(2.3.22) によりh_D^0は楕円型方程式$Ah_D^0=0$の弱い解であるから，定理1.4.11によりDでA-調和なある函数h_Dとほとんどいたる所一致し，従って$u(x)=\int_D G_D(x,y)d\mu_D(y)+h_D(x)$ (a.e.) となる；この等式の両辺はA-優調和函数だから，定理2.1.6によりすべての$x\in D$でこの等式が成立する．以上により (2.3.19) が成立する．

一意性．任意の$f\in C_0^2(D)$をとり，(2.3.19) の両辺に$A^*f(x)$を掛けてDで積分する．このとき右辺の第2項は$\int_D h_D\cdot A^*fdx=\int_D Ah_D\cdot fdx=0$となるから，右辺の第1項で積分の順序を変更してから(2.3.20)を用いると，(2.3.21) が得られる．ここで$C_0^2(D)$が$C_0(D)$の中で一様収束位相で稠密なことと$\mu_D(D)<\infty$なることにより，(2.3.21) の右辺の積分の値がすべての$f\in C_0(D)$に対してuにより一意的に定まるから，Borel 測度μ_Dがuにより一意的に定まる．従って (2.3.19) によってh_Dも一意的に定まる．

最後に，領域Ω_0でuがA-調和ならば，任意の正則有界領域$D\subset\Omega_0$において$u=h_0$は一意的な Riesz 分解であるから$\mu(D)=\mu_D(D)=0$，従って$\mu(\Omega_0)=0$である．逆に$\mu(\Omega_0)=0$ならば，uがΩ_0でA-調和なことは，Green 函数$G_D(x,y)$の性質から容易に示される．▯

Ω 全体で§2.2で述べたような Green 函数 $G(x, y)$ が定義される場合は，それを用いて定理 2.3.4 は次の定理 2.3.5 の i) のように書き直される．（なお，後述の注意 2 を見よ．）それを示す準備として，§2.2に述べられた関連事項を再記する． $\{D_n\}$ を§2.2に述べたような Ω の中の正則有界領域の列とし，各 D_n における Dirichlet 境界値問題の Green 函数を $G_{D_n}(x, y)$ として，x または $y \notin \overline{D}_n$ ならば $G_{D_n}(x, y)=0$ とすると，

(2.3.23) $\{G_{D_n}(x, y)\}$ は n に関し単調増加で $\lim_{n\to\infty} G_{D_n}(x, y)=G(x, y)$

(定理 2.2.2)．ここで次の補助定理を証明する．

補助定理 2.3.3 i) $\overline{D}\subset\Omega$ なる有界領域 D と，$\mu_D(D)<\infty$ なる Borel 測度 μ_D に対して，$w(x)=\int_D G(x, y)d\mu_D(y)$ は Ω で局所可積分である．

ii) 任意の $f\in C_0^2(\Omega)$ に対して $f(y)=-\int_\Omega A^*f(x)\cdot G(x, y)dx$.

証明 i) Ω に含まれる任意のコンパクト集合 E をとり，Ω において $f(x)\geqq 0$ かつ E の上で $f(x)\geqq 1$ となる $f\in C_0^1(\Omega)$ を定める．このとき函数 $v(y)=\int_\Omega f(x)G(x, y)dx$ は，Ω において $A^*v=f$ を満たすから，特にコンパクト集合 $\overline{D}$ では有界である．だから f の定め方により

$$\int_E w(x)dx \leqq \int_\Omega f(x)dx \int_D G(x, y)d\mu_D(y)=\int_D v(y)d\mu_D(y)<\infty.$$

よって w は Ω で局所可積分である．

ii) 領域 D_n が f の台を含むならば，f は ∂D_n 上で境界条件 $f=0$ を満たすと考えると，D_n において $f(y)=-\int_{D_n} A^*f(y)\cdot G_{D_n}(x, y)dx$ が成立する．A^*f は有界であるから，$n\to\infty$ とすると (2.3.23) によって結論の式を得る．□

定理 2.3.5 i) 函数 u が Ω において A-優調和であるための必要十分条件は，$\overline{D}\subset\Omega$ なる任意の正則有界領域 D に対して，D における $\mu_D(D)<\infty$ なる Borel 測度 μ_D と D 上の A-調和函数 h_D が存在して，任意の $x\in D$ に対して

(2.3.19′) $$u(x)=\int_D G(x, y)d\mu_D(y)+h_D(x)$$

が成立することである．このとき μ_D, h_D は u と D によって一意的に定まる；μ_D については定理 2.3.4 と同様である．

ii) 特に u が Ω で正値 A-優調和ならば，Ω における Borel 測度 μ と Ω 上

の A-調和函数 h が，u によって一意的に定まって，任意の $x\in\Omega$ に対して

(2.3.19″) $$u(x)=\int_\Omega G(x,y)d\mu(y)+h(x)$$

が成立する.

((2.3.19′)，(2.3.19″) も **Riesz 分解**と呼ばれる.)

証明 i) の証明は前定理 2.3.4 の証明と全く同様である．すなわち，十分性の証明には補助定理 2.3.3 の i) を用い，必要性と一意性の証明においては (2.3.20) のかわりに補助定理 2.3.3 の ii) を用いればよい.

この定理の ii) を証明する．前定理において $D=D_n$ とするとき，測度 μ_{D_n} は Ω 全体で u によって定まる測度 μ の D_n への制限であるから (2.3.19′) は

(2.3.24) $$u(x)=\int_\Omega G_{D_n}(x,y)d\mu(y)+h_n(x),\quad ただし\ h_n=h_{D_n},$$

と書ける．$x\in\partial D_n$ ならば $G_{D_n}(x,y)=0$ だから $h_n(x)=u(x)>0$ となる．h_n は D_n で A-調和だから $h_n(x)>0$ となる．(定理 2.3.1 のすぐ前に括弧内に述べた注意を参照.) (2.3.24)の右辺第1項は (2.3.23) により n に関して単調増加で (2.3.19″) の右辺第1項に収束するから，

$$0\leqq\int_\Omega G(x,y)d\mu(y)\leqq u(x)<\infty\quad (\text{a. e.}).$$

(2.3.24) の左辺は n に無関係だから，$h_n(x)$ は n に関して単調に減少する．各 h_n は D_n で A-調和かつ正の値をとるから，$h(x)=\lim_{n\to\infty}h_n(x)$ (Ω で広義一様収束)が存在して Ω で A-調和である．だから(2.3.24) で $n\to\infty$ とすれば (2.3.19″) を得る．□

注意2 領域 Ω 全体における Green 函数 $G(x,y)$ が存在する場合でも，下に有界でない A-優調和函数については，(2.3.19″)のような Ω 全体での Riesz 分解の式は一般に成立しない．そのことを示す例を述べよう.

$\Omega=\mathbf{R}^m\,(m\geqq3)$，$A=\triangle$(普通のラプラシアン)とする．このとき，函数 $w(x)=|x|^{-(m-2)}$ は $\mathbf{R}^m$ において正値 $\triangle$-優調和であり，定理 2.2.1 によって $\mathbf{R}^m$ における Green 函数 $G(x,y)$ が存在する．Green 函数は

(2.3.25) $$G(x, y)=C/|x-y|^{m-2}$$

なる形で，$C=\Gamma(m/2)/2(m-2)\pi^{m/2}$ ($\Gamma(\cdot)$はガンマ函数) であるが，ここでは C が正の定数であることのみを用いる．さて函数

$$u(x)=-|x|^2=-\{(x^1)^2+\cdots+(x^m)^2\}$$

は $\triangle u=-2m<0$ を満たすから，u は $\triangle$-優調和である．この u に対しては (2.3.19″) が成立しないことを示す．もしも (2.3.19″) が成り立つような $\mathbf{R}^m$ における測度 μ と $\triangle$-調和函数 h があるとすると，任意の $f\in C_0^3(\mathbf{R}^m)$ に対して，定理 2.3.4 の‘一意性’の証明と同様の論法で，等式 (2.3.21) (ただし D, A^*, μ_D をそれぞれ $\mathbf{R}^m$, $\triangle$, μ と書く) が導かれる．従って Green の公式により (dx を普通の Lebesgue 測度として)

$$\int_{\mathbf{R}^m} f(x)\,d\mu(x)=-\int_{\mathbf{R}^m}\triangle u(x)\cdot f(x)dx=\int_{\mathbf{R}^m}2m\,f(x)dx$$

となるから，f が $C_0^3(\mathbf{R}^m)$ の中で任意なことにより $d\mu(x)=2mdx$ が得られる．だから (2.3.25) により (2.3.19″) は

$$u(x)=\int_{\mathbf{R}^m}\frac{2mC}{|x-y|^{m-2}}dy+h(x)$$

となるが，右辺第1項の積分の値はすべての x に対して ∞ となり，不合理である．よって (2.3.19″) は成立し得ない．

第3章　Martin 境界

§3.1　予備概念

本章では，R を向きづけられた C^∞ 級多様体とし，R において楕円型偏微分作用素 A が与えられているとして，A に関する R の Martin 境界の構成と，調和函数の表現定理を述べる．R はある C^∞ 級多様体 $\boldsymbol{M}$ の部分領域であってもよいが，その場合でも R 自身をひとつの空間として扱い，R 以外の部分は全く考慮の対象としない．従って $R\subset\boldsymbol{M}$ の場合でも，$\boldsymbol{M}$ の中で考えた R の境界の近くでの偏微分作用素 A の係数の挙動については，何の仮定も設けない．また R の部分集合 E に対して，E の閉包 $\bar{E}$，E の開核（内点の全体）E°，E の境界 ∂E などの用語および記号は，すべて R の中の位相で考えるものとする．次の章において，R が多様体 $\boldsymbol{M}$ の部分領域であって，その境界の一部分が滑らかな場合について述べる．

この章と次の章では，A^* は考えないから，'A-調和'，'A-優調和' のことをそれぞれ '調和'，'優調和' と書く．

Martin 境界の理論は，正値(優)調和函数の表現定理が主要目的のひとつであるから，R において定数でない正値優調和函数が存在することを前提とする．だから定理 2.2.1 に述べた Green 函数 $G(x, y)$ が定義されているとして話を進める．

D_0 を R の中の正則有界領域とし，γ をその台が D_0 に含まれるような R 上の非負値連続函数で $\int_{D_0}\gamma(x)dx=1$ なるものとする．この章および次の章全体を通して，上の領域 D_0 と函数 γ を固定しておくが，この章で構成される R の Martin 境界は，上のような D_0 と γ のとり方には本質的に無関係なものであることが示される．(定理 3.2.3)

D が D_0 を含む領域であるとき，D で定義された任意の函数 $u(x)$，および $D\times D$ で定義された任意の函数 $H(x,y)$ に対して，$u(\gamma)$ および $H(\gamma\,;y)$ をそれぞれ次の式で定義する(いずれも右辺の積分が意味をもつかぎり)：

$$u(\gamma)=\int_D\gamma(x)u(x)dx,\quad H(\gamma\,;y)=\int_D\gamma(x)H(x,y)dx\,; \tag{3.1.1}$$

$u(\gamma)$ は定数であり，$H(\gamma\,;y)$ は $y\in D$ の函数であるが，いずれも $+\infty$ の値を許すものとする.

次に，R の中の正則有界領域の列 $\{D_n\}_{n=1,2,\cdots}$ で

$$\overline{D}_0\subset D_n\subset\overline{D}_n\subset D_{n+1}\quad(n\geqq1),\quad \bigcup_{n=1}^{\infty}D_n=R \tag{3.1.2}$$

となるものをひとつ固定する；D_0 は前ページで定めた正則有界領域である.

R の中の任意の正則有界領域 Ω に対して，$\partial\Omega$ で境界条件 $u=0$ を与えたときの，拡散方程式の基本解を $U_\Omega(t,x,y)$，Green 函数を $G_\Omega(x,y)$ とする．このとき，第1章で述べたように

$$G_\Omega(x,y)=\int_0^\infty U_\Omega(t,x,y)dt \tag{3.1.3}$$

が成り立つ．これらの記号および上の関係式は，今までにも使ったものであるが，今後本書全体を通して，ことわりなしに用いる．また，R における拡散方程式の最小基本解を $U(t,x,y)$ とすると，Green 函数 $G(x,y)$ が

$$G(x,y)=\int_0^\infty U(t,x,y)dt \tag{3.1.4}$$

で定義されて(定理 2.2.1)，第2章の結果をすべて使うことができる．特に，函数列 $\{G_{D_n}(x,y)\}_{n=1,2,\cdots}$ は n に関して単調増加で

$$\lim_{n\to\infty}G_{D_n}(x,y)=G(x,y) \tag{3.1.5}$$

が成立し，この収束は，互いに交わらない任意のコンパクト集合 $E,F\subset R$ に対して，$E\times F$ の上で一様である(定理 2.2.2).

ここで，$D_n\times D_n$ の上の核函数 $M_n(x,y)$ $(n=1,2,\cdots)$ および $R\times R$ の上の核函数 $M(x,y)$ を，次の式で定義する：

$$(3.1.6)\qquad M_n(x, y)=\frac{G_{D_n}(x\,;\,y)}{G_{D_n}(\gamma\,;\,y)},\quad M(x, y)=\frac{G(x, y)}{G(\gamma\,;\,y)}$$

($G(\gamma\,;\,y)$ 等の定義は (3.1.1) による). このとき (3.1.5) により

$$(3.1.7)\qquad \lim_{n\to\infty} M_n(x, y)=M(x, y)$$

が成立し，この収束は，互いに交わらない任意のコンパクト集合 $E, F\subset R$ に対して，$E\times F$ の上で一様である.

$M(x, y)$ は **Martin の核函数**と呼ばれる.

以下に述べる $M(x, y)$ の性質 (3.1.8～10) において，R を D_n と書き直せば $M_n(x, y)$ の性質になる.

$G(\gamma\,;\,y)$ はその定義から明らかに，R の上で y の連続函数であって正の値をとるから，

(3.1.8)
任意の $y\in R$ を固定するとき $M(x, y)$ は x について $R\setminus\{y\}$ で正値調和な函数であり，
任意の $x\in R$ を固定するとき $M(x, y)$ は y について $R\setminus\{x\}$ で連続な函数である；

(3.1.9)　任意の $z\in R$ に対して $\lim\limits_{\substack{x\to z\\ y\to z}} M(x, y)=\infty$ (定理 2.2.2 からわかる)；

(3.1.10)　すべての $y\in R$ に対して $M(\gamma\,;\,y)=1$ ((3.1.6)により).

次の補助定理は定理 1.4.5(の一部)を再記したものである.

補助定理 3.1.1　領域 D で調和な函数の族 $\{u_\lambda \mid \lambda\in\Lambda\}$ があって，D の任意のコンパクト部分集合の上で一様有界ならば，函数族 $\{|\nabla u_\lambda| \mid \lambda\in\Lambda\}$ も D の任意のコンパクト部分集合の上で一様有界であり，初めの函数族のある部分列は，D で調和なある函数に広義一様に収束する. ——

このことを使って，函数 $M(x, y)$ の次の性質を証明する.

補助定理 3.1.2　E は R のコンパクト部分集合，F は R の(有界とは限らない) 閉部分集合であって，$E\cap F=\phi$ ならば，次のことが成り立つ：

$$(3.1.11)\qquad \sup_{x\in E, y\in F} M(x, y)<\infty,\quad \sup_{x\in E, y\in F} |\nabla_x M(x, y)|<\infty.$$

(∇_x は $M(x, y)$ の変数 x について ∇ を作用することを意味する.)

証明　(3.1.11) の第1の不等式を証明すれば，$\{M(x, y)\,|\,y\in F\}$ を $R\setminus F$ の

上で x の函数の族と考えて補助定理 3.1.1 を適用することにより，第 2 の不等式が得られる．よって第 1 の不等式を証明する．$E\subset \overline{D}_0\cup \Omega\subset\overline{\Omega}\subset R\setminus F$ なる正則有界領域 Ω を固定する．任意の $f\in C_0(R\setminus\overline{\Omega})$ に対して，函数 $u(x)=\int_{R\setminus\overline{\Omega}}G(x,y)f(y)dy$ は Ω で調和であるから，$x\in\Omega$ ならば

$$u(x)=-\int_{\partial\Omega}\frac{\partial G_\Omega(x,z)}{\partial \boldsymbol{n}_\Omega(z)}u(z)dS(z)$$

となる．これは，$x\in\Omega$ ならば

$$\int_{R\setminus\overline{\Omega}}G(x,y)f(y)dy=\int_{R\setminus\overline{\Omega}}\left\{-\int_{\partial\Omega}\frac{\partial G_\Omega(x,z)}{\partial \boldsymbol{n}_\Omega(z)}G(z,y)dS(z)\right\}f(y)dy$$

が任意の $f\in C_0(R\setminus\overline{\Omega})$ に対して成り立つことを意味するから，$x\in\Omega$ かつ $y\in R\setminus\overline{\Omega}$ ならば

$$G(x,y)=-\int_{\partial\Omega}\frac{\partial G_\Omega(x,z)}{\partial \boldsymbol{n}_\Omega(z)}G(z,y)dS(z) \tag{3.1.12}$$

が成り立つ．$E\cup\overline{D}$ と $\partial\Omega$ とは互いに交わらないコンパクト集合であるから

$$\begin{cases} \text{任意の } x\in E,\ z\in\partial\Omega \text{ に対して} \quad 0\leqq -\dfrac{\partial G_\Omega(x,z)}{\partial \boldsymbol{n}_\Omega(z)}\leqq C_1, \\ \text{任意の } z\in\partial\Omega \text{ に対して} \quad 0<C_2\leqq -\dfrac{\partial G_\Omega(\gamma\,;z)}{\partial \boldsymbol{n}_\Omega(z)}\leqq C_1 \end{cases} \tag{3.1.13}$$

となるような定数 C_1, C_2 がある．(3.1.12) に (3.1.13) を適用すると，任意の $x\in E$, $y\in F$ $(\subset R\setminus\overline{\Omega})$ に対して

$$0\leqq M(x,y)=\frac{G(x,y)}{G(\gamma\,;y)}\leqq\frac{\int_{\partial\Omega}C_1G(z,y)dS(z)}{\int_{\partial\Omega}C_2G(z,y)dS(z)}\leqq\frac{C_1}{C_2}<\infty$$

となるから，(3.1.11) の第 1 の式が成立する．▯

注意 Martin の核函数は，Martin の最初の論文（あとがきの [10]）にならって $K(x,y)$（または $K(P,Q)$ 等）と書かれることが多いが，本書では Martin の頭文字をとって $M(x,y)$ と書くことにする．

§3.2 Martin 境界の構成

領域 D_0 および D_n $(n=1,2,\cdots)$ は前§で固定したものとする．特に

$$\overline{D}_0\subset D_n\subset\overline{D}_n\subset D_{n+1}\quad(n\geqq 1),\quad \bigcup_{n=1}^{\infty}D_n=R \tag{3.2.1}$$

なることを想起しておく．

任意の点 $y_1, y_2\in R$ に対して

$$\rho(y_1,y_2)=\int_{D_0}\frac{|M(x,y_1)-M(x,y_2)|}{1+|M(x,y_1)-M(x,y_2)|}dx \tag{3.2.2}$$

と定義する．このとき，

補助定理 3.2.1 ρ は R におけるひとつの距離を定義し，この距離で定義される位相は，多様体 R の本来の位相と同じである．

証明 まず ρ が距離の公理を満たすことを示す．$0\leqq\rho(y_1,y_2)<\infty$ であって，$y_1=y_2$ ならば $\rho(y_1,y_2)=0$ なること，および $\rho(y_1,y_2)=\rho(y_2,y_1)$ なることは明らかである．また三角不等式は，任意の $\alpha\geqq 0$, $\beta\geqq 0$ に対して $\dfrac{\alpha+\beta}{1+\alpha+\beta}\leqq\dfrac{\alpha}{1+\alpha}+\dfrac{\beta}{1+\beta}$ なることを用いて，容易に示される．よって，$\rho(y_1,y_2)=0$ ならば $y_1=y_2$ なることを証明すればよい．$\rho(y_1,y_2)=0$ とすると，(3.2.2) により，ほとんどすべての $x\in D_0$ において $M(x,y_1)=M(x,y_2)$ となるが，(3.1.6) により $M(x,y)$ は x について $R\setminus\{y\}$ で調和だから，すべての $x\in D_0\setminus\{y_1,y_2\}$ に対して $M(x,y_1)=M(x,y_2)$ となり，従って一意接続定理（定理 1.4.10）により，すべての $x\in R\setminus\{y_1,y_2\}$ に対して $M(x,y_1)=M(x,y_2)$ となる．もしも $y_1\neq y_2$ とすると，x が y_1 に近づくとき (3.1.9) によって $M(x,y_1)\to\infty$ となり $M(x,y_2)$ は有界であるから，これは矛盾である．だから $y_1=y_2$ でなければならない．

次に，R の本来の位相と ρ による位相が同じであることを示す．任意の n に対して $\overline{D}_n$ の上で両位相が一致することを示せばよいが，$\overline{D}_n$ は本来の位相でコンパクトであるから，本来の位相をもつ $\overline{D}_n$ から ρ による位相をもつ $\overline{D}_n$ へ

の恒等写像が連続であることを示せば十分である．いま点列 $\{y_\nu\}_{\nu=1,2,\cdots}\subset\overline{D}_n$ が点 $y_0\in\overline{D}_n$ に本来の位相で収束しているならば，$\lim_{\nu\to\infty}M(x, y_\nu)=M(x, y_0)$ がほとんどすべての $x\in D_0$ で成り立つ；実は少なくとも $x\in D_0\setminus\{y_\nu\}_{\nu=0,1,2,\cdots}$ に対してはたしかに成立している．だから (3.2.2) により $\lim_{\nu\to\infty}\rho(y_\nu, y_0)=0$ となり，写像の連続性が証明された．▯

補助定理 3.2.2 R は距離 ρ に関して全有界である．

証明 任意の無限点列 $\{y_n\}\subset R$ が ρ に関する Cauchy 列を含むことを示せばよい．補助定理 3.2.1 により $\overline{D}_1$ は ρ に関してもコンパクトだから，$y_n\in\overline{D}_1$ なる n が無数にあれば，その中に Cauchy 列が含まれる．もしもある n_0 に対して $\{y_n|n\geqq n_0\}\subset R\setminus\overline{D}_1$ となるならば，補助定理 3.1.2 で $E=\overline{D}_0$, $F=R\setminus D_1$ としてみればわかるように，x の函数の族 $\{M(x, y_n)\mid n\geqq n_0\}$ はコンパクト集合 $\overline{D}_0$ の上で一様有界かつ同等連続だから，Ascoli-Arzelà の定理により点列 $\{y_n\}$ の適当な部分列 $\{y_{n(\nu)}\}$ に対して，$\overline{D}_0$ の上で一様に $\lim_{\nu,\nu'\to\infty}|M(x, y_{n(\nu)})-M(x, y_{n(\nu')})|=0$ となる．従って (3.2.2) により $\lim_{\nu,\nu'\to\infty}\rho(y_{n(\nu)}, y_{n(\nu')})=0$ となるから，$\{y_{n(\nu)}\}$ は Cauchy 列である．▯

空間 R の距離 ρ による完備化を $\hat{R}$ とすると，補助定理 3.2.2 により，$\hat{R}$ はコンパクト距離空間である．ρ は $\hat{R}$ の上の距離に自然な方法で一意的に拡張されるが，その拡張を同じ記号 ρ で表わすことにしても混乱は起こらないから，以後そうすることにする．まず次の定理を証明する．

定理 3.2.1 i) 多様体 R はコンパクト距離空間 $\hat{R}$ の中に同相に埋め込まれている．

ii) $\hat{R}\setminus R$ は $\hat{R}$ の閉部分集合であって，内点をもたない．

証明 i)は上の二つの補助定理から明らかである．また $\hat{R}\setminus R$ が $\hat{R}$ において内点をもたないことも，完備化の定義から自明であるから，$\hat{R}\setminus R$ が $\hat{R}$ の中で閉集合であることを示せばよい．それを否定すると，ある点 $y\in R$ に収束する点列 $\{\xi_n\}\subset\hat{R}\setminus R$ が存在する．このとき $y\in D_{n_0}$ なる n_0 がある．一方，上の点列の各点 ξ_n に対して，R の中の点列 $\{y_{n\nu}\}_{\nu=1,2,\cdots}$ で $\rho(y_{n\nu}, \xi_n)\to 0$ ($\nu\to\infty$) となるものがあり，この点列は $\overline{D_{n_0+1}}$ の中に集積することはないから，

$y_{n\nu_n} \notin \overline{D_{n_0+1}}$ かつ $\rho(y_{n\nu_n}, \xi_n) < 1/n$ なる番号 ν_n がある．各 n に対して $y_n = y_{n\nu_n}$ とおくと，$n \to \infty$ のとき

$$\rho(y_n, y) \leqq \rho(y_n, \xi_n) + \rho(\xi_n, y) < 1/n + \rho(\xi_n, y) \to 0$$

となり，これは，$y_n \notin \overline{D_{n_0+1}}$ かつ $y \in D_{n_0}$ でしかも $\overline{D_{n_0}} \subset D_{n_0+1}$ なることと矛盾する．以上により $\hat{R} \setminus R$ は $\hat{R}$ の中で閉集合である．▯

定理 3.2.2 函数 $M(x, y)$ は $(R \times \hat{R}) \setminus \{(z, z) \mid z \in R\}$ の上の連続函数に拡張される．拡張された $M(x, y)$ は，任意の $y \in \hat{R}$ を固定するとき，x の函数として $R \setminus \{y\}$ で調和である．

証明 まず函数 $M(x, y)$ を拡張する．そのため任意の $\xi \in \hat{R} \setminus R$ に対して $\rho(y_k, \xi) \to 0$ $(k \to \infty)$ なる点列 $\{y_k\} \subset R$ をとる．各 $\overline{D}_n$ に対して適当な番号 k_n をとれば，$k \geqq k_n$ に対して $y_k \in R \setminus D_{n+1}$ となる．このとき，補助定理 3.1.2 で $E = \overline{D}_n$, $F = R \setminus D_{n+1}$ とすると，函数族 $\{M(\cdot, y_k) \mid k \geqq k_n\}$ は $\overline{D}_n$ で一様有界かつ同等連続であるから，適当な部分列が $\overline{D}_n$ で一様収束する．だから n に関する対角線論法により，$\{y_k\}$ の適当な部分列 $\{y_{k(\nu)}\}$ を選べば，$v(x) = \lim_{\nu \to \infty} M(x, y_{k(\nu)})$ (R で広義一様収束) が存在し，この極限函数 v は R で調和である．別に $\rho(z_k, \xi) \to 0$ $(k \to \infty)$ なる点列 $\{z_k\} \subset R$ をとるとき，その部分列 $\{z_{k(\nu)}\}$ に対して $w(x) = \lim_{\nu \to \infty} M(x, z_{k(\nu)})$ (R で広義一様収束) が存在するとする．このとき函数 w も R で調和である．そして

$$\int_{D_0} \frac{|M(x, y_{k(\nu)}) - M(x, z_{k(\nu)})|}{1 + |M(x, y_{k(\nu)}) - M(x, z_{k(\nu)})|} dx = \rho(y_{k(\nu)}, z_{k(\nu)})$$

$$\leqq \rho(y_{k(\nu)}, \xi) + \rho(\xi, z_{k(\nu)}) \to 0 \quad (\nu \to \infty)$$

だから，有界収束定理により

$$\int_{D_0} \frac{|v(x) - w(x)|}{1 + |v(x) - w(x)|} dx$$

$$= \lim_{\nu \to \infty} \int_{D_0} \frac{|M(x, y_{k(\nu)}) - M(x, z_{k(\nu)})|}{1 + |M(x, y_{k(\nu)} - M(x, z_{k(\nu)})|} dx = 0$$

となる．よって D_0 において $v \equiv w$ となるから，一意接続定理(定理 1.4.9)により R 全体で $v \equiv w$ となる．以上の議論により，ρ に関して ξ に収束する任意の点列 $\{y_k\}$ に対して，部分列をとることなく，$v(x) = \lim_{k \to \infty} M(x, y_k)$ が存在

して R で調和な函数であり，その函数は ξ のみによって定まり，$\{y_k\}$ のとり方には関係しない．よって，その値を $M(x,\xi)$ と書くことにすると，

$$(3.2.3)\quad \begin{bmatrix}\text{点 } \xi\in\hat{R}\setminus R \text{ と } \lim_{k\to\infty}\rho(y_k,\xi)=0 \text{ なる任意の点列 } \{y_k\}\subset R \text{ に対} \\ \text{して，} x \text{ について } R \text{ 上広義一様に } \lim_{k\to\infty}M(x,y_k)=M(x,\xi)\end{bmatrix}$$

となる．こうして $M(x,y)$ が $(R\times\hat{R})\setminus\{(z,z)\,|\,z\in R\}$ で定義された．更に，(3.2.3) で点列 $\{y_k\}\subset R$ を $\{\xi_k\}\subset\hat{R}\setminus R$ としてもよい；すなわち

$$(3.2.3')\quad \begin{bmatrix}\text{点 } \xi\in\hat{R}\setminus R \text{ と } \lim_{k\to\infty}\rho(\xi_k,\xi)=0 \text{ なる点列 } \{\xi_k\}\subset\hat{R}\setminus R \text{ に対し} \\ \text{て，} x \text{ について } R \text{ 上広義一様に } \lim_{k\to\infty}M(x,\xi_k)=M(x,\xi)\end{bmatrix}$$

となる．なぜならば，任意の $\bar{D}_n$ をとるとき，各点 ξ_k に対して (3.2.3) により適当な $y_k\in R$ をとれば

$$\rho(y_k,\xi_k)<\frac{1}{k} \text{ かつ } \sup_{x\in\bar{D}_n}|M(x,y_k)-M(x,\xi_k)|<\frac{1}{k}$$

が成り立つ．$k\to\infty$ とするとき $\rho(y_k,\xi)\leqq\rho(y_k,\xi_k)+\rho(\xi_k,\xi)\to 0$ となるから，(3.2.3) によって $\sup_{x\in\bar{D}_n}|M(x,y_k)-M(x,\xi)|\to 0$，従って

$$\begin{aligned}&\sup_{x\in\bar{D}_n}|M(x,\xi_k)-M(x,\xi)| \\ &\leqq\sup_{x\in\bar{D}_n}|M(x,\xi_k)-M(x,y_k)|+\sup_{x\in\bar{D}_n}|M(x,y_k)-M(x,\xi)|\to 0\end{aligned}$$

となり (3.2.3′) が成り立つ．以上により，拡張された $M(x,y)$ は

$$(3.2.4)\quad \begin{cases}\text{任意の } x\in R \text{ を固定するとき，} y \text{ について } \hat{R}\setminus\{x\} \text{ で連続であり，} \\ \text{任意の } y\in\hat{R} \text{ を固定するとき，} x \text{ について } R\setminus\{y\} \text{ で調和である．}\end{cases}$$

最後に，$M(x,y)$ が $(R\times R)\setminus\{(z,z)\,|\,z\in R\}$ で連続なことは，次のようにしてわかる．点 $(x_0,y_0)\in R\times R$ $(x_0\neq y_0)$ における連続性は $M(x,y)$ の定義から明らかである．$x_0\in R$，$\xi_0\in\hat{R}\setminus R$ とする．x_0 の近傍 W で $\overline{W}$ が R の中のコンパクト集合であるものをとり，また $\rho(x_k,x_0)\to 0$，$\rho(y_k,\xi_0)\to 0$ となる任意の点列 $\{x_n\}\subset R$，$\{y_k\}\subset\hat{R}$ をとる．このとき，$\{x_k\}\subset\overline{W}$ かつ $\{y_k\}\subset\hat{R}\setminus\overline{W}$ としてよいから，(3.2.3)，(3.2.3′)，(3.2.4) により $k\to\infty$ のとき

$$\begin{aligned}&|M(x_k,y_k)-M(x_0,\xi_0)| \\ &\leqq\sup_{x\in\overline{W}}|M(x,y_k)-M(x,\xi_0)|+|M(x_k,\xi_0)-M(x_0,\xi_0)|\to 0\end{aligned}$$

となって，点 (x_0,ξ_0) における連続性が示された．□

系 E が R の中のコンパクト集合，F が $\hat{R}$ の中の閉集合で $E\cap F=\phi$ ならば

i) $\displaystyle\sup_{\substack{x\in E\\ y\in F}} M(x,y)<\infty$,

ii) $M(x,y)$ は $E\times F$ の上で距離 ρ に関して一様連続である．

証明 i) は補助定理 3.1.2 と (3.2.3) から容易にわかる．ii) は，距離 ρ を与えられた R と $\hat{R}$ の直積空間の中で，$E\times F$ がコンパクトなことによる．▯

定理 3.2.3 $\hat{R}$ は次の意味で，前§で与えた領域 D_0 と函数 γ の選び方に無関係である．D_0 と $\tilde{D}_0$ を R の中の正則有界領域とし，γ と $\tilde{\gamma}$ を R 上の非負値連続函数で，台がそれぞれ D_0 と $\tilde{D}_0$ に含まれ，$\int_{D_0}\gamma(x)d(x)=\int_{\tilde{D}_0}\tilde{\gamma}(x)dx=1$ となるものとする．更に $M(x,y)=\dfrac{G(x\,;\,y)}{G(\gamma,y)}$，$\tilde{M}(x,y)=\dfrac{G(x,y)}{G(\tilde{\gamma}\,;\,y)}$ を用いて (3.2.2) で定義した距離をそれぞれ $\rho,\tilde{\rho}$ とし，これらの距離に関する R の完備化をそれぞれ $\hat{R}$, $\tilde{R}$ とする．このとき $\hat{R}$ と $\tilde{R}$ とは一様同相であって，その同相写像は R においては恒等写像である．

証明 距離 ρ と $\tilde{\rho}$ は R においては R 本来の位相と同じ位相を与えるから，R の任意のコンパクト部分集合においては互いに同値な一様位相を定義する．だから，$\bar{D}$ が R のコンパクト部分集合であるひとつの領域 D に対して，ρ と $\tilde{\rho}$ が $R\setminus D$ で互いに同値な一様位相を定義することを示せば，R 全体で互いに同値な一様位相を与えることになり，一様空間の完備化の一意性により，$\hat{R}$ と $\tilde{R}$ は一様同相となる．$D\supset\overline{D_0\cup\tilde{D}_0}$ なる領域 D で，$\bar{D}$ が R のコンパクト部分集合であるものをとって，$R\setminus D$ で ρ と $\tilde{\rho}$ が同値な一様位相を与えることを示す．

まず前定理の系の i) により

(3.2.5) $$C=\sup_{x\in\bar{D}_0,\,y\in R\setminus D} M(x,y),\quad \tilde{C}=\sup_{y\in\tilde{D}\ ,\,y\in R\setminus D}\tilde{M}(x,y)$$

は有限である．次に $\varepsilon>0$ に対して

(3.2.6) $$\delta(\varepsilon)=\sup_{\substack{y_1,y_2\in R\setminus D\\ \rho(y_1,y_2)<\varepsilon\\ x\in\bar{D}_0}}|M(x,y_1)-M(x,y_2)|$$

と定義し，上の式の $M(x,y)$，D_0 をそれぞれ $\tilde{M}(x,y)$，$\tilde{D}_0$ で置き替えて $\tilde{\delta}(\varepsilon)$ を定義すると，前定理の系の ii) によって，$\varepsilon\downarrow 0$ のとき $\delta(\varepsilon)\to 0$，$\tilde{\delta}(\varepsilon)\to 0$ と

なる．以下においては，x は $D_0\cup\tilde{D}_0$ を，y_1, y_2 は $R\setminus D$ を動くものとする．このとき，$M(x,y)$，$\tilde{M}(x,y)$ の定義から

$$M(x,y)\tilde{M}(\gamma;y)=\tilde{M}(x,y)$$

となるから，

$$
\begin{aligned}
(3.2.7)\quad &|\tilde{M}(x,y_1)-\tilde{M}(x,y_2)|\\
&=|M(x,y_1)\tilde{M}(\gamma;y_1)-M(x,y_2)\tilde{M}(\gamma;y_2)|\\
&\leqq\tilde{M}(\gamma;y_1)|M(x;y_1)-M(x,y_2)|+M(x,y_2)|\tilde{M}(\gamma;y_1)-\tilde{M}(\gamma;y_2)|.
\end{aligned}
$$

また $M(\tilde{\gamma};y)\tilde{M}(\gamma;y)=1$ だから，上の式で最後の絶対値記号の部分は

$$
\begin{aligned}
&|\tilde{M}(\gamma;y_1)-\tilde{M}(\gamma;y_2)|\\
&\quad=\tilde{M}(\gamma;y_1)\tilde{M}(\gamma;y_2)|M(\tilde{\gamma};y_2)-M(\tilde{\gamma};y_1)|.
\end{aligned}
$$

これを (3.2.7) の最後の項に代入すると，$x\in D_0$ かつ $\rho(y_1,y_2)<\varepsilon$ ならば (3.2.5)，(3.2.6) および $\int_{D_0}\gamma(x)dx=\int_{\tilde{D}_0}\tilde{\gamma}(x)dx=1$ なることにより

$$|\tilde{M}(x,y_1)-\tilde{M}(x,y_2)|\leqq\tilde{C}\delta(\varepsilon)+C\tilde{C}^2\delta(\varepsilon)$$

となるから，$\tilde{\rho}(y_1,y_2)$ の定義により

$$\tilde{\rho}(y_1,y_2)\leqq\int_{\tilde{D}_0}|\tilde{M}(x,y_1)-\tilde{M}(x,y_2)|dx\leqq\delta(\varepsilon)\tilde{C}(1+C\tilde{C})\int_{\tilde{D}_0}dx.$$

以上において D_0 と $\tilde{D}_0$，γ と $\tilde{\gamma}$，M と $\tilde{M}$ をそれぞれ入れ替えて同様の推論をすると，

$$\tilde{\rho}(y_1,y_2)<\varepsilon \text{ ならば } \rho(y_1,y_2)\leqq\tilde{\delta}(\varepsilon)C(1+C\tilde{C})\int_{D_0}dx$$

となることが示される．ここで $\varepsilon\downarrow 0$ のとき $\delta(\varepsilon)\to 0$，$\tilde{\delta}(\varepsilon)\to 0$ だから，ρ と $\tilde{\rho}$ は $R\setminus D$ において同値な一様位相を定義する．□

Rにおける楕円型偏微分作用素Aが与えられると，拡散方程式の最小基本解 $U(t,x,y)$ が一意的に定まる(定理 1.2.6)から，それから (3.1.4) で与えられる Green 函数 $G(x,y)$ を用いて本§の方法で構成したRの完備化$\hat{R}$は，定理 3.2.3により本質的にただ一通りである．$\hat{R}\setminus R$ は定理 3.2.1により内点を持たない閉集合であるから，Rの‘境界’と考えることは自然である．そこで次の定義を与える．

定義　この§に述べたようにして構成した $\hat{R}$ を R の(**楕円型偏微分作用素** A **に関する**)**Martin コンパクト化**といい，$\hat{S}=\hat{R}\setminus R$ を R の (A **に関する**) **Martin 境界**または **Martin 型理想境界**という．

定理 3.2.2により任意の点 $\xi\in\hat{S}$ に対して $M(x,\xi)$ は x について R 上の調和函数であるが，$\hat{S}$ 上の相異なる二点は相異なる調和函数を与えることを示すため，その対偶としての次の定理を証明する．

定理 3.2.4　$\hat{S}$ の上の点 ξ, η に対して，定理 3.2.2 の函数 $M(x,y)$ がすべての点 $x\in R$ で $M(x,\xi)=M(x,\eta)$ となるならば，ξ と η は同じ点である．

証明　R の中の点列 $\{x_n\}$，$\{y_n\}$ で $\rho(x_n,\xi)\to 0$, $\rho(y_n,\eta)\to 0$ $(n\to\infty)$ なるものをとると，ρ の定義と定理 3.2.2 の系と有界収束定理により

$$\rho(\xi,\eta)=\lim_{n\to\infty}\rho(x_n,y_n)=\lim_{n\to\infty}\int_{D_0}\frac{|M(x,x_n)-M(x,y_n)|}{1+|M(x,x_n)-M(x,y_n)|}dx$$

$$=\int_{D_0}\frac{|M(x,\xi)-M(x,\eta)|}{1+|M(x,\xi)-M(x,\eta)|}dx=0$$

となるから，$\xi=\eta$ である．▯

§3.3 正値調和函数の積分表現

今後 $\hat{R}$ は前§に述べた R の Martin コンパクト化，$\hat{S}$ は R の Martin 境界：$\hat{S}=\hat{R}\setminus R$，とする．$\hat{R}$ の部分集合 E に対して，$\hat{R}$ の中で考えた E の閉包，開核（内点の全体）をそれぞれ E^a, E^i と書くことにする．R の部分集合 E に対して，R の中で考えた E の閉包，開核をそれぞれ $\overline{E}$，E° と書くことは，今までと同じである．なお，例えば 'Γ は $\hat{S}$ の閉部分集合' というのは，$\Gamma\subset\hat{S}$ であって Γ が $\hat{R}$ で閉集合であることを意味する；$\hat{S}\cap R=\phi$ であり，また $\hat{S}$ は $\hat{R}$ の中で閉集合であるから，このように解釈することは自然であるが，念のために述べた．

まず次のことを証明する．

補助定理 3.3.1 D を R の中の正則有界領域，F を D に含まれる正則なコンパクト集合とし，u を D において正値優調和かつ $\overline{D}$ で連続な函数とする．v を $\overline{D}\setminus F^\circ$ で連続，$D\setminus F$ で調和であって，∂F の上で $v=u$，∂D の上で $v=0$ となる函数とすると，

$$(3.3.1)\qquad u_F^D(x)=\begin{cases} u(x) & (x\in F) \\ v(x) & (x\in D\setminus F)\end{cases}$$

で定義される函数 u_F^D は，D で連続かつ優調和で，$0\leqq u_F^D\leqq u$ を満たす．

証明 u_F^D が D で連続であって $0\leqq u_F^D\leqq u$ なることは明らかである．W を $\overline{W}\subset D$ なる正則領域とし，w を $\overline{W}$ で連続かつ W で調和であって ∂W で $w\leqq u_F^D$ となる函数とする．$W\subset F$ または $W\subset D\setminus F^\circ$ ならば W において $w\leqq u_F^D$ となることは明らかである．W が F° と $D\setminus F$ の双方と交わる場合に $w\leqq u_F^D$ となることを示す．まず $u-v$ は $D\setminus F$ で優調和であって，∂F で $u-v=0$，∂D で $u-v\geqq 0$ だから，$D\setminus F$ で $u-v\geqq 0$ である．従って $\partial W\cap(D\setminus F)$ で $w\leqq u_F^D=v\leqq u$，また $\partial W\cap F$ では $w\leqq u_F^D\leqq u$ であって，W で $u-w$ は優調和だから，W において $w\leqq u$ となり，特に $W\cap F$ で $w\leqq u_F^D$ が成立する．従って $W\cap\partial F$ で $w\leqq u=v$ となり，また $\partial W\cap(D\setminus F)$ で

$w \leqq u_F^D = v$ であって $W \cap (D \setminus F)$ で $v - w$ は調和だから，$W \cap (D \setminus F)$ で $w \leqq v = u_F^D$．以上により W において $w \leqq u_F^D$ となるから，u_F^D が D で優調和なことが示された．▯

さて，u を R において連続な正値優調和函数とし，R の中の正則なコンパクト集合 F，正則な開集合 Ω，および $\hat{S}$ の閉部分集合 Γ に対して，u_F，u_Ω，u_Γ なる函数を，以下のように順次定義する．

1°) R の中の正則なコンパクト集合 F に対して

$$\mathcal{D}_F = \{R \text{ の中の正則有界領域で } F \text{ を含むものの全体}\}$$

とし，$D \in \mathcal{D}_F$ に対して u_F^D を補助定理 3.3.1 で述べたものとすると，

(3.3.2) u_F^D は D で連続かつ優調和であって $0 \leqq u_F^D \leqq u$

となるが，更に

(3.3.3) $D_1, D_2 \in \mathcal{D}_F$，$D_1 \subset D_2$ ならば D_1 において $u_F^{D_1} \leqq u_F^{D_2}$

が成立する．なぜならば，D_1, D_2 に対して補助定理 3.3.1 のように定義した v をそれぞれ v_1, v_2 とすると，$D_1 \setminus F$ では v_1, v_2 ともに調和であって

$$\partial F \text{ の上では } v_1 = u = v_2, \quad \partial D_1 \text{ の上では } v_1 = 0 \leqq v_2$$

となるから，$D_1 \setminus F$ において $v_1 \leqq v_2$，従って $u_F^{D_1} \leqq u_F^{D_2}$ となる．一方 F においては $u_F^{D_1} = u = u_F^{D}$ である．

ここで，$R \setminus D$ では $u_F^D = 0$ と定義しておいて，$x \in R$ の函数 u_F^D を

(3.3.4) $$u_F(x) = \sup_{D \in \mathcal{D}_F} u_F^D(x)$$

と定義する．このとき，

(3.3.5) R において $0 \leqq u_F \leqq u$，特に F の上では $u_F = u$；

(3.3.6) $F_1 \subset F_2$ ならば R において $u_{F_1} \leqq u_{F_2}$；

(3.3.7) $\{D_n\} \subset \mathcal{D}_F$ が単調増加列で $\lim_{n \to \infty} D_n = R$ ならば，R において $\lim_{n \to \infty} u_F^{D_n}(x) = u_F(x)$；従って u_F は R で優調和，特に $R \setminus F$ では調和である．

(3.3.5) は u_F^D, u_F の定義と (3.3.2) から明らかである．次に，$F_1 \subset F_2$ ならば $D \in \mathcal{D}_{F_2}$ に対して，$D \setminus F_1$ において $u_{F_1}^D$ は調和だから $u_{F_2}^D - u_{F_1}^D$ は優調和であり，F_1 上で $u_{F_2}^D = u_{F_1}^D = u$，$\partial D$ 上で $u_{F_2}^D = u_{F_1}^D = 0$ だから，D において $u_{F_1}^D \geqq u_{F_2}^D$

となる．このことと (3.3.3)，(3.3.4) から (3.3.6) がわかる．(3.3.7) の証明：(3.3.3) により $\lim_{n\to\infty} u_F^{D_n}(x)$ が存在して $\leqq u_F(x)$ となる．一方，任意の $D\in\mathscr{D}_F$ に対して $\overline{D}$ はコンパクトで $\subset R=\bigcup_{n=1}^{\infty} D_n$ だから，$\overline{D}\subset D_n$ なる n がある．だから (3.3.3) により $u_F^D(x)\leqq \lim_{n\to\infty} u_F^{D_n}(x)$；この左辺の $D\in\mathscr{D}_F$ に関する上限をとれば $u_F(x)\leqq \lim_{n\to\infty} u_F^{D_n}(x)$ となるから，これで (3.3.7) の中の等式が示された．従って (3.3.2) および定理 2.1.3，定理 1.4.7 により，u_F は R で優調和であり，$R\setminus F$ では調和である．

2°) R の中の正則な開集合 Ω（有界とはかぎらない）に対して，

$$\mathscr{F}_\Omega=\{R \text{ の中の正則コンパクト集合 } F \text{ で } F\subset\overline{\Omega} \text{ なるものの全体}\}$$

とし，$x\in R$ の函数 u_Ω を

$$u_\Omega(x)=\sup_{F\in\mathscr{F}_\Omega} u_F(x) \tag{3.3.8}$$

と定義する．このとき，

$$R \text{ において } 0\leqq u_\Omega\leqq u,\quad \text{特に } \overline{\Omega} \text{ の上で } u_\Omega=u\ ; \tag{3.3.9}$$

$$\Omega_1\subset\Omega_2 \text{ ならば } R \text{ において } u_{\Omega_1}\leqq u_{\Omega_2}\ ; \tag{3.3.10}$$

また，$\{D_n\}$ を §3.1 で固定した正則有界領域の列とするとき，

$$\left[\begin{array}{l}\{F_n\}\subset\mathscr{F}_\Omega \text{ が単調増加で } F_n\supset\overline{\Omega}\cap D_n\ (n=1,2,\cdots) \text{ ならば}\\ \qquad R \text{ において } \lim_{n\to\infty} u_{F_n}(x)=u_\Omega(x)\ ;\\ \text{従って } u_\Omega \text{ は } R \text{ で優調和，特に } R\setminus\overline{\Omega} \text{ では調和である．}\end{array}\right. \tag{3.3.11}$$

(3.3.9) は定義と (3.3.5) からわかる．(3.3.10) は $\Omega_1\subset\Omega_2$ ならば $\mathscr{F}_{\Omega_1}\subset\mathscr{F}_{\Omega_2}$ なることによる．(3.3.11) の証明：まずこのような正則コンパクト集合の列 $\{F_n\}$ の存在は，Ω が正則なことからわかる．(3.3.6) により $\lim_{n\to\infty} u_{F_n}(x)$ が存在して $\leqq u_\Omega(x)$ となる．任意の $F\in\mathscr{F}_\Omega$ に対して $F\subset D_n$ なる D_n があるから $F\subset\overline{\Omega}\cap D_n\subset F_n$ となり，従って $u_F(x)\leqq\lim_{n\to\infty} u_{F_n}(x)$ となる．あとは (3.3.7) の証明と全く同じ論法で (3.3.11) の結論を得る．

3°) $\hat{S}$ の閉部分集合 Γ に対して，

$$\mathscr{O}_\Gamma=\left\{\begin{array}{l}\hat{R} \text{ の中の開集合 } \Delta \text{ で，} \Gamma \text{ を内部に含み，} \Delta\cap R\\ \text{が } R \text{ の中の正則開集合であるようなものの全体}\end{array}\right\}$$

とし，$x\in R$ の函数 u_Γ を

(3.3.12) $$u_\Gamma(x)=\inf_{\Omega\in\mathcal{O}_\Gamma} u_\Omega(x)$$

と定義する．このとき

(3.3.13) R において $0\leqq u_\Gamma\leqq u$；

(3.3.14) $\Gamma_1\cup\Gamma_2$ ならば R において $u_{\Gamma_1}\leqq u_{\Gamma_2}$；

(3.3.15) $\{\Delta_n\}\subset\mathcal{O}_\Gamma$ が単調減少で $\lim_{n\to\infty}\Delta_n{}^a=\Gamma$ ならば，R において $\lim_{n\to\infty}u_{\Delta_n\cap R}(x)=u_\Gamma(x)$；従って u_Γ は R において調和である．

(3.3.13)は定義と(3.3.9)からわかる．(3.3.14)は，$\Gamma_1\subset\Gamma_2$ ならば$\mathcal{O}_{\Gamma_1}\supset\mathcal{O}_{\Gamma_2}$ なることによる．(3.3.15) の証明：まずこのような $\hat{R}$ の中の開集合列 $\{\Delta_n\}$ の存在は，$\hat{R}$ が距離空間であることを用いて示される．(3.3.10) により $\lim_{n\to\infty}u_{\Delta_n\cap R}(x)$ が存在して $\geqq u_\Gamma(x)$ となる．また任意の $\Delta\in\mathcal{O}_\Gamma$ に対して $\hat{R}\setminus\Delta\subset\hat{R}\setminus\Gamma=\hat{R}\setminus\left(\bigcap_{n=1}^{\infty}\Delta_n{}^a\right)=\bigcup_{n=1}^{\infty}(\hat{R}\setminus\Delta_n^a)$ であって，$\hat{R}$ において $\hat{R}\setminus\Delta$, $\hat{R}\setminus\Delta_n^a$ はそれぞれコンパクト集合，開集合であるから，十分大なるすべての n に対して $\hat{R}\setminus\Delta\subset\hat{R}\setminus\Delta_n^a$, 従って $\Delta\supset\Delta_n^a\supset\Delta_n$ となる．よって $u_{\Delta\cap R}(x)\geqq\lim_{n\to\infty}u_{\Delta_n\cap R}(x)$ となり，この左辺の $\Delta\in\mathcal{O}_\Gamma$ に関する下限をとれば $u_\Gamma(x)\geqq\lim_{n\to\infty}u_{\Delta_n\cap R}(x)$ となるから，初めの結果と合わせて (3.3.15) の中の等式が得られ，従って (3.3.11) と定理 1.4.7 により u_Γ は R において調和である．

なお，上の議論からわかるように，u_Γ の決定に参加する $\Delta\in\mathcal{O}_\Gamma$ としては $R\setminus\Delta^a$ が連結（従って正則領域）であるもののみ考えても同じ u_Γ を得る．よって，今後 $\Delta\in\mathcal{O}_\Gamma$ としては，Δ も $R\setminus\Delta^a$ も空でなくて $R\setminus\Delta^a$ が連結なもののみを考える．（閉集合 $\Gamma\subset\hat{S}$ は連結とは限らないから Δ も連結とは限らない．$\Gamma=\phi$ のときは $\Delta=\phi$ も考えることになるが，以下の議論で $\Gamma=\phi$ の場合に行なうべき修正は，各場合ごとにおおむね容易であるから，いちいちこの場合のための但し書きを記述しない.）

$\{D_n\}$ を§3.1で固定した正則有界領域の列とする．上に述べたような Δ に対して $\Omega=\Delta\cap R$ とおくと，十分大きい n をとれば $D_n\cap\Omega$, $D_n\cap(R\setminus\overline{\Omega})$ がともに空でない．そのような n に対して

$$\overline{D}_n\setminus\Omega\subset D'_n\subset D_{n+1}\setminus\overline{\Omega}$$

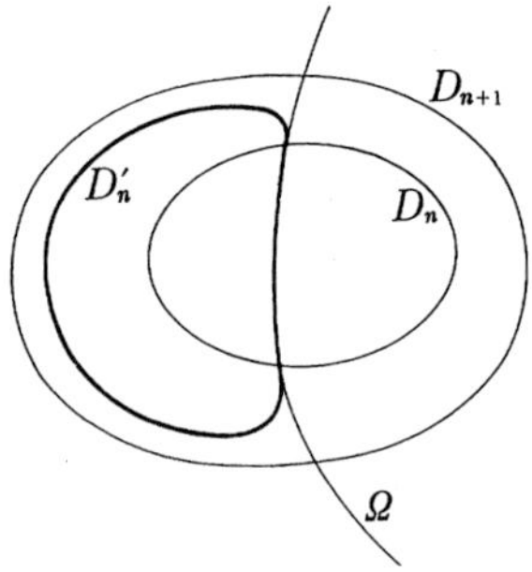

なる正則領域 D_n' (右図) が存在する．このとき $\lim_{n\to\infty}\overline{D_n'}=R\setminus\Omega$ となり，また，$\overline{D_n'}$ は $R\setminus\Omega$ における相対位相に関する $\overline{D_{n+1}'}$ の内部に含まれる．だから十分大きい n に対して，領域 D_n' における Dirichlet 問題の Green 函数 $G_{D_n'}(x,y)$ が存在し，n に関し単調増加で $G_{R\setminus\bar\Omega}(x,y)=\lim_{n\to\infty}G_{D_n'}(x,y)$ が存在して $R\setminus\bar\Omega$ における Green 函数になる．このとき

$$(3.3.16)\quad \begin{cases} x\in R\setminus\bar\Omega,\ z\in\partial\Omega \text{ に対して } \dfrac{\partial G_{D_n'}(x,z)}{\partial \boldsymbol{n}_\Omega(z)} \text{ は正であり,} \\ n \text{ に関し単調に増加して } \lim_{n\to\infty}\dfrac{\partial G_{D_n'}(x,z)}{\partial \boldsymbol{n}_\Omega(z)}=\dfrac{\partial G_{R\setminus\bar\Omega}(x,z)}{\partial \boldsymbol{n}_\Omega(z)} \end{cases}$$

が成立する．(定理 1.3.4，定理 1.3.7 参照；なお，記号 $\boldsymbol{n}_\Omega$ は Ω から見て外向きの法線単位ベクトルを表わすという規約により，§1.3 の記述にあった負の符号 $-$ がここにはついていない．)

これらの概念と記号を用いて，以下の補助定理を証明してから，本§の主要定理とその証明を与える．

補助定理 3.3.2　u を R で連続な正値優調和函数とし，Ω および Green 函数 $G_{R\setminus\bar\Omega}(x,y)$ を上に述べた通りとすると，$R\setminus\bar\Omega$ において

$$(3.3.17)\qquad u_\Omega(x)=\int_{\partial\Omega}\frac{\partial G_{R\setminus\bar\Omega}(x,z)}{\partial \boldsymbol{n}_\Omega(z)}u(z)dS(z).$$

証明　任意の $F\in\mathscr{F}_\Omega$ をとって，一応固定する．前ページの $\{D_n\}$ で n を十分大きくとれば，$D_n\cap\Omega\supset F$ かつ $D_n\cap(R\setminus\bar\Omega)\neq\phi$ となるから，このような n に対して函数 $u_F^{D_n}$ および Green 函数 $G_{D_n'}(x,y)$ を考える．まず函数

$$(3.3.18)\qquad w_n(x)=-\int_{\partial D_n'}\frac{\partial G_{D_n'}(x,z)}{\partial \boldsymbol{n}_{D_n'}(z)}u_F^{D_n}(z)dS(z)$$

は D_n' で正値調和であって $\partial D_n'$ 上で $w_n=u_F^{D_n}$ となる．$R\setminus D_n$ では $u_F^{D_n}=0$ であって，$\partial D_n'=(\partial D_n'\cap\partial\Omega)\cup(\partial D_n'\setminus D_n)$ だから，(3.3.18) は

$$(3.3.18')\qquad w_n(x)=\int_{\partial D_n'\cap\partial\Omega}\frac{\partial G_{D_n'}(x,z)}{\partial \boldsymbol{n}_\Omega(z)}u_F^{D_n}(z)dS(z)$$

とも書ける (右辺の符号については前ページ (3.3.16) のあとの記述を参照).
次に, 函数 w_F を

$$(3.3.19) \qquad w_F(x)=\int_{\partial\Omega}\frac{\partial G_{R\setminus\bar{\Omega}}(x, z)}{\partial \boldsymbol{n}_\Omega(z)}u_F(z)dS(z)$$

と定義すると, (3.3.3), (3.3.7), (3.3.16) により

$$(3.3.20) \qquad \lim_{n\to\infty} w_n(x)=w_F(x)$$

となる. 一方, $u_F^{D_n}$ は $D_n\setminus\bar{\Omega}$ では調和であって

$$\partial D_n\setminus\Omega \text{ の上で } u_F^{D_n}=0\leqq w_n, \quad \partial G\cap D_n(\subset\partial D_n') \text{ の上で } u_F^{D_n}=w_n$$

であるから, $D_n\setminus\bar{\Omega}$ において $u_F^{D_n}\leqq w_n$; また $\partial D_n'$ の上で $w_n=u_F^{D_n}\leqq u_F^{D_{n+1}}$ だから D_n' において $w_n\leqq u_F^{D_{n+1}}$ となる. よって

$$D_n\setminus\bar{\Omega} \text{ において } u_F^{D_n}\leqq w_n\leqq u_F^{D_{n+1}}$$

となるから, $n\to\infty$ とすると (3.3.7) と (3.3.20) により

$$R\setminus\bar{\Omega} \text{ において } u_F=w_F$$

となり, これと (3.3.19) とから

$$u_F(x)=\int_{\partial\Omega}\frac{\partial G_{R\setminus\bar{\Omega}}(x, z)}{\partial \boldsymbol{n}_\Omega(z)}u_F(z)dS(z) \quad (x\in R\setminus\bar{\Omega})$$

を得る. ここで F として (3.3.11) における F_n を代入し, $n\to\infty$ とすると, (3.3.11) と (3.3.9) によって (3.3.17) を得る. ▯

系 u および u_n $(n=1, 2, \cdots)$ が R で連続な正値優調和函数であって, $\{u_n\}$ が n に関して単調減少で $\lim_{n\to\infty} u_n=u$ ならば, 上の補助定理における開集合 Ω に対して, R の上で $\lim_{n\to\infty}(u_n)_\Omega=u_\Omega$ が成立する.

証明 (3.3.17) の u に u_n を代入して, $n\to\infty$ とすれば, $R\setminus\bar{\Omega}$ において $\lim_{n\to\infty}(u_n)_\Omega=u_\Omega$ を得るが, $\bar{\Omega}$ においては (3.3.9) により $(u_n)_\Omega=u_n$, $u_\Omega=u$ だから, R において $\lim_{n\to\infty}(u_n)_\Omega=u_\Omega$ が成立する. ▯

補助定理 3.3.3 u は補助定理 3.3.2 と同様 R で連続な正値優調和函数とする. Ω_1, Ω_2 が R の中の正則開集合で $\Omega_1\supset\Omega_2$ ならば $(u_{\Omega_2})_{\Omega_1}=u_{\Omega_2}$.

証明 任意の $F\in\mathscr{F}_{\Omega_2}$ をとってから, 任意の $D\in\mathscr{D}_F$ をとる. u_F^D, u_F, u_{Ω_2} も R で連続な正値優調和函数である. $u_F^D\leqq u_F$ だから, u_F^D の定義 (補助定理

3.3.1) によって $u_F^D=(u_F^D)_F^D\leqq(u_F)_F^D$ となる．F は $\mathscr{F}_{\Omega_1}$ にも属するから，上の結果に (3.3.4)，(3.3.8) と $u_F\leqq u_{\Omega_2}$ なることを順次適用すると

$$u_F^D\leqq(u_F)_F^D\leqq(u_F)_F\leqq(u_F)_{\Omega_1}\leqq(u_{\Omega_2})_{\Omega_1}$$

となる．この式の左端辺の $D\in\mathscr{D}_F$ に関する上限をとってから $F\in\mathscr{F}_{\Omega_2}$ に関する上限をとれば $u_{\Omega_2}\leqq(u_{\Omega_2})_{\Omega_1}$ を得る．一方 (3.3.9) により $(u_{\Omega_2})_{\Omega_1}\leqq u_{\Omega_2}$ であるから，証明すべき等式が成立する．▯

補助定理 3.3.4　u は前の補助定理の通りとする．$\Omega, \Omega_1, \Omega_2$ が R の中の正則開集合で $\Omega_1\cup\Omega_2\supset\Omega$ ならば $u_{\Omega_1}+u_{\Omega_2}\geqq u_\Omega$.

証明　まず F, F_1, F_2 が正則コンパクト集合であって $F_1\cup F_2\supset F$ ならば $u_{F_1}+u_{F_2}\geqq u_F$ となることを示す．任意の $D\in\mathscr{D}_{F_1\cup F_2}$ をとると $D\in\mathscr{D}_F$ でもある．$u_{F_1}^D$, $u_{F_2}^D$, u_F^D はいずれも $D\setminus(F_1\cup F_2)$ で調和であって，(3.3.2) により

$$\begin{cases}\partial F_1\text{ の上で}\quad u_{F_1}^D+u_{F_2}^D\geqq u_{F_1}^D=u\geqq u_F^D\\ \partial F_2\text{ の上で}\quad u_{F_1}^D+u_{F_2}^D\geqq u_{F_2}^D=u\geqq u_F^D\\ \partial D\text{ の上で}\quad u_{F_1}^D+u_{F_2}^D=0=u_F^D\end{cases}$$

となるから，$D\setminus(F_1\cup F_2)$ において $u_{F_1}^D+u_{F_2}^D\geqq u_F^D$ が成立する．一方，

$$F_1\text{ では } u_{F_1}^D=u\geqq u_F^D,\quad F_2\text{ では } u_{F_2}^D=u\geqq u_F^D$$

であるから，$F_1\cup F_2$ でも $u_{F_1}^D+u_{F_2}^D\geqq u_F^D$ が成立し，結局この不等式は D で成立する．ここで $D=D_n$ として $n\to\infty$ の極限をとれば，$u_{F_1}+u_{F_2}\geqq u_F$ が R で成立する．さて，この補助定理の $\Omega, \Omega_1, \Omega_2$ に対して，任意の $F\in\mathscr{F}_\Omega$ をとると，$F_1\cup F_2\supset F$ なる $F_1\in\mathscr{F}_{\Omega_1}$ と $F_2\in\mathscr{F}_{\Omega_2}$ が存在するから，(3.3.8) と上の結果から $u_{\Omega_1}+u_{\Omega_2}\geqq u_{F_1}+u_{F_2}\geqq u_F$ となり，この右端辺において $F\in\mathscr{F}_\Omega$ に関する上限をとれば，証明すべき不等式が得られる．▯

補助定理 3.3.5　u および Ω を補助定理 3.3.2 の通りとすると，Ω^a における Borel 測度 μ_Ω で $\mu_\Omega(\Omega^a)\leqq u(\gamma)<\infty$ なるものが存在して，$R\setminus\overline{\Omega}$ において次の等式が成立する：

$$u_\Omega(x)=\int_{\Omega^a}M(x,y)\,d\mu_\Omega(y). \tag{3.3.21}$$

証明　任意の $F\in\mathscr{F}_\Omega$ をとり，任意の $D\in\mathscr{D}_F$ をとる．函数 u_F^D は D におい

て正値優調和であるから，Riesz 分解の定理 2.3.4 により，D における Borel 測度 μ_F^D と調和函数 h_F^D が存在して，

$$u_F^D(x)=\int_D G_D(x,y)d\mu_F^D(y)+h_F^D(x)\quad(x\in D) \tag{3.3.22}$$

が成立し，$D\setminus F$ においては u_F^D は調和であるから $\mu_F^D(D\setminus F)=0$ である．だから (3.3.22) の右辺第1項は F の上の積分となる．従って，Green 函数 $G_D(x,y)$ の性質により，x が ∂D 上の点に近づくとき (3.3.22) の右辺第1項は0に近づく．一方 u_F^D も ∂D 上で境界値0をとるから，D 上の調和函数 h_F^D が ∂D 上で境界値0をとることになり，$h_F^D\equiv0$ である．ここで D として§3.1 で固定した D_n をとり，F の上の測度 $\mu_F^{(n)}$ を $d\mu_F^{(n)}(y)=G_{D_n}(\gamma\,;y)d\mu_F^{D_n}(y)$ によって定義すると，(3.1.6) により (3.3.22) は次のようになる：

$$u_F^{D_n}(x)=\int_F M_n(x,y)d\mu_F^{(n)}(y). \tag{3.3.22′}$$

この両辺に $\gamma(x)$ を掛けて体積要素 dx について D_0 で積分すれば，$M_n(\gamma\,;y)\equiv1$ なることにより

$$\mu_F^{(n)}(F)=u_F^{D_n}(\gamma)\leqq u(\gamma)<\infty. \tag{3.3.23}$$

すなわち $\{\mu_F^{(n)}\}$ はコンパクト集合 F の上で一様有界な測度の列であるから，適当な部分列をとれば F の上の $\mu_F(F)\leqq u(\gamma)$ なる測度 μ_F に漠収束する．一方 (3.3.22′) を用いると，不等式

$$\begin{aligned}&\left|u_F(x)-\int_F M(x,y)d\mu_F(y)\right|\\&\leqq|u_F(x)-u_F^{D_n}(x)|+\int_F|M_n(x,y)-M(x,y)|d\mu_F^{(n)}(y)\\&\quad+\left|\int_F M(x,y)d\mu_F^{(n)}(y)-\int_F M(x,y)d\mu_F(y)\right|\end{aligned}$$

が成立するが，点 $x\in R\setminus\bar{\Omega}$ を定めると，$y\in F$ の函数として $M_n(x,y)$ は $n\to\infty$ のとき $M(x,y)$ に F の上で一様収束し，$M(x,y)$ は F の上で連続である((3.1.7)，(3.1.8)参照)．だから，上に述べた $\{\mu_F^{(n)}\}$ が μ_F に漠収束する部分列だけを考えて $n\to\infty$ とすると，上の不等式の右辺の第3項は0に収束し，また第2項は $\mu_F^{(n)}$ の一様有界性 (3.3.23) と $M_n(x,y)$ の一様収束により，第1

項は (3.3.7) により，いずれも0に収束する．よって上の不等式の左辺は0でなければならない；すなわち，任意の $x\in R\setminus\overline{\Omega}$ に対して

$$u_F(x)=\int_F M(x,y)d\mu_F(y) \tag{3.3.24}$$

が成立する．ここで F として (3.3.11) のような F_n をとり，任意の Borel 集合 $E\subset\Omega^a\setminus F$ に対して $\mu_{F_n}(E)=0$ と定義すると，$\{\mu_{F_n}\}$ はコンパクト集合 Ω^a における一様有界 ($\mu_{F_n}(\Omega^a)\leqq u(\gamma)$) な測度の列となるから，適当な部分列が Ω^a における $\mu_\Omega(\Omega^a)\leqq u(\gamma)$ なる測度 μ_Ω に漠収束する．$M(x,y)$ は $x\in R\setminus\overline{\Omega}$ ならば y について Ω^a で連続 (定理 3.2.2) だから，(3.3.24) で $F=F_n$ (上記の部分列) とおいて $n\to\infty$ とすれば (3.3.21) を得る．□

以上のことを用いて，本§の目的である次の三つの定理を証明する．

定理 3.3.1 u,v は R で連続な正値優調和函数とし，Γ,Γ_n 等は Martin 境界 $\hat{S}$ の閉部分集合とする．このとき，R において以下の等式または不等式が成立する：

(a) u_Γ は調和函数であって $u\geqq u_\Gamma\geqq 0$；

(b) R において $u\geqq v$ ならば $u_\Gamma\geqq v_\Gamma$；

(c) $(u+v)_\Gamma=u_\Gamma+v_\Gamma$；

(d) 任意の定数 $c\geqq 0$ に対して $(c\cdot u)_\Gamma=c\cdot u_\Gamma$；

(e) $u_{\Gamma_1\cup\Gamma_2}\leqq u_{\Gamma_1}+u_{\Gamma_2}$；

(f) $\Gamma_1\supset\Gamma_2$ ならば $(u_{\Gamma_2})_{\Gamma_1}=u_{\Gamma_2}$；

(g) $\{\Gamma_n\}_{n=1,2,\cdots}$ が単調減少列で $\lim_{n\to\infty}\Gamma_n=\Gamma$ ならば $\lim_{n\to\infty}u_{\Gamma_n}=u_\Gamma$；

(h) u が R で正値調和ならば $u_{\hat{S}}=u$.

証明 (a) は (3.3.13) と (3.3.15) に述べられている．(b), (c), (d) は前記 1°), 2°), 3°) における u_F, u_Ω, u_Γ の構成の手順と (3.3.7)，(3.3.11)，(3.3.15) から容易にわかるから，(e)～(h) を証明する．

(e) 任意の $\Delta_1\in\mathcal{O}_{\Gamma_1}$, $\Delta_2\in\mathcal{O}_{\Gamma_2}$ をとると，$\Gamma_1\cup\Gamma_2\subset\Delta_1\cup\Delta_2$ が成り立つから，$\Delta_1\cup\Delta_2$ に含まれる $\Delta\in\mathcal{O}_{\Gamma_1\cup\Gamma_2}$ が存在する．だから $u_{\Gamma_1\cup\Gamma_2}$ の定義と補助定理 3.3.4 により $u_{\Gamma_1\cup\Gamma_2}\leqq u_{\Delta\cap R}\leqq u_{\Delta_1\cap R}+u_{\Delta_2\cap R}$；ここで Δ_1 と Δ_2 とは互いに無関係

にとれるから，$\varDelta_1\in\mathcal{O}_{\Gamma_1}$, $\varDelta_2\in\mathcal{O}_{\Gamma_2}$ に関する $u_{\varDelta_1\cap R}$, $u_{\varDelta_2\cap R}$ の下限をとれば $u_{\Gamma_1\cup\Gamma_2}\leqq u_{\Gamma_1}+u_{\Gamma_2}$ を得る．

(f)　任意の $\varDelta\in\mathcal{O}_{\Gamma_1}$ をとると $\varDelta\in\mathcal{O}_{\Gamma_2}$ でもあるから，Γ_2 に対して(3.3.15)の仮定を満たす列 $\{\varDelta_n\}\subset\mathcal{O}_{\Gamma_2}$ を $\varDelta_n\subset\varDelta$ なるようにとることができる．このとき補助定理3.3.3により $(u_{\varDelta_n\cap R})_{\varDelta\cap R}=u_{\varDelta_n\cap R}$ が成り立つから，$n\to\infty$ の極限をとると (3.3.15) と補助定理3.3.2の系により $(u_{\Gamma_2})_{\varDelta\cap R}=u_{\Gamma_2}$ を得る．この左辺の $\varDelta\in\mathcal{O}_{\Gamma_1}$ に関する下限をとれば $(u_{\Gamma_2})_{\Gamma_1}=u_{\Gamma_2}$ となる．

(g)　仮定と (3.3.14) により，$\{u_{\Gamma_n}\}$ は n に関して単調減少で，各 n に対して $u_{\Gamma_n}\geqq u_\Gamma$ だから，$v=\lim_{n\to\infty}u_{\Gamma_n}$ が存在して $v\geqq u_\Gamma$ となる．また，任意の $\varDelta\in\mathcal{O}_\Gamma$ に対して

$$\hat{R}\setminus\varDelta\subset\hat{R}\setminus\Gamma=\hat{R}\setminus\left(\bigcap_{n=1}^{\infty}\Gamma_n\right)=\bigcup_{n=1}^{\infty}(\hat{R}\setminus\Gamma_n)$$

であって，$\hat{R}$ において $\hat{R}\setminus\varDelta$, $\hat{R}\setminus\Gamma_n$ はそれぞれコンパクト集合，開集合であるから，十分大なるすべての n に対して $\hat{R}\setminus\varDelta\subset\hat{R}\setminus\Gamma_n$, 従って $\varDelta\supset\Gamma_n$ となる．このことと $\varDelta\in\mathcal{O}_\Gamma$ とから $\varDelta\in\mathcal{O}_{\Gamma_n}$ がわかるから $u_{\varDelta\cap R}\geqq u_{\Gamma_n}$ となり，$n\to\infty$ として $u_{\varDelta\cap R}\geqq v$ を得る．この左辺の $\varDelta\in\mathcal{O}_\Gamma$ に関する下限をとれば $u_\Gamma\geqq v$ となるから，初めの結果と合わせて $u_\Gamma=v=\lim_{n\to\infty}u_{\Gamma_n}$ を得る．

(h)　$\{D_n\}$ を§3.1で固定した正則有界領域の列とし，$n=1,2,\cdots$ に対して $\varDelta_n=\hat{R}\setminus\overline{D}_n$, $F_n=\overline{D_{n+1}}\setminus D_n$ とおく．$D_{n+2}\supset F_n$ であって，$u_{F_n}^{D_{n+2}}$ と u は D_n において調和であり，∂D_n $(\subset\partial F_n)$ の上ではこの二つの函数は相等しいから，D_n において相等しい．また，$D_{n+2}\in\mathcal{D}_{F_n}$, $F_n\in\mathcal{F}_{\varDelta_n\cap R}$ だから，

$$D_n\text{ において}\quad u=u_{F_n}^{D_{n+2}}\leqq u_{F_n}\leqq u_{\varDelta_n\cap R}.$$

このとき $\{\varDelta_n\}\subset\mathcal{O}_S$ かつ $\{\varDelta_n\}$ は単調減少で $\lim_{n\to\infty}\varDelta_n^a=\hat{S}$ だから，上の不等式において $n\to\infty$ とすると (3.3.15) により，R において $u\leqq u_S$ が成立する．一方 (a) により $u\geqq u_S$ だから，$u=u_S$ が得られる．▯

定理3.3.2　u を R で連続な正値優調和函数とすると，Martin 境界 $\hat{S}$ の任意の閉部分集合 Γ に対して，Γ 上の Borel 測度 μ_Γ で $\mu_\Gamma(\Gamma)=u_\Gamma(\gamma)<\infty$ なるものが存在して，$u_\Gamma(x)$ は次の式で表わされる：

(3.3.25) $$u_\Gamma(x)=\int_\Gamma M(x,\xi)d\mu_\Gamma(\xi) \quad (x\in R).$$

証明 $\mathcal{O}_\Gamma$ に属する集合の単調減少列 $\{\varDelta_n\}$ で $\lim_{n\to\infty}\varDelta_n^a=\Gamma$ なるものをとり，$\Omega_n=\varDelta_n\cap R$ とおくと，各 Ω_n に対して補助定理3.3.5により，Ω_n^a における Borel 測度 μ_n で $\mu_n(\Omega_n^a)\leqq u(\gamma)<\infty$ なるものが存在して，$R\setminus\overline{\Omega}_n$ において

(3.3.26) $$u_{\Omega_n}(x)=\int_{\Omega_n^a}M(x,y)d\mu_n(y)$$

が成立する．$\{\mu_n\}$ はコンパクト集合 Ω_1^a の上の一様有界な測度の列と考えられるから，適当な部分列 $\{\mu_{n'}\}$ が Ω_1^a におけるある Borel 測度 μ_Γ に漠収束する．任意の n_0 を固定するとき，$n'\geqq n_0$ となる部分列の測度 $\mu_{n'}$ を考えると $\mu_{n'}(\Omega_1^a\setminus\Omega_{n_0}^a)=0$ であるから，$\mu_\Gamma(\Omega_1^a\setminus\Omega_{n_0}^a)=0$ となる．ここで n_0 は任意に大きくとれるから $\mu_\Gamma(\Omega_1^a\setminus\Gamma)=0$．よって μ_Γ は Γ における Borel 測度と考えることができる．任意の $x\in R$ に対して，$x\notin\Omega_{n_1}$ なる n_1 があるから，定理3.2.2の系 ii) により $M(x,y)$ は y についてコンパクト集合 $\hat{R}\setminus\Omega_{n_1}$ の上で連続である．以上のことと (3.3.15) により，(3.3.26) で $n=n'\to\infty$ とすれば (3.3.25) が得られ，その両辺に $\gamma(x)$ を掛けて R の体積要素 dx について D_0 で積分すれば，$M(\gamma\,;y)\equiv1$ により $u_\Gamma(\gamma)=\mu_\Gamma(\Gamma)$ が得られる．□

定理 3.3.3 (正値調和函数の表現定理) R における任意の正値調和函数 u に対して，Martin 境界 $\hat{S}$ の上の Borel 測度 μ で $\mu(\hat{S})=u(\gamma)$ なるものが存在して，$u(x)$ は次の式で表わされる：

(3.3.27) $$u(x)=\int_{\hat{S}}M(x,\xi)d\mu(\xi) \quad (x\in R).$$

逆に，$\hat{S}$ の上の $0<\mu(\hat{S})<\infty$ なる任意の Borel 測度 μ に対して(3.3.27)で定義される u は正値調和函数である．

証明 前半は定理3.3.1の (h) と定理3.3.2から明らかである．後半を証明しよう．任意の D_n (§3.1) に対して定理3.2.2の系 ii) により $M(x,\xi)$ は $\overline{D}_n\times\hat{S}$ で一様連続であるから，(3.3.27) の右辺の積分は，$\hat{S}$ 上における

(3.3.28) $$\sum_{\nu=1}^{l}M(x,\xi_\nu)c_\nu, \quad c_\nu>0,$$

なる形の 'Riemann 式近似和' により，$\overline{D}_n$ 上で一様近似される．(3.3.28)

は定理 3.2.2 により x の函数として D_n で調和であるから，その一様収束極限も D_n で調和である．ここで D_n の任意性により，(3.3.27) で定義される函数 u は R で調和である．u は明らかに非負値であり，(3.3.27) と $M(\gamma\,;\,y)\equiv 1$ により $u(\gamma)=\mu(\hat{S})>0$ だから $u\neq 0$；従って u は正値調和である．▯

正値優調和函数の表現定理は，次の§の最後に述べる．

§3.4 極小函数，標準表現とその一意性

正値調和函数の標準表現とその一意性を述べるため，まず極小函数の概念を導入する．

定義1 R 上の正値調和函数 u が，

(3.4.1) R 上で $v \leqq u$ なる正値調和函数 v は，u の正の定数倍にかぎる

という条件を満たすとき，u を**極小正値調和函数**または単に**極小函数**と呼ぶ．

すなわち，正値調和函数 u が‘極小’であるとは，u と線型独立な正値調和函数 v で，R 上で $0 \leqq v \leqq u$ となるものは存在しない，ということである．

上の条件 (3.4.1) は次の (3.4.2) と同値である：

(3.4.2) $\left[\begin{array}{l} u \text{ が二つの互いに線型独立な正値調和函数 } u_1, u_2 \text{ の} \\ \text{凸結合ならば，} u \text{ は } u_1, u_2 \text{ のいずれかに一致する．} \end{array}\right.$

なぜならば，正値調和函数 u が (3.4.1) を満たすとし，

$$\begin{cases} u=\lambda_1 u_1+\lambda_2 u_2\,; & u_1, u_2 \text{ は正値調和函数，} \\ \lambda_1, \lambda_2 \geqq 0, & \lambda_1+\lambda_2=1 \end{cases}$$

とすると，$u \geqq \lambda_1 u_1$ かつ $u \geqq \lambda_2 u_2$ だから，$u=c_1\lambda_1 u_1$, $u=c_2\lambda_2 u_2$ なる正の定数 c_1, c_2 が存在する．従って $c_1\lambda_1 u_1=c_2\lambda_2 u_2$ となるが，u_1 と u_2 とは線型独立で c_1, c_2 は0でないから，$\lambda_2=0$ または $\lambda_1=0$ となり，それに従って $u=u_1$ または $u=u_2$ となるから，(3.4.2) が成立する．逆に (3.4.2) を仮定する．v が正値調和函数で $v \leqq u$ とすると，$w=2u-v$ も正値調和函数で $u=\frac{1}{2}(v+w)$ となる．このとき，$u=v$ または $u=w$ とすると，どちらの場合も $u=v=w$ となり，(3.4.1) が成立する．$u=v$ でも $u=w$ でもないとすると，(3.4.2) によって v と w は線型従属であるから，$w=cv$ なる正数 c があり，$u=\dfrac{1+c}{2}v$ となって (3.4.1) が成立する．

調和函数の全体は線型空間をなし，その中で正値調和函数の全体は凸集合をなすが，上の (3.4.2) により，u が極小函数であることは，u が二つの互いに線型独立な正値調和函数 u_1, u_2 を結ぶ‘線分’の内点にはならないことと同等

である．よって，極小函数のことを**端点的函数**ともいう．

任意の $\xi\in\hat{S}$ を固定して $M(x,\xi)$ を $x\in R$ の函数と考えると，これは定理3.2.2により R 上の正値調和函数である．よって，$\hat{S}$ の任意の閉部分集合を Γ として，前§で連続正値優調和函数 u に対して u_Γ を定義したのと同様の方法で，x の函数 $M(x,\xi)$ に対して $M_\Gamma(x,\xi)$ を定義する；すなわち

$$M_\Gamma(x,\xi)=M(\cdot,\xi)_\Gamma(x).$$

特に，$\Gamma=\{\xi\}$（一点 ξ から成る集合）のときは $M_\Gamma(x,\xi)$ を $M_\xi(x,\xi)$ と書くことにする．以上において ξ は $\hat{S}$ の任意の点であるから，

$$\psi(\xi)=M_\xi(\gamma,\xi) \quad ((3.1.1)\text{ 参照}) \tag{3.4.3}$$

とおいて $\psi(\xi)$ を $\hat{S}$ の上の函数と考える．この函数は本§において重要な役割りをする．

補助定理 3.4.1 B を $\hat{S}$ の中の Borel 集合とし，μ を B で定義された Borel 測度で $\mu(B)>0$ とする．R 上の正値調和函数 u が極小函数であって，R 上で

$$u(x)\geqq\int_B M(x,\xi)\,d\mu(\xi)>0 \tag{3.4.4}$$

を満たすならば，一点 $\xi_0\in B$ が存在して，R 上で $u(x)=u(\gamma)M(x,\xi_0)$ が成立する．

証明 (3.1.10)と(3.2.3)により任意の $\xi\in\hat{S}$ に対して $M(\gamma;\xi)=1$ だから，(3.4.4) により $u(\gamma)\geqq\mu(B)>0$ となる．従って，距離空間における Borel 測度の正則性により，$\hat{S}$ の閉部分集合（従ってコンパクト集合）Γ で $\Gamma\subset B$ かつ $\mu(\Gamma)>0$ なるものがある．一般に集合 $\varDelta$ の距離 ρ に関する直径を $\rho\text{-diam}(\varDelta)$ と書くことにすると，$\hat{R}$ の中の $\rho\text{-diam}(\varDelta_\nu)<1$ なる有限個の開集合 $\varDelta_\nu(\nu=1,\cdots,n)$ で $\Gamma\subset\varDelta_1\cup\cdots\cup\varDelta_m$ なるものが存在し，従ってその中に $\mu(\Gamma\cap\varDelta_\nu^a)>0$ なる $\varDelta_\nu$ がある．$\Gamma_1=\Gamma\cap\varDelta_\nu^a$ とおくと，これは $\hat{S}$ のコンパクト部分集合で $\mu(\Gamma_1)>0$, $\rho\text{-diam}(\Gamma_1)<1$ を満たす．初めの Γ に対して行なった議論をこの Γ_1 に適用すると，コンパクト集合 $\Gamma_2\subset\Gamma_1$ で，$\mu(\Gamma_2)>0$ かつ $\rho\text{-diam}(\Gamma_2)<1/2$ なるものが得られる．以下同様の論法で，$\mu(\Gamma_n)>0$ かつ $\rho\text{-diam}(\Gamma_n)<1/n$ なるコンパクト集合の単調減少列 $\{\Gamma_n\}$ が得られる．このとき，すべての Γ_n の

共通部分は丁度1個の点から成るから，その点をξ_0とする．ここで，各nに対して

$$u_n(x)=\int_{\Gamma_n}M(x,\xi)d\mu(\xi) \tag{3.4.5}$$

と定義すると，定理3.3.3によりu_nは正値調和函数であって，R上で$u_n(x)\leqq u(x)$となる．uは極小函数であるから，$u_n(x)=c_n u_n(x)$なる正の定数c_nが存在する．測度μ_nを　$\mu_n(\varDelta)=c_n^{-1}\mu(\varDelta\cap\Gamma_n)$と定義すると，(3.4.5)により

$$u(x)=\int_{\Gamma_n}M(x,\xi)d\mu_n(\xi) \tag{3.4.6}$$

となり，従って$\mu_n(\Gamma_n)=u(\gamma)<\infty$となるから，コンパクト集合$\hat{S}$上の測度の列$\{\mu_n\}$の適当な部分列は，ある測度$\mu_0$に漠収束する．各$\mu_n$は$\Gamma_n$の上の測度であるから，$\mu_0$は点$\xi_0$における点質量である．その質量の値を$c$とし，(3.4.6)において上記の部分列の極限をとると$u(x)=cM(x,\xi_0)$となり，$M(\gamma;\xi_0)=1$により$u(\gamma)=c$を得るから，$u(x)=u(\gamma)M(x,\xi_0)$が成立する．▯

系1　uが極小函数ならば，$u(x)=cM(x,\xi_0)$となるような点$\xi_0\in\hat{S}$と正の定数cが存在する．

証明　uは定理3.3.3の(3.3.27)の形に表現されるから，補助定理3.4.1において$B=\hat{S}$とすれば，この系1が得られる．▯

系2　ξ_1を$\hat{S}$の一点，Γを$\hat{S}$の閉部分集合とする．$M(x,\xi_1)$がxの極小函数であって$M_\Gamma(x,\xi_1)>0$ならば，$\xi_1\in\Gamma$である．

証明　xの正値調和函数$M(x,\xi_1)$に定理3.3.2を適用すると，Γの上で定義された$0<\mu(\Gamma)<\infty$なるBorel測度μが存在して，Rの上で

$$M(x,\xi_1)\geqq M_\Gamma(x,\xi_1)=\int_\Gamma M(x,\xi)d\mu(\xi)>0$$

となるから，補助定理3.4.1により点$\xi_0\in\Gamma$が存在して

$$M(x,\xi_1)=M(\gamma;\xi_1)M(x,\xi_0)=M(x,\xi_0)$$

となる．だから定理3.2.4により$\xi_1=\xi_0$，従って$\xi_1\in\Gamma$となる．▯

定理3.4.1　(3.4.3)の函数$\psi(\xi)$は0と1の値のみをとり，$M(x,\xi)$がxの

極小函数であるための必要十分条件は $\psi(\xi)=1$ なることである．

証明　任意の正値調和函数 u に対して，定理 3.3.2 で $\Gamma=\{\xi\}$（一点 ξ から成る集合）とおくと

$$u_{\{\xi\}}(x)=u_{\{\xi\}}(\gamma)M(x,\xi) \tag{3.4.7}$$

が成立するから，特に $u(x)=M(x,\xi)$ とすると

$$M_{\xi}(x,\xi)=\psi(\xi)M(x,\xi) \tag{3.4.8}$$

となる．この式と定理 3.3.1 の (f), (d) とから

$$M_{\xi}(x,\xi)=(M_{\xi})_{\xi}(x,\xi)=\psi(\xi)M_{\xi}(x,\xi)$$

を得るから，この両端辺に $\gamma(x)$ を掛けて体積要素 dx で積分すれば

$$M_{\xi}(\gamma\,;\xi)=\psi(\xi)M_{\xi}(\gamma\,;\xi)\quad \text{すなわち}\quad \psi(\xi)=\psi(\xi)^2$$

となる．よって $\psi(\xi)$ の値は 0 または 1 である．

次に $\psi(\xi)=1$ ならば $M(x,\xi)$ が x の極小函数であることを示す．$u(x)\leqq M(x,\xi)$ なる任意の正値調和函数 u をとり，$v(x)=M(x,\xi)-u(x)$ とおくと，v も正値調和函数である．$u(x)\geqq u_{\{\xi\}}(x)$, $v(x)\geqq v_{\{\xi\}}(x)$ だから

$$\begin{aligned}M(x,\xi)&=u(x)+v(x)\geqq u_{\{\xi\}}(x)+v_{\{\xi\}}(x)=M_{\{\xi\}}(x,\xi)\\&=\psi(\xi)M(x,\xi)=M(x,\xi)\quad \text{((3.4.8) と } \psi(\xi)=1 \text{ により).}\end{aligned}$$

従ってこの式の不等号の所は実は等号が成立し，特に $u(x)=u_{\{\xi\}}(x)$ でなければならない．このことと (3.4.7) とから $u(x)=u_{\{\xi\}}(\gamma)M(x,\xi)$ を得る．ここで $u_{\{\xi\}}(\gamma)$ は正の定数であるから，この結果は $M(x,\xi)$ が x の極小函数であることを示している．

逆に $M(x,\xi)$ が極小函数ならば $\psi(\xi)=1$ なることを示そう．$\hat{S}$ の閉部分集合 Γ で，$\hat{S}$ における相対位相に関して ξ を内点に含むものを任意にとって，$B=(\hat{S}\setminus\Gamma)^a$ とおく．このとき，もしも $M_B(x,\xi)>0$ とすると前述の補助定理 3.4.1 の系 2 により $\xi\in B$ でなければならないから，$M_B(x,\xi)\equiv 0$ である．このことと定理 3.3.1 の (h), (e), (a) により，すべての $x\in R$ で

$$\begin{aligned}M(x,\xi)&=M_{\hat{S}}(x,\xi)=M_{B\cup\Gamma}(x,\xi)\\&\leqq M_B(x,\xi)+M_{\Gamma}(x,\xi)=M_{\Gamma}(x,\xi)\leqq M(x,\xi).\end{aligned}$$

従ってこの式の不等号はすべて等号となり，特に $M_{\Gamma}(x,\xi)=M(x,\xi)$ を得る．

初めに述べたような集合 Γ の単調減少列で $\lim_{n\to\infty}\Gamma_n=\{\xi\}$ なるものをとれば，定理 3.3.1 の (g) により $M_\xi(x,\xi)=\lim_{n\to\infty}M_{\Gamma_n}(x,\xi)=M(x,\xi)$ となるから，$\psi(\xi)=M_\xi(\gamma\,;\xi)=M(\gamma\,;\xi)=1$ が得られる．□

定義 2 $\hat{S}_0=\{\xi\in\hat{S}\,|\,\psi(\xi)=0\}$，$\hat{S}_1=\{\xi\in\hat{S}\,|\,\psi(\xi)=1\}$ とおく．$\hat{S}_1$を（本書においては）Martin 境界 $\hat{S}$ の**本質的部分**と呼ぶ．（その理由は後述の定理 3.4.3 による．）

定理 3.4.2 $\hat{S}_0$ は $\hat{S}$ における F_σ 集合である．（一般に距離空間において，閉集合の高々可算個の和集合として表わされる集合を F_σ **集合**という；閉集合や空集合も F_σ 集合である．本章においては $\hat{S}$ は $\hat{R}$ の閉部分集合であるから，この定理は '$\hat{S}_0$ は $\hat{R}$ における F_σ 集合である' というのと同等である．）

証明 前§において正値優調和連続函数 u に対して u_F^D, u_F, u_Ω 等の函数を定義したのと同様にして，x の函数 $M(x,\xi)$ (ξ は任意に固定) に対して定義した函数を $M_F^D(x,\xi)$，$M_F(x,\xi)$，$M_\Omega(x,\xi)$ 等で表わすことにする．

$m=1,2,\cdots$ に対して集合 Γ_m を次の式で定義する（ここで閉包，開核を表わす a, i は $\hat{R}$ において考えていることを，念のため再記しておく）：

$$\Gamma_m=\left\{\xi\in\hat{S}\;\middle|\;\begin{array}{l}\Delta\in\mathcal{O}(\{\xi\})\text{ が }\rho\text{-diam}(\Delta)<1/m\text{ なるかぎり，}\\ \Omega=\Delta\cap R\text{ に対して }M_\Omega(\gamma\,;\xi)\leqq 1/2\text{ となる}\end{array}\right\};$$

ここで Γ_m は空集合のこともある．集合列 $\{\Gamma_m\}$ が単調増加なことは明らかである．まず各 Γ_m が閉集合であることを示すため，任意の正則開集合 $\Omega\subset R$ に対して，$M_\Omega(\gamma\,;\xi)$ が $\xi\in\hat{S}$ の下半連続な函数であること示す．Fを Ω に含まれるコンパクト集合，$\{D_n\}$ を §3.1 の初めに固定した正則有界領域の列として，$F\subset D_n$ なる n のみを考える．$M(x,\xi)$ は $F\times\hat{S}$ の上で一様連続であるから，$M_F^{D_n}$ の定義と調和函数の最大値原理により，$M_F^{D_n}(x,\xi)$ は $\overline{D}_0\times\hat{S}$ の上で一様連続；従って，$M_F^{D_n}(\gamma\,;\xi)$ は ξ について $\hat{S}$ の上で連続である．一方 (3.3.3) と (3.3.7) により $\lim_{n\to\infty}M_F^{D_n}(x,\xi)=M_F(x,\xi)$（単調増加で収束）．また (3.3.11) の仮定を満たす集合列 $\{F_n\}$ を考えると $\lim_{n\to\infty}M_{F_n}(x,\xi)=M_\Omega(x,\xi)$（単調増加で収束）．従って

$$\lim_{n\to\infty}M_F^{D_n}(\gamma\,;\xi)=M_F(\gamma\,;\xi),\quad \lim_{n\to\infty}M_{F_n}(\gamma\,;\xi)=M_\Omega(\gamma\,;\xi)$$

がいずれも単調増加の収束で成立し，$M_F^{D_n}(\gamma\,;\,\xi)$ の ξ に関する連続性により $M_\Omega(\gamma\,;\,\xi)$ は $\hat{S}$ の上で下半連続である．さて点列 $\{\xi_\nu\}\subset\Gamma_m$ が点 $\xi\in\hat{S}$ に収束し，$\Delta\in\mathcal{O}(\{\xi\})$ かつ ρ-diam$(\Delta)<1/m$ とすると，ν が十分大ならば $\Delta\in\mathcal{O}(\{\xi_\nu\})$ となるから，$\Omega=\Delta\cap R$ に対して $M_\Omega(\gamma\,;\,\xi_\nu)\leqq 1/2$ となる．だから $M_\Omega(\gamma\,;\,\xi)$ の下半連続性により $M_\Omega(\gamma\,;\,\xi)\leqq 1/2$, 従って $\xi\in\Gamma_m$ となり，Γ_m が閉集合であることが示された．そこで $\hat{S}_0=\bigcup_{m=1}^{\infty}\Gamma_m$ を示せば，$\hat{S}_0$ が F_σ 集合になる．

任意の $\xi\in\bigcup_{m=1}^{\infty}\Gamma_m$ をとると，$\xi\in\Gamma_m$ なる m がある．この m をとって，$\Delta=\{x\in\hat{R}\,|\,\rho(x,\xi)<1/2m\}$，$\Omega=\Delta\cap R$ とすると，Γ_m の定義によって

$$\psi(\xi)=M_\xi(\gamma\,;\,\xi)\leqq M_\Omega(\gamma\,;\,\xi)\leqq 1/2<1$$

となり，定理3.4.1により $\psi(\xi)=0$. よって $\xi\in\hat{S}_0$ となり，$\bigcup_{m=1}^{\infty}\Gamma_m\subset\hat{S}_0$ が示された．次に任意の $\xi\in\hat{S}_0$ をとり，$\Delta_n=\{x\in\hat{R}\,|\,\rho(x,\xi)<1/n\}$ $(n=1,2,\cdots)$ とおくと，$\{\Delta_n\}$ は単調減少で $\lim_{n\to\infty}\Delta_n^a=\{\xi\}$ だから，$\Omega_n=\Delta_n\cap R$ とすると (3.3.10)，(3.3.15) により $M_{\Omega_n}(\gamma\,;\,\xi)$ は単調減少で

$$\lim_{n\to\infty}M_{\Omega_n}(\gamma\,;\,\xi)=M_\xi(\gamma\,;\,\xi)=\psi(\xi)=0.$$

だから $M_{\Omega_m}(\gamma\,;\,\xi)\leqq 1/2$ なる m がある．$\Delta\in\mathcal{O}(\{\xi\})$ かつ ρ-diam$(\Delta)<1/m$ ならば，$\Omega=\Delta\cap R$ は Ω_m に含まれるから $M_\Omega(x,\xi)\leqq M_{\Omega_m}(x,\xi)$, 従って

$$M_\Omega(\gamma\,;\,\xi)\leqq M_{\Omega_m}(\gamma\,;\,\xi)\leqq 1/2$$

となり，$\xi\in\Gamma_m$ なることがわかった．これで $\hat{S}_0\subset\bigcup_{m=1}^{\infty}\Gamma_m$ が示されたから，前の結果と合わせて $\hat{S}_0=\bigcup_{m=1}^{\infty}\Gamma_m$ が得られた．▯

Martin は，上の証明中の各 Γ_m は $\hat{S}$ の中の相対位相で疎集合 (nowhere dense set)，従って $\hat{S}_0$ は第1類集合であろう，と予想したが，最近 $\hat{S}_1^a\neq\hat{S}$ なる例が A. Ancona [11] によって示され，Martin の予想は否定された．

上の定理により $\hat{S}_0$ は，従って $\hat{S}_1=\hat{S}\setminus\hat{S}_0$ も，$\hat{S}$ の中の Borel 集合であるから，$\hat{S}$ の上の Borel 測度が $\hat{S}_0, \hat{S}_1$ の上で考えられる．よって次の定義を述べることができる．

定義3 $\hat{S}$ の上の有界 Borel 測度 μ が $\mu(\hat{S}_0)=0$ を満たすとき μ を**標準測度**と呼ぶ．正値調和函数の表現定理（定理3.3.3）における測度 μ が標準測度で

あるときに，その表現 (3.3.27) を**標準表現**という．

以下の補助定理は，標準表現の存在と一意性（後述の定理 3.4.3）を示すための準備である．

補助定理 3.4.2 $\{\Gamma_m\}$ を定理 3.4.2 の証明中に述べた閉集合列とすると，R 上の任意の正値調和函数 u と，任意の m に対して，$u_{\Gamma_m}(x)\equiv 0$ である．

証明 Γ_m はコンパクトだから，$\hat{S}$ の中の相対開集合 Δ_ν で $\rho\text{-diam}(\Delta_\nu)<1/2m$ なるものの有限個で覆われる．そのような Δ_ν の一つの $\hat{S}$ における閉包 Γ について，$u_\Gamma(x)\equiv 0$ となることを示せばよい（定理 3.3.1 の (e) により）．この Γ に対して，$\rho\text{-diam}(\Delta)<1/m$ なる $\Delta\in\mathcal{O}(\Gamma)$ をとり $\Omega=\Delta\cap\Gamma$ とすると，Γ_m の定義により，$\xi\in\Gamma$ ならば $M_\Omega(\gamma\,;\xi)\leqq 1/2$ となる．ここでまず

$$v(x)=\sum_{\nu=1}^{l}c_\nu M(x,\xi_\nu),\quad c_\nu>0,\ \xi_\nu\in\Gamma, \tag{3.4.9}$$

なる形の任意の函数 v に対して，$M(\gamma\,;\xi)\equiv 1$ を用いて

$$\begin{aligned} v_\Omega(\gamma)&=\sum_{\nu=1}^{l}c_\nu M_\Omega(\gamma\,;\xi)\leqq\frac{1}{2}\sum_{\nu=1}^{l}c_\nu \\ &=\frac{1}{2}\sum_{\nu=1}^{l}c_\nu M(\gamma\,;\xi_\nu)=\frac{1}{2}v(\gamma). \end{aligned} \tag{3.4.10}$$

一般に，Γ の上の Borel 測度 μ によって

$$v(x)=\int_\Gamma M(x,\xi)\,d\mu(\xi) \tag{3.4.11}$$

の形に表わされる函数が，各点 x で (3.4.9) の右辺の形の Riemann 和で近似されることは明らかであるが，実はすべての $x\in R$ に共通な Riemann 和の列で近似される；もっと精確には，次のように述べられる．（次の (3.4.12), (3.4.12′) の略証を，この補助定理の最後に付記しておく．）

(3.4.12) $\left[\begin{array}{l} v_n(x)=\sum_{\nu=1}^{l_n}c_{n\nu}M(x,\xi_{n\nu}) \quad \begin{pmatrix} c_{n\nu}>0,\ \xi_{n\nu}\in\Gamma\,; \\ 1\leqq\nu\leqq l_n,\ n=1,2,\cdots \end{pmatrix} \\ \text{の形の函数 } v_n \text{ を適当に定めると，} n\to\infty \text{ のとき } v_n(x) \text{ は} \\ R \text{ の各点 } x \text{ で (3.4.11) の函数 } v(x) \text{ に収束する．} \end{array}\right.$

(3.4.12′) $\left[\begin{array}{l} x \text{ が } R \text{ のコンパクト部分集合を動くかぎり，(3.4.12) の} \\ \text{函数列 } \{v_n\} \text{ は一様有界である．} \end{array}\right.$

(3.4.11)，(3.4.12) の函数 v, v_n に対して補助定理3.3.2の (3.3.17) が成立し，その式において $\dfrac{\partial G_{R\setminus\bar{\Omega}}(x,z)}{\partial \boldsymbol{n}_{\Omega}(z)}>0$ ($x\in R\setminus\bar{\Omega}$, $z\in\partial\Omega$) だから，(3.4.12) と Lebesgue 積分論における Fatou の補題により

$$v_{\Omega}(x)\leqq \varliminf_{n\to\infty}(v_n)_{\Omega}(x).$$

この両辺に $\gamma(x)$ を掛けて積分すると，再び Fatou の補題によって

$$v_{\Omega}(\gamma)\leqq \varliminf_{n\to\infty}(v_n)_{\Omega}(\gamma).$$

また (3.4.12′) により $\{v_n\}$ は $\bar{D}_0$ で一様有界だから，(3.4.12) により

$$v(\gamma)=\lim_{n\to\infty}v_n(\gamma)$$

各 v_n に対しては (3.4.10) が成立するから，(3.4.11) の v に対して

$$v_{\Gamma}(\gamma)\leqq v_{\Omega}(\gamma)\leqq \varliminf_{n\to\infty}(v_n)_{\Omega}(\gamma)\leqq\frac{1}{2}\varliminf_{n\to\infty}v_n(\gamma)=\frac{1}{2}v(\gamma).$$

特に $u_{\Gamma}(x)$ は定理3.3.2により (3.4.11) の形に表現されるから，定理3.3.1の (f) と上の結果から

$$0\leqq u_{\Gamma}(\gamma)=(u_{\Gamma})_{\Gamma}(\gamma)\leqq\frac{1}{2}u_{\Gamma}(\gamma),\quad 従って\ u_{\Gamma}(\gamma)=0.$$

だから定理3.3.2において $\mu_{\Gamma}(\Gamma)=0$, 従って $u_{\Gamma}(x)\equiv 0$ となる．

念のために，(3.4.12)，(3.4.12′) の略証を与えておく．$\delta>0$ に対して

$$\varepsilon_{\delta}(x)=\sup_{\xi,\xi'\in\Gamma,\,\rho(\xi,\xi')<\delta}|M(x,\xi)-M(x,\xi')|$$

とおくと，各 x に対して $M(x,\xi)$ が ξ について連続なことにより，$\delta\downarrow 0$ のとき $\varepsilon_{\delta}(x)\to 0$ となる(この収束は一般に x に関して一様ではない)．そこで Γ を ρ-diam$(\varDelta_{n\nu})<1/n$ なる $\{\varDelta_{n\nu}\}_{1\leqq\nu\leqq n}$ に分割して，各 $\varDelta_{n\nu}$ の中に点 $\xi_{n\nu}$ をとり，$c_{n\nu}=\mu(\varDelta_{n\nu})$ とおけば，各 x に対して $v_n(x)\to v(x)$ $(n\to\infty)$ なることは普通の Riemann 積分の場合と同様に示される．特に x が R のコンパクト部分集合 F を動くかぎり，$M(x,\xi)$ は $F\times\Gamma$ 上で有界だから，その値の上限を K とすると，任意の n と任意の $x\in F$ に対して

$$|v_n(x)|\leqq\sum_{\nu=1}^{l_n}K\mu(\varDelta_{n\nu})=K\mu(\Gamma)<\infty\ ;$$

すなわち $\{v_n(x)\}$ は F の上で一様有界である．▯

補助定理3.4.3　u が R 上の正値調和函数ならば，任意の $\varepsilon>0$ に対して，

$\hat{S}_1$ の閉部分集合 Γ を適当にとって, $u(\gamma)\leqq u_\Gamma(\gamma)+\varepsilon$ なるようにできる.

証明 Γ_m を前の補助定理の通りとし, $\Gamma_{mn}=\{\xi\in\hat{S}\mid\rho(\xi,\Gamma_m)\leqq 1/n\}$ $(m,n=1,2,\cdots)$ とおく. 各 Γ_{mn} は閉集合で, m を任意に固定して $n\to\infty$ とするとき $\Gamma_{mn}\downarrow\Gamma_m$ となる. だから定理3.3.1の(g)と前の補助定理により各 m に対して適当な n_m をとれば集合 $B_m=\Gamma_{mn_m}$ が $u_{B_m}(\gamma)<\varepsilon/2^m$ を満たす. このとき $\tilde{B}_m=B_1\cup\cdots\cup B_m$ は閉集合である. $\varDelta_m=(\hat{S}\setminus\tilde{B}_m)^a$ とおくと $\{\varDelta_m\}$ は単調減少列であって, $\Gamma=\bigcap_{m=1}^{\infty}\varDelta_m$ は閉集合である. $\varDelta_m$ の定義により $\rho(\varDelta_m,\Gamma_m)>1/n_m$ だから, すべての m に対して $\Gamma\cap\Gamma_m=\phi$ となる. 一方 $\hat{S}_0=\bigcup_{m=1}^{\infty}\Gamma_m$ (定理3.4.2の証明参照) だから, $\Gamma\subset\hat{S}_1$ である. この Γ が求めるものであることを示す. 上の Γ の構成法と定理3.3.1の(e)により

$$u_{\tilde{B}_m}(\gamma)\leqq\sum_{\nu=1}^{m}u_{B_\nu}(\gamma)<\sum_{\nu=1}^{m}\frac{\varepsilon}{2^\nu}<\varepsilon.$$

$\varDelta_m\cup\tilde{B}_m=\hat{S}$ だから, 定理3.3.1の (h), (e) により

$$u(\gamma)=u_{\hat{S}}(\gamma)\leqq u_{\varDelta_m}(\gamma)+u_{\tilde{B}_m}(\gamma)\leqq u_{\varDelta_m}(\gamma)+\varepsilon.$$

ここで $m\to\infty$ とすると定理3.3.1の(g)により

$$u(\gamma)\leqq u_\Gamma(\gamma)+\varepsilon$$

を得る. ▯

補助定理 3.4.4 Γ_0,Γ_1 が $\hat{S}$ の閉部分集合で, $\Gamma_0\cap\Gamma_1=\phi$, $\Gamma_1\subset\hat{S}_1$ とする. このとき任意の $\varepsilon>0$ に対して, R の中の開集合 Ω を適当にとれば, $(\Omega^a)^i\supset\Gamma_0$, かつ任意の $\xi\in\Gamma_1$ に対して $M_\Omega(\gamma;\xi)<\varepsilon$ となる.

証明 $R\setminus\bar{D}_0$ に含まれる開集合の単調減少列 $\{\Omega_n\}$ で, $(\Omega_n^a)^i\supset\Gamma_0$ かつ $\bigcap_{n=1}^{\infty}\Omega_n^a=\Gamma_0$ なるものがとれる. この補助定理の結論を否定すると, 適当な正数 ε をとれば, 各 n に対して $M_{\Omega_n}(\gamma;\xi_n)\geqq\varepsilon$ となる $\xi_n\in\Gamma_1$ が存在する. 補助定理3.3.5の u, Ω としてここの $M(x,\xi_n)$, Ω_n をとると, Ω_n^a における Borel 測度 μ_n で $\mu_n(\Omega_n^a)\leqq M(\gamma;\xi_n)=1$ なるものが存在して

$$M_{\Omega_n}(x,\xi_n)=\int_{\Omega_n^a}M(x,y)d\mu_n(y)\quad(x\in R\setminus\bar{\Omega}_n). \tag{3.4.13}$$

$\{\mu_n\}$ をコンパクト集合 Ω_1^a の上の測度の列と考えると, $\mu_n(\Omega_1^a)=\mu_n(\Omega_n^a)\leqq 1$ に

より，適当な部分列は Ω_1^a の上のある測度 μ_0 に漠収束する．$\nu\geqq n$ ならば μ_ν は Ω_n^a の上の測度だから，μ_0 は Ω_n^a の上の測度であり，n は任意に大きくとれるから μ_0 は Γ_0 の上の測度となる．上の部分列の番号に対応する $\{\xi_n\}$ はコンパクト集合 Γ_1 の上の点列だから，更に部分列をとることにより Γ_1 の一点 ξ_0 に収束する．こうして得られた部分列に対応するものを，あらためて $\{\Omega_n\}$，$\{\mu_n\}$，$\{\xi_n\}$ と書くことにする．各 $x\in R$ に対して，n が十分大ならば $x\in R\setminus\overline{\Omega}_n$ だから，(3.4.13) と $M(x,y)$ の y $(\in\hat{R}\setminus\{x\})$ に関する連続性により

$$
\begin{aligned}
M(x,\xi_0)&=\lim_{n\to\infty}M(x,\xi_n)\geqq\lim_{n\to\infty}M_{\Omega_n}(x,\xi_n)\\
&=\lim_{n\to\infty}\int_{\Omega_n^a}M(x,y)\,d\mu_n(y)=\int_{\Gamma_0}M(x,\xi)\,d\mu_0(\xi)\;;
\end{aligned}\tag{3.4.14}
$$

この最後の積分は x の函数として $\equiv 0$ ではない．なぜならば，もしもこの値が $\equiv 0$ とすると，$M(\gamma\,;\xi)\equiv 1$ により $\mu_0(\Gamma_0)=0$ となるが，一方 (3.4.13) から $\mu_n(\Omega_n^a)=M_{\Omega_n}(\gamma\,;\xi_n)\geqq\varepsilon$ だから，μ_0 の構成法により $\mu_0(\Gamma_0)\geqq\varepsilon$ でなければならない．よって $\int_{\Gamma_0}M(x,\xi)\,d\mu_0(\xi)\not\equiv 0$．一方この積分の値は x の非負値調和函数だから，それが $\not\equiv 0$ ならばいたる所正の値をとる．だから (3.4.14) により $M(x,\xi_0)$ は正値調和函数であり，$\xi_0\in\Gamma_1$ なることと定理 3.4.1 および Γ_1 の定義により $M(x,\xi_0)$ は極小函数である．(3.4.14) は $M(x,\xi_0)$ が補助定理 3.4.1 の u に対する仮定を満たすことを示しているから，一点 $\xi_0'\in\Gamma_0$ が存在して $M(x,\xi_0)=M(\gamma\,;\xi_0)M(x,\xi_0')=M(x,\xi_0')$ となる．だから定理 3.2.4 によって $\xi_0=\xi_0'\in\Gamma_0$ となり，$\xi_0\in\Gamma_1$ なることと矛盾する．以上により補助定理 3.4.4 が成立する．▯

補助定理 3.4.5　Γ は $\hat{S}$ の閉部分集合，B は $\hat{S}_1$ に含まれる Borel 集合であって，$B\cap\Gamma=\phi$ とする．R 上の調和函数 u が，B の上の測度 μ によって

$$
u(x)=\int_B M(x,\xi)\,d\mu(\xi)\tag{3.4.15}
$$

と表現されるならば，$u_\Gamma(x)\equiv 0$ である．

証明　まず B が $\hat{S}_1$ に含まれるコンパクト集合（従って $\hat{S}$ の閉部分集合）の場合を考えることにし，次のように表わされる函数 v を考える：

$$v(x)=\sum_{\nu=1}^{l} c_\nu M(x,\xi_\nu)\ ;\quad c_\nu>0, \xi_\nu\in B. \tag{3.4.16}$$

任意の $\varepsilon>0$ をとり，補助定理 3.4.4 で Γ_0, Γ_1 をここの Γ, B としたときの Ω を考えると，$M_\Omega(\gamma\ ;\xi_\nu)<\varepsilon$ だから補助定理 3.4.2 の証明中の (3.4.10) と同じ計算 $\left(\text{ただし}\frac{1}{2}\text{のかわりに}\ \varepsilon\ \text{と書く}\right)$ により $v_\Omega(\gamma)\leqq\varepsilon v(\gamma)$ を得る．(3.4.15) の積分を Riemann 和で近似することにより，$u(x)$ は (3.4.16) の形の函数の列 $\{v_n(x)\}$ で近似されるから，補助定理 3.4.2 の証明と同様に

$$u_\Gamma(\gamma)\leqq u_\Omega(\gamma)\leqq \varliminf_{n\to\infty}(v_n)_\Omega(\gamma)\leqq \varepsilon\cdot\lim_{n\to\infty} v_n(\gamma)=\varepsilon\cdot u(\gamma)$$

が得られ，ε は任意の正数だから $u_\Gamma(\gamma)=0$；従って $u_\Gamma(x)\equiv 0$ となる．

次に，B を任意の Borel 集合とする．任意の $\varepsilon>0$ に対して $\mu(B-\Gamma_1)<\varepsilon$ なるコンパクト集合 $\Gamma_1\subset B$ が存在する．(3.4.15) の函数 u は

$$u(x)=u_1(x)+u_2(x),$$

$$u_1(x)=\int_{\Gamma_1} M(x,\xi)d\mu(\xi),\quad u_2(x)=\int_{B\setminus\Gamma_1} M(x,\xi)d\mu(\xi),$$

と表わされ，u_1 は上に証明した B がコンパクトの場合の仮定を満たしているから $(u_1)_\Gamma(x)\equiv 0$ である．一方 u_2 については

$$(u_2)_\Gamma(\gamma)\leqq u_2(\gamma)=\int_{B\setminus\Gamma_1} M(\gamma\ ;\xi)d\mu(\xi)=\mu(B\setminus\Gamma_1)<\varepsilon$$

が成立し，ε は任意の正数だから $(u_2)_\Gamma(\gamma)=0$；従って $(u_2)_\Gamma(x)\equiv 0$ となる．だから $u_\Gamma(x)=(u_1)_\Gamma(x)+(u_2)_\Gamma(x)\equiv 0$ が得られる．□

以上の準備をして，**標準表現の存在と一意性**を証明する．

定理 3.4.3　R 上の任意の正値調和函数は，ただ一通りの標準表現をもつ．すなわち，正値調和函数 u に対して，$\hat{S}_1$ の上の有界 Borel 測度 μ が存在して

$$u(x)=\int_{\hat{S}_1} M(x,\xi)d\mu(\xi)\quad (x\in R) \tag{3.4.17}$$

が成立する；このような標準測度 μ は u によって一意的に定まり

(3.4.18)　任意の閉集合 $\Gamma\subset\hat{S}$ に対して $u_\Gamma(x)=\int_\Gamma M(x,\xi)d\mu(\xi)\quad (x\in R)$

なることにより特徴づけられる．

証明　まず標準表現の存在を証明しよう．u を正値調和函数とする．任意の

$\varepsilon>0$ に対して，補助定理 3.4.3 により，$\hat{S}_1$ の閉部分集合 Γ を適当にとって $u(\gamma)\leqq u_\Gamma(\gamma)+\varepsilon$ なるようにできる．このとき u を

$$u(x)=u_\Gamma(x)+[u(x)-u_\Gamma(x)]$$

と分解すると，$u_\Gamma(x)$ は定理 3.3.2 の (3.3.25) の形に表現され，その式において μ_Γ は $\Gamma\ (\subset\hat{S}_1)$ の上の Borel 測度だから，(3.3.25) は u_Γ の標準表現である．一方 $u-u_\Gamma$ は非負値調和函数であって $u(\gamma)-u_\Gamma(\gamma)\leqq\varepsilon$ となる．こうして，任意の正値調和函数 u と任意の $\varepsilon>0$ に対して，次のような u の分解が存在することがわかった：

$$u=v+v'\ ;\quad v \text{ は標準表現をもち，} v' \text{ は } v'(\gamma)\leqq\varepsilon \text{ を満たす．}$$

さて $\{\varepsilon_n\}$ を単調減少で 0 に収束する正数列とし，初めの u から出発して

$$u=u_1+u_1'\ ;\quad u_1 \text{ は標準表現をもち，} u_1'(\gamma)\leqq\varepsilon_1,$$

$$u_1'=u_2+u_2'\ ;\quad u_2 \text{ は標準表現をもち，} u_2'(\gamma)\leqq\varepsilon_2,\ \cdots\cdots$$

と順次繰返す．すなわち，一般に

$$u_{n-1}'=u_n+u_n'\ ;\quad u_n \text{ は標準表現をもち，} u_n'(\gamma)\leqq\varepsilon_n$$

とする．このとき任意の m に対して

$$u(x)=\sum_{n=1}^{m}u_n(x)+u_m'(x)$$

となる．$\{u_m'\}$ は非負値調和函数の単調減少列だから $u'(x)=\lim_{m\to\infty}u_m'(x)$ が存在して非負値調和函数となるが，$\{\varepsilon_n\}$ が 0 に収束するから $u'(\gamma)=0$，従って $u'\equiv 0$ となる．だから

$$u(x)=\sum_{n=1}^{\infty}u_n(x). \tag{3.4.19}$$

各 n に対して u_n を表現する標準測度を μ_n とし，測度の無限級数 $\sum_{n=1}^{\infty}\mu_n$ を考える．この級数の任意の部分和は，(3.4.19) の右辺の対応する部分和を表現する測度である．(3.4.19) の部分和は u を超えない正値調和函数であるから，上の測度の級数の部分和については，全測度が $u(\gamma)$ を超えない．だから，この測度の無限級数は，ある有界 Borel 測度 μ を定義する．各 μ_n が $\hat{S}_1$ の上の測度だから，μ も $\hat{S}_1$ の上の測度，すなわち標準測度である．そして

$$u(x)=\sum_{n=1}^{\infty}u_n(x)=\sum_{n=1}^{\infty}\int_{\hat{S}_1}M(x,\xi)d\mu_n(\xi)=\int_{\hat{S}_1}M(x,\xi)d\mu(\xi)$$

となるから，u の標準表現 (3.4.17) が得られた．

次に (3.4.18) を示せば，$\hat{S}$ の任意の閉部分集合 Γ に対して $\mu(\Gamma)=u_\Gamma(\gamma)$ により $\mu(\Gamma)$ が定まるから，距離空間における Borel 測度の正則性によって任意の Borel 集合 $E\subset\hat{S}$ に対して $\mu(E)$ が定まり，標準測度の一意性が示されたことになる．以下は (3.4.18) の証明である．

u を表現する一つの標準測度を μ とする．記号の簡便のため

$$u(E\,;x)=\int_E M(x,\xi)d\mu(\xi)\quad (E\text{ は }\hat{S}\text{ の中の Borel 集合})$$

とおく．$\mu(\hat{S}\setminus\hat{S}_1)=\mu(\hat{S}_0)=0$ だから

(3.4.20)　任意の Borel 集合 $E\subset\hat{S}$ に対して $u(E\,;x)=u(E\cap\hat{S}_1\,;x)$

が成立する．Γ を $\hat{S}$ の閉部分集合とすると，集合に関する積分の加法性により

$$u(x)=u(\hat{S}\,;x)=u(\hat{S}_1\,;x)=u(\hat{S}_1\cap\Gamma\,;x)+u(\hat{S}_1\setminus\Gamma\,;x)$$

となる．補助定理 3.4.5 の B としてここの $\hat{S}_1\setminus\Gamma$ をとり，Γ としてはここの Γ をとると，$u_\Gamma(\hat{S}_1\setminus\Gamma\,;x)\equiv 0$ を得る．だから上の等式から

(3.4.21)　$u_\Gamma(x)=u_\Gamma(\hat{S}_1\cap\Gamma\,;x)+u_\Gamma(\hat{S}_1\setminus\Gamma\,;x)=u_\Gamma(\hat{S}_1\cap\Gamma\,;x)$

が得られる．いま

$$\Gamma_n=\{\,\xi\in\hat{S}\mid\rho(\xi,\Gamma)\leqq 1/n\,\},\quad B_n=(\hat{S}\setminus\Gamma_n)^a$$

とおくと，Γ_n と B_n は $\hat{S}$ の閉部分集合で $\Gamma_n\cup B_n=\hat{S}$，$\Gamma\cap B_n=\phi$ となる．補助定理 3.4.5 の B としてここの $\hat{S}_1\cap\Gamma$ をとり，Γ としてここの B_n をとると $u_{B_n}(\hat{S}_1\cap\Gamma\,;x)\equiv 0$ となるから，

$$u(\hat{S}_1\cap\Gamma\,;x)=u_{\hat{S}}(\hat{S}_1\cap\Gamma\,;x)=u_{\Gamma_n\cup B_n}(\hat{S}_1\cap\Gamma\,;x)$$
$$\leqq u_{\Gamma_n}(\hat{S}_1\cap\Gamma\,;x)+u_{B_n}(\hat{S}_1\cap\Gamma\,;x)=u_{\Gamma_n}(\hat{S}_1\cap\Gamma\,;x)\leqq u(\hat{S}_1\cap\Gamma\,;x).$$

$n\to\infty$ とすると $\Gamma_n\downarrow\Gamma$ となるから，定理 3.3.1 の (g) と上の不等式から

(3.4.22)　　$u_\Gamma(\hat{S}_1\cap\Gamma\,;x)=u(\hat{S}_1\cap\Gamma\,;x).$

(3.4.21)，(3.4.22)，(3.4.20) により

$$u_\Gamma(x)=u_\Gamma(\hat{S}_1\cap\Gamma\,;x)=u(\hat{S}_1\cap\Gamma\,;x)=u(\Gamma\,;x).$$

$u(E;x)$ の定義により，上の式は (3.4.18) を示している．□

系 1 $\hat{S}$ のすべての閉部分集合 Γ に対して定義されている $u_\Gamma(x)$ は，$\hat{S}$ の中の Borel 集合全体の上で定義された可算加法的集合函数に拡張される．

(上の証明中の $u(E;x)$ を考えればよい．)

系 2 R 上の任意の正値調和函数に対して定理 3.3.3 の表現が一意的であるための必要十分条件は，$\hat{S}_0=\phi$ なることである．

($\hat{S}_0=\phi$ ならば，すべての表現は標準表現であるから一意的である．$\hat{S}_0\neq\phi$ ならば，その中の一点 ξ_0 をとると，函数 $u(x)=M(x,\xi_0)$ は正値調和函数であるから標準表現をもつ．また u は一点 ξ_0 に点質量 1 を与えた測度 μ_0——これは標準測度ではない——を用いても表現される．だから u の表現は一意的でない．)

最後に，R 上の**正値優調和函数の表現定理**を与える．次の定理で $G(x,y)$ は §3.1 で述べた R における Green 函数である．

定理 3.4.4 R 上の任意の正値優調和函数 u に対して，R における Borel 測度 μ_0 と，R の Martin 境界の本質的部分 $\hat{S}_1$ の上の有界 Borel 測度 μ_1 とが一意的に定まって，R の上で

$$u(x)=\int_R G(x,y)d\mu_0(y)+\int_{\hat{S}_1} M(x,\xi)d\mu_1(\xi) \tag{3.4.23}$$

が成立する．

証明 まず§2.3 の Riesz 分解の定理 2.3.5 (Ω を R とする) の ii) により，R における Borel 測度 μ_0 と R 上の調和函数 h が，函数 u によって一意的に定まって，任意の $x\in R$ に対して

$$u(x)=\int_R G(x,y)d\mu_0(y)+h(x) \tag{3.4.24}$$

が成立する．このとき，定理 2.3.5 の ii) の証明からわかるように，函数 h は恒等的に 0 でない限り正値調和函数である．だから定理 3.4.3 により，$\hat{S}_1$ の上の有界 Borel 測度 μ_1 が一意的に定まって，任意の $x\in R$ に対して

$$h(x)=\int_{\hat{S}_1} M(x,\xi)d\mu_1(\xi) \tag{3.4.25}$$

が成立する．(3.4.24)，(3.4.25) により (3.4.23) が成立する．この表現の一意性も上の記述から（すなわち定理2.3.5と定理3.4.3における一意性から）明らかである．□

定理3.4.4は標準表現の定理3.4.3と Riesz 分解の定理2.3.5からの当然の帰結であって，この章の主要定理は定理 3.4.3 である．補助定理 3.4.1 の系1と定理3.4.1 (および $\hat{S}_1$ の定義) からわかるように，$\xi \in \hat{S}_1$ ならば x の函数 $M(x, \xi)$ は極小函数であり，任意の極小函数はこの形のものの定数倍に限る．だから定理3.4.3は，任意の正値調和函数が極小函数を積分的に加え合わせることによって表わされ，その表わし方が一意的であることを示している．

第4章　滑らかな境界の Martin 境界への埋め込み

§4.1　埋め込みの定理

この章では，R が多様体 $\boldsymbol{M}$ の部分領域であって，その境界の一部（境界全体でもよい）が適当に滑らかな場合には，その部分が R の Martin 境界の中へ同相に埋め込まれることを示す．ここでは，集合 $E\subset\boldsymbol{M}$ の閉包 $\bar{E}$，境界 ∂E 等の用語・記号は，$\boldsymbol{M}$ における位相で考えるものとする．ただし，R の Martin 境界 $\hat{S}$ や，その本質的部分 $\hat{S}_1$ などは，R に対して第3章で構成したもの（従って $\boldsymbol{M}$ は考慮していないもの）を意味する．

この章の結果を次の二つの定理として述べ，証明は次の§で与える．

定理 4.1.1　R が向きづけられた m 次元 C^∞ 級多様体 $\boldsymbol{M}$ の部分領域で，その境界 ∂R の一部分 S が $m-1$ 次元 C^3 級単純超曲面から成るとし，偏微分作用素 A の係数 $a^{ij}(x)$, $b^i(x)$ は $R\cup S$ で C^2 級，$c(x)$ は $R\cup S$ で Hölder 連続とする．このとき，∂R における相対位相で考えた S の内部を $\mathring{S}$ と書くことにすると，$\mathring{S}$ は R の A に関する Martin 境界の本質的部分 $\hat{S}_1$ の中へ同相に埋め込まれる；もっと正確に述べると，$\mathring{S}$ の各点 z に対して $\hat{S}_1$ の点 ξ_z が一対一に対応し，

$$(4.1.1)\qquad \begin{cases} x\in R \text{ のとき} & \Phi(x)=x \\ z\in\mathring{S} \text{ のとき} & \Phi(z)=\xi_z \end{cases}$$

で定義される写像 Φ は，多様体 $\boldsymbol{M}$ の部分空間としての $R\cup\mathring{S}$ と，R の Martin コンパクト化 $\hat{R}$（それはコンパクト距離空間である）の部分空間としての $R\cup\Phi(\mathring{S})$ との同相写像を与える．（$\Phi(\mathring{S})=\{\xi_z \mid z\in\mathring{S}\}$.）——

また，$x\in R$ と $z\in\mathring{S}$ に対する Martin 核函数 $M(x,\xi_z)$ と，§3.1 で定義した Green 函数 $G(x,y)$ との関係として，次の定理が成り立つ．

定理 4.1.2 前定理の仮定のもとで，任意の $x \in R$ と $z \in \mathring{S}$ に対して

$$M(x, \xi_z) = \frac{\partial G(x, z)}{\partial \boldsymbol{n}_R(z)} \Big/ \frac{\partial G(\gamma\, ;\, z)}{\partial \boldsymbol{n}_R(z)} \tag{4.1.2}$$

が成立する．従って，任意の $z \in \mathring{S}$ に対して $-\dfrac{\partial G(x, z)}{\partial \boldsymbol{n}_R(z)}$ は x の函数として極小函数である．

§4.2 埋め込み定理の証明

この§では前述の定理4.1.1, 定理4.1.2を証明するが, 証明の各段階を補助定理として述べ, それらを証明していくことにより定理の証明を完成する.

以下においては常に定理4.1.1の仮定が満たされているものとし, Riemann計量 $\|a_{ij}\|$ によって定義される二点 $x, y \in R \cup S$ の距離を $\mathrm{dis}(x, y)$ と書くことにする. また, ρ は§3.2において $\hat{R}$ で定義された距離を表わす.

補助定理 4.2.1 任意の $x \in R$ を固定するとき, §3.1で定義した Martin の核函数 $M(x, y)$ は, $z \in \mathring{S}$ に対して

$$M(x, z) = \frac{\partial G(x, z)}{\partial \boldsymbol{n}_R(z)} \Big/ \frac{\partial G(\gamma\,;\,z)}{\partial \boldsymbol{n}_R(z)} \tag{4.2.1}$$

と定義することにより, y について $(R \cup \mathring{S}) \setminus \{x\}$ で連続な函数に拡張される.

証明 $\mathring{S}$ の上に任意の一点 z_0 をとって固定するとき, z_0 の近傍 W と, その中での局所座標系 $(x^1, \cdots, x^m)$ を適当にとって, 次の i), ii), iii) が成立するようにできる;

i) $\overline{W} \cap \partial R \subset \mathring{S}$ であって, $W \cap \mathring{S}$ は方程式 $x^1 = 0$ で表わされる;

ii) $W \cap R$ において $x^1 > 0$;

iii) $f \in C^1(W)$ ならば任意の $z \in W \cap \mathring{S}$ において $\dfrac{\partial f(z)}{\partial \boldsymbol{n}_R(z)} = -\dfrac{\partial f}{\partial x^1}(z)$.

また Ω を, その閉包 $\overline{\Omega}$ がコンパクトである正則領域で

$$(\overline{W} \cap R) \cup \overline{D}_0 \subset \Omega \subset R, \quad \overline{W} \cap \overline{(\partial\Omega \setminus S)} = \phi \tag{4.2.2}$$

を満たすものとする. (D_0 は第3章の初めに固定した領域.)

Green 函数 $G(x, y)$ は第1章の§1.3で述べた性質 (定理1.3.9) をもつから, 任意の $f \in C_0^1(R)$ に対して,

$$v(y) = \int_R f(x) G(x, y)\, dx \tag{4.2.3}$$

で定義される函数 v は

$$R \text{ において } A^* v = -f, \quad \mathring{S} \text{ の上で } v = 0$$

を満たす. だから, 有界正則領域 Ω における Green 函数 $G_\Omega(x, y)$ の性質 (定

理 1.3.3) により，$z\in\Omega\cup(W\cap\mathring{S})$ ならば

$$v(z)=\int_\Omega f(x)G_\Omega(x,z)dx-\int_{\partial\Omega\setminus\mathring{S}}v(y)\frac{\partial G_\Omega(y,z)}{\partial\boldsymbol{n}_\Omega(y)}dS(y)$$

が成立する．この式の v に (4.2.3) の右辺を代入すると

$$\int_R f(x)G(x,z)dx=\int_\Omega f(x)G_\Omega(x,z)dx$$
$$-\int_R f(x)dx\int_{\partial\Omega\setminus\mathring{S}}G(x,y)\frac{\partial G_\Omega(y,z)}{\partial\boldsymbol{n}_\Omega(y)}dS(y)$$

となり，f の任意性により任意の $x\in\Omega$, $z\in\Omega\cup(W\cap\mathring{S})$ に対して

$$G(x,z)=G_\Omega(x,z)-\int_{\partial\Omega\setminus\mathring{S}}G(x,y)\frac{\partial G_\Omega(y,z)}{\partial\boldsymbol{n}_\Omega(y)}dS(y) \tag{4.2.4}$$

を得る．一方 $G_\Omega(x,z)$ は $(x,z)\in(\bar{\Omega}\times\bar{\Omega})\setminus\{(y,y)\,|\,y\in\bar{\Omega}\}$ に関して C^1 級であって，$x\in\Omega$ かつ $z\in\partial\Omega$ ならば $\dfrac{\partial G_\Omega(x,z)}{\partial\boldsymbol{n}_\Omega(z)}<0$ が成立する．また $y\in\partial\Omega\setminus S$ かつ $z\in W\cap\mathring{S}$ ならば，(4.2.2) の第2式によって，$\dfrac{\partial^2 G_\Omega(y,z)}{\partial\boldsymbol{n}_\Omega(y)\partial\boldsymbol{n}_\Omega(z)}$ が存在して正の値をとる．だから (4.2.4) により，$\bar{D}\subset\Omega$ なる任意の領域 D に対して次のことがわかる：

$$\begin{cases} G(x,z)\ \text{は}\ (x,z)\in\bar{D}\times(\bar{\Omega}\setminus\bar{D})\ \text{に関して}\ C^1\ \text{級で,}\\ \text{任意の}\ x\in\bar{D},\ z\in W\cap\mathring{S}\ \text{に対して}\ \dfrac{\partial G(x,z)}{\partial\boldsymbol{n}_\Omega(z)}<0\,;\\ G(\gamma\,;z)\ \text{は}\ z\in\bar{\Omega}\setminus\bar{D}\ \text{に関して}\ C^1\ \text{級で,}\\ \text{任意の}\ z\in W\cap\mathring{S}\ \text{に対して}\ \dfrac{\partial G(\gamma\,;z)}{\partial\boldsymbol{n}_\Omega(z)}<0. \end{cases} \tag{4.2.5}$$

さて，任意の点 $z\in W\cap\mathring{S}$ は，初めにとった W における局所座標系によって $z=(0,z^2,\cdots,z^m)$ と表わされる．この z に対して $z_\lambda=(\lambda,z^2,\cdots,z^m)$ $(\lambda>0)$ で表わされる点 $z_\lambda\in W\cap\Omega$ を考えると，局所座標系の性質 iii) と (4.2.5) と l'Hospital の定理により

$$\lim_{z_\lambda\to z}\frac{G(x,z_\lambda)}{G(\gamma\,;z_\lambda)}=\lim_{\lambda\downarrow 0}\left\{\frac{dG(x,z_\lambda)}{d\lambda}\Big/\frac{dG(\gamma\,;z_\lambda)}{d\lambda}\right\}$$
$$=\frac{\partial G(x,z)}{\partial\boldsymbol{n}_\Omega(z)}\Big/\frac{\partial G(\gamma\,;z)}{\partial\boldsymbol{n}_\Omega(z)}.$$

しかも，l'Hospital の定理の証明法と (4.2.5) から容易にわかるように，上の収束は，$W\cap\mathring{S}$ の上で z_0 に近い範囲を動く z に関して一様である．一方 z が

$W\cap\mathring{S}$ を動くとき $\dfrac{\partial G(x,z)}{\partial \boldsymbol{n}_\Omega(z)}\Big/\dfrac{\partial G(\gamma\,;z)}{\partial \boldsymbol{n}_\Omega(z)}$ は z について連続である．だから点 $y\in W\cap\Omega$ が z_0 に近い範囲の点 $z\in W\cap\mathring{S}$ に近づくとき

$$\lim_{y\to z}\frac{G(x,y)}{G(\gamma\,;y)}=\frac{\partial G(x,z)}{\partial \boldsymbol{n}_\Omega(z)}\Big/\frac{\partial G(\gamma\,;z)}{\partial \boldsymbol{n}_\Omega(z)}$$

が成立する．以上において z_0 は $\mathring{S}$ の上の任意の点であり，Ω もコンパクトな閉包をもち (4.2.2) を満たす正則領域として任意に大きくとれるから，点 $z\in\mathring{S}$ に対して $M(x,z)$ を (4.2.1) で定義すれば，核函数 $M(x,y)$ は y について $(R\cup\mathring{S})\setminus\{x\}$ で連続となる．▯

補助定理 4.2.2 任意の点 $z\in\mathring{S}$ に対して，Martin 境界 $\hat{S}$ の上の点 ξ_z が一つかつ唯一つ対応して，R の中の $\lim_{\nu\to\infty}\mathrm{dis}(y_\nu,z)=0$ となるような任意の点列 $\{y_\nu\}$ に対して $\lim_{\nu\to\infty}\rho(y_\nu,\xi_z)=0$ となる.

証明 任意の点 $z\in\mathring{S}$ に対して，$\lim_{n\to\infty}\mathrm{dis}\,(z_n,z)=0$ となる点列 $\{z_n\}\subset R$ をとる．この点列は $\hat{R}$ における距離 ρ に関する集積点を R の中にはもたない．$\hat{R}$ は ρ に関してコンパクトだから，$\{z_n\}$ の部分列 $\{z_{n_\nu}\}$ と $\hat{S}$ の一点 ξ を適当にとれば $\lim_{\nu\to\infty}\rho(z_{n_\nu},\xi)=0$ となる．いま $\lim_{\nu\to\infty}\mathrm{dis}(y_\nu,z)=0$ となるような任意の点列 $\{y_\nu\}\subset R$ をとると，補助定理 4.2.1 により

$$\text{任意の } x\in D_0 \text{ に対して}\quad \lim_{\nu\to\infty}|M(x,y_\nu)-M(x,z_{n_\nu})|=0$$

となるから，距離 ρ の定義 (3.2.2) によって $\lim_{\nu\to\infty}\rho(y_\nu,z_{n_\nu})=0$ となり，従って $\lim_{\nu\to\infty}\rho(y_\nu,\xi)=0$ となる．このことはまた，初めの点列 $\{z_n\}$ に対しても $\lim_{n\to\infty}\rho(z_n,\xi)=0$ が成り立つことと，点 $\xi\in\hat{S}$ が点 $z\in\mathring{S}$ によってのみ定まり点列 $\{z_n\}$ のとり方には関係しないことを意味する．だからその点 ξ を ξ_z と書くことにすれば，補助定理 4.2.2 が証明されたことになる．▯

系 任意の $x\in R$ と $z\in\mathring{S}$ に対して

$$M(x,\xi_z)=\frac{\partial G(x,z)}{\partial \boldsymbol{n}_R(z)}\Big/\frac{\partial G(\gamma\,;z)}{\partial \boldsymbol{n}_R(z)}$$

このことは上の二つの補助定理と定理 3.2.2 から直ちにわかる.

補助定理 4.2.3 i) E が $R\cup\mathring{S}$ のコンパクト部分集合，F が $R\setminus(E\cup\overline{D}_0)$ の部分集合であって R の中で閉集合なるものとすると，$M(x,y)$ は $E\times F$ の

上で有界である．ii)　$z\in\mathring{S}$ とし，$\{x_n\}$ を z における S の法線に沿って R の中から $\mathrm{dis}(x_n, z)\to 0$ の意味で z に近づく点列とすると，$\lim_{n\to\infty} M(x_n, \xi_z)=\infty$ となる．更に，ii′)　z' を z と異なる $\mathring{S}$ 上の点とし，$\{x_n\}$ が R の中の点列であって $\lim_{n\to\infty}\mathrm{dis}(x_n, z')=0$ ならば，$\lim_{n\to\infty} M(x_n, \xi_z)=0$ となる．

証明　i)　集合 E, F に対する仮定により，コンパクトな閉包 $\overline{\Omega}$ をもつ正則領域 Ω で，$E\cup\overline{D}_0\subset\overline{\Omega}\subset(R\cup\mathring{S})\setminus F$ かつ $(E\cup\overline{D}_0)\cap(\overline{\partial\Omega\setminus S})=\phi$ なるものがある．補助定理 4.2.1 の証明におけると同様に，任意の $f\in C_0^1(R)$ に対して函数 $u(x)=\int_R G(x, y)f(y)dy$ が

$$R\text{ において }Au=-f,\quad \mathring{S}\text{ の上で }u=0$$

を満たす（定理 1.3.9）ことから，任意の $x\in\Omega$, $y\in R\cup\mathring{S}$ に対して

$$(4.2.6)\qquad G(x, y)=G_\Omega(x, y)+\int_{\partial\Omega\setminus S}\left\{-\frac{\partial G_\Omega(x, z)}{\partial \boldsymbol{n}_\Omega(z)}\right\}G(z, y)dS(z)$$

を導くことができる；ただし

$$(4.2.7)\qquad (x, y)\in\Omega\times([R\cup\mathring{S}])\setminus\Omega)\text{ に対しては }G_\Omega(x, y)=0$$

とする．ここで，適当な定数 C_1, C_2 をとり

$$(4.2.8)\qquad \text{任意の }x\in E,\ z\in\partial\Omega\setminus S\text{ に対して}\quad 0\leqq-\frac{\partial G_\Omega(x, z)}{\partial \boldsymbol{n}_\Omega(z)}\leqq C_1$$

かつ

$$(4.2.9)\qquad \text{任意の }z\in\partial\Omega\setminus S\text{ に対して}\quad 0<C_2\leqq-\frac{\partial G_\Omega(\gamma\,;z)}{\partial \boldsymbol{n}_\Omega(z)}\leqq C_1$$

なるようにできる．(4.2.6〜9) により，$x\in E$ かつ $y\in R\setminus\Omega$ ならば

$$M(x, y)=\frac{G(x, y)}{G(\gamma\,;y)}\leqq\frac{\int_{\partial\Omega\setminus S}C_1\cdot G(z, y)dS(z)}{\int_{\partial\Omega\setminus S}C_2\cdot G(z, y)dS(z)}=\frac{C_1}{C_2}<\infty\,;$$

従って $M(x, y)$ は $E\times F$ の上で有界である．

集合 $E=\{z, x_1, x_2, \cdots, x_n, \cdots\}$ を考え，$E\cup\overline{D}_0$ を含む正則領域 Ω でコンパクトな閉包 $\overline{\Omega}$ をもつものをとり，この Ω に対する $G_\Omega(x, y)$ を考えて (4.2.6〜9) を用いることができる．（以下においては (4.2.6〜9) で y と z を入れかえて用いる．）更に $-\dfrac{\partial G(y, z)}{\partial \boldsymbol{n}_R(z)}$ は非負値をとり，点 z の近傍を除いた所で y の函数として有界であるから，適当な定数 C_3 をとれば

$$\text{任意の } y\in\partial\Omega\setminus S \text{ に対して } \quad 0\leqq-\frac{\partial G(y,z)}{\partial \boldsymbol{n}_R(z)}\leqq C_3$$

となる．だから補助定理 4.2.2 の系と (4.2.6〜9) により不等式

(4.2.10)

$$M(x_n,\xi_z)=\frac{-\dfrac{\partial G(x_n,z)}{\partial \boldsymbol{n}_R(z)}}{-\dfrac{\partial G(\gamma\,;z)}{\partial \boldsymbol{n}_R(z)}}\begin{cases}\geqq\dfrac{-\dfrac{\partial G_\Omega(x_n,z)}{\partial \boldsymbol{n}_\Omega(z)}}{-\dfrac{\partial G_\Omega(\gamma\,;z)}{\partial \boldsymbol{n}_\Omega(z)}+\displaystyle\int_{\partial\Omega\setminus S}C_1C_3\,dS(y)}\\[2ex] \leqq\dfrac{-\dfrac{\partial G_\Omega(x_n,z)}{\partial \boldsymbol{n}_\Omega(z)}-\displaystyle\int_{\partial\Omega\setminus S}\dfrac{\partial G_\Omega(x_n,y)}{\partial \boldsymbol{n}_\Omega(y)}\cdot C_3\,dS(y)}{C_2}\end{cases}$$

が得られる．一方 Green 函数 $G_\Omega(x,y)$ の性質（第1章，定理 1.3.8）により $\lim_{n\to\infty}\left\{-\dfrac{\partial G_\Omega(x_n,z)}{\partial \boldsymbol{n}_\Omega(z)}\right\}=\infty$ となる．このことと (4.2.10) における上の不等式とから $\lim_{n\to\infty}M(x_n,\xi_z)=\infty$ を得る．

ii′) 集合 $E=\{z,z',x_1,x_2,\cdots,x_n,\cdots\}$ を考え，ii) の証明と同様に Ω および $G_\Omega(x,y)$ を考えると，(4.2.10)までは上と同様にして得られる．一方，z を含まないような $\partial\Omega$ の任意のコンパクト部分集合 B に対して，

$$y\in B \text{ について一様に } \lim_{n\to\infty}\frac{\partial G_\Omega(x_n,y)}{\partial \boldsymbol{n}_\Omega(y)}=0 \quad (\text{定理}1.3.8)$$

となる．これを(4.2.10)の下の不等式に適用すれば $\lim_{n\to\infty}M(x,\xi_z)=0$ を得る．▯

補助定理 4.2.4 $\{y_n\}\subset R$, $z\in\mathring{S}$ であって $\lim_{n\to\infty}\rho(y_n,\xi_z)=0$ ならば

$$\lim_{n\to\infty}\mathrm{dis}(y_n,z)=0.$$

証明 まず，点列 $\{y_n\}$ は R の中に集積点をもたない；なぜならば，R においては本来の位相と距離 ρ による位相とが一致すること(補助定理 3.2.1) により，点列 $\{y_n\}$ が R の中に集積点をもつことは $\lim_{n\to\infty}\rho(y_n,\xi_z)=0$ なる仮定に反するからである．従ってまた，コンパクト集合 $\overline{D}_0$ の中には高々有限個の y_n のみが含まれるから，この補助定理の証明には，それらの有限個の y_n を除外してもよい．よって $\{y_1,y_2,\cdots\}\cap\overline{D}_0=\phi$ と仮定する．この仮定のもとで結論を否定すると，点 z のある近傍 $U(z)$ と，点列 $\{y_n\}$ のある部分列 $\{y_{n_\nu}\}$ で $U(z)\cap\overline{D}_0$ の外部にあるものとを選ぶことができる．$U(z)\cap R$ の中に，z における S の法線に沿った点列 $\{x_m\}$ で $\lim_{m\to\infty}\mathrm{dis}(x_m,z)=0$ なるものをとると，集合 $E=\{z,x_1,x_2,\cdots\}$，$F=\{y_{n_1},y_{n_2},\cdots\}$ に補助定理 4.2.3 の i) を適用することにより

$$\text{すべての } m, \nu \text{ に対して} \quad M(x_m, y_{n_\nu}) \leqq C$$

となるような定数 C が存在する．$\lim_{\nu\to\infty} \rho(y_{n_\nu}, \xi_z)=0$ であって，$M(x, y)$ は x を固定するとき $y\in\hat{R}\setminus\{x\}$ について ρ に関して連続（定理 3.2.2）だから，上の不等式で $\nu\to\infty$ とすると

$$\text{すべての } m \text{ に対して} \quad M(x_m, \xi_z) \leqq C$$

となり，補助定理 4.2.3 の ii) に反する．よって補助定理 4.2.4 が成立する．□

この補助定理から直ちに次のことがわかる．

系　z, z' が $\mathring{S}$ の相異なる二点ならば，$\xi_z \neq \xi_{z'}$ である．従って，任意の $\xi\in\hat{S}$ に対して，$\xi=\xi_z$ となる $z\in\mathring{S}$ はたかだか一点である．

補助定理 4.2.5　任意の点 $z\in\mathring{S}$ に対して，点 $\xi_z\in\hat{S}$ が一対一に対応し，

$$(4.2.11) \quad \begin{cases} x\in R \text{ のとき} & \Phi(x)=x \\ z\in\mathring{S} \text{ のとき} & \Phi(z)=\xi_z \end{cases} \quad \text{（これは (4.1.1) と同じ）}$$

で定義される写像 Φ は，M の部分空間としての $R\cup\mathring{S}$ から $\hat{R}$ の中への同相写像を与える．

（**注意**　この補助定理で $\hat{S}$ を $\hat{S}_1$ とすることができれば，これは定理 4.1.1 そのものになる．我々はまずこの補助定理を証明し，これを用いて次の二つの補助定理を証明すると，その結果として $\Phi(\mathring{S})\subset\hat{S}_1$ なることがわかる．このことと上の補助定理 4.2.5 とを合わせて，定理 4.1.1 が得られるのである．）

証明　任意の $z\in\mathring{S}$ に対して，補助定理 4.2.2 に述べられた性質をもつ点 $\xi_z\in\hat{S}$ が一つかつ唯一つ対応する．このことと補助定理 4.2.4 の系により，上の (4.2.11) は $R\cup\mathring{S}$ から $\hat{R}$ の中への一対一の写像 Φ を定義する．Φ が R において同相写像であることは自明だから，任意の点 $z\in\mathring{S}$ における Φ の両連続性を証明しよう．

任意の点 $z\in\mathring{S}$ と点列 $\{x_n\}\subset R$ に対し，補助定理 4.2.2 と補助定理 4.2.4 により，$\lim_{n\to\infty} \mathrm{dis}(x_n, z)=0$ と $\lim_{n\to\infty} \rho(\Phi(x_n), \Phi(z)) \equiv \lim_{n\to\infty} \rho(x_n, \xi_z)=0$ とは同値である．だから，$\{z, z_1, z_2, \cdots, z_n, \cdots\}\subset\mathring{S}$ なるときに，$\lim_{n\to\infty} \mathrm{dis}(z_n, z)=0$ と $\lim_{n\to\infty} \rho(\xi_{z_n}, \xi_z)=0$ とが同値であることを証明すればよい．各点 $z_n\in\mathring{S}$ に対して，補助定理 4.2.2 により

$$\mathrm{dis}(x_n, z_n) < 1/n \quad かつ \quad \rho(x_n, \xi_{z_n}) < 1/n$$

となるような点 $x_n \in R$ をとることができるから,

$$\begin{cases} \mathrm{dis}(x_n, z) - 1/n \leqq \mathrm{dis}(z_n, z) \leqq \mathrm{dis}(x_n, z) + 1/n, \\ \rho(x_n, \xi_z) - 1/n \leqq \rho(\xi_{z_n}, \xi_z) \leqq \rho(x_n z) + 1/n \end{cases}$$

となる. $\lim_{n\to\infty} \mathrm{dis}(x_n, z) = 0$ と $\lim_{n\to\infty} \rho(x_n, \xi_z) = 0$ とは同値 (補助定理 4.2.2 と 4.2.4 により) だから, 上の不等式によって $\lim_{n\to\infty} \mathrm{dis}(z_n, z) = 0$ と $\lim_{n\to\infty} \rho(\xi_{z_n}, \xi_z) = 0$ とが同値であることがわかる. ▯

この補助定理 4.2.5 により, $\mathring{S}$ は $\hat{S}$ の中へ同相に埋め込まれるから, 以下においては, $\mathring{S}$ のコンパクト部分集合を $\hat{S}$ のコンパクト部分集合とも考える.

補助定理 4.2.6 Γ を $\mathring{S}$ のコンパクト部分集合とし, u を R 上の正値調和函数で, 任意の $z \in \Gamma$ に対して $\lim_{\mathrm{dis}(x,z)\to 0} u(x) = 0$ を満たすものとすると, u を表現する標準測度 μ は $\mu(\Gamma) = 0$ を満たす.

証明 Γ を $\hat{S}$ のコンパクト部分集合と考えると, 任意の $\varepsilon > 0$ に対して, R の中の正則開集合 Ω で $(\Omega^a)^i \supset \Gamma$ なるもの——すなわち $\Omega \in \mathcal{O}_\Gamma$; §3.3 の 3°) 参照——を適当にとれば

$$(4.2.12) \qquad x \in \Omega \text{ ならば } u(x) < \varepsilon$$

となる. 次に $F \subset \overline{\Omega}$ なる R の中の任意の正則コンパクト集合 F をとり, 更に F を含む R の中の任意の正則有界領域 D をとる——すなわち $F \in \mathcal{F}_\Omega, D \in \mathcal{D}_F$; §3.3 の 1°), 2°) 参照——. 函数 u に対して §3.3 に述べたように函数 u_F^D, u_F, u_Ω, u_Γ を順次定義すると, (4.2.12) とこれらの函数の定義から,

$$R \text{ の上で } u_F^D(x) \leqq \varepsilon, \quad u_F(x) \leqq \varepsilon, \quad u_\Omega(x) \leqq \varepsilon, \quad u_\Gamma(x) \leqq \varepsilon$$

なることがこの順に示され, 従って $u_\Gamma(\gamma) \leqq \varepsilon$ となる. 一方, 定理 3.4.3 における (3.4.18) と $M(\gamma ; \xi) \equiv 1$ なることにより, u に対する標準測度 μ は

$$u_\Gamma(\gamma) = \int_\Gamma M(\gamma ; \xi) d\mu(\xi) = \mu(\Gamma)$$

を満たす. だから $\mu(\Gamma) \leqq \varepsilon$ となり, ここで ε は任意の正数だから $\mu(\Gamma) = 0$ が得られる. ▯

補助定理 4.2.7 任意の $z_0 \in \mathring{S}$ に対して, x の函数 $u(x) = M(x, \xi_{z_0})$ は極小

函数である.

証明　$u(x)$ は正値調和函数であるから，それを表現する標準測度を μ とする．u が極小函数でないと仮定すると，$\xi_{z_0}\in\hat{S}_0$($\hat{S}_0$ の定義と定理 3.4.1 参照)だから

(4.2.13)　　$\mu(\{\xi_{z_0}\})=0$　($\{\xi_{z_0}\}$ は一点 ξ_{z_0} からなる集合).

Ω を $\boldsymbol{M}$ の中の開集合で z_0 を含み，その閉包 $\overline{\Omega}$ がコンパクトであって，かつ $S\cap\overline{\Omega}\subset\mathring{S}$ を満たすものとする．$(\mathring{S}\cap\overline{\Omega})\setminus\{z_0\}$ に含まれる任意のコンパクト集合 Γ をとると，$z\in\Gamma$ ならば補助定理 4.2.3 の ii′) により $\lim_{\mathrm{dis}(x,z)\to 0} u(x)=0$ となるから，補助定理 4.2.6 によって $\mu(\Gamma)=0$ であり，Γ のとり方の任意性から $\mu((\mathring{S}\cap\Omega)\setminus\{z_0\})=0$ となる．この結果と (4.2.13) とによって $\mu(\mathring{S}\cap\Omega)=0$ を得るから，u の標準表現は次のように書ける：

(4.2.14)　　$$u(x)=\int_{\hat{S}_1\setminus\Omega}M(x,\xi)d\mu(\xi).$$

ここで，$\{x_n\}$ を $R\cap\Omega$ に含まれる点列で $\lim_{n\to\infty}\mathrm{dis}(x_n,z_0)=0$ なるものとし，F を $(R\setminus\Omega)\setminus\overline{D}_0$ に含まれる閉集合とすると，補助定理 4.2.3 の i) により $C=\sup_{n\geqq 1,\ y\in F}M(x_n,y)$ は有限であるから，$M(x,y)$ の連続性 (定理 3.2.2) により $\sup_{n\geqq 1,\xi\in\hat{S}_1\setminus\Omega}M(x_n,\xi)\leqq C$ となる．このことと (4.2.14) および $M(\gamma\,;\xi)\equiv 1$ により

$$\sup_{n\geqq 1}u(x_n)\leqq C\mu(\hat{S}_1\setminus\Omega)=Cu(\gamma)<\infty$$

を得る．一方 u の定義と補助定理 4.2.3 の ii) によって $\lim_{n\to\infty}u(x_n)=\infty$ となり，これは上の結果と矛盾する．だから u は極小函数でなければならない．▯

定理 4.1.1，定理 4.1.2 の証明　補助定理 4.2.5 により，任意の点 $z\in\mathring{S}$ に対して点 $\xi_z\in\hat{S}$ が一対一に対応し，(4.1.1) で定義される写像 Φ は $\boldsymbol{M}$ の部分空間としての $R\cup\mathring{S}$ から $\hat{R}=R\cup\hat{S}$ の中への同相写像を与える．更に，任意の $z\in\mathring{S}$ に対して，x の函数 $M(x,\xi_z)$ は補助定理 4.2.7 により極小函数であるから，定理 3.4.1 と $\hat{S}_1$ の定義により $\xi_z\in\hat{S}_1$ なることがわかる．よって定理 4.1.1 の結論が得られる．従ってまた，補助定理 4.2.2 の系と補助定理 4.2.7 により，定理 4.1.2 が成立することがわかる．▯

第5章　楕円型偏微分作用素に関する正則写像

§5.1　正則写像のための予備概念と記号

この章および次の章では，第3章と同様に R を向きづけられた C^∞ 多様体とし，R において定義された楕円型偏微分作用素 A：

$$Au=\mathrm{div}\,(\nabla u)+(\boldsymbol{b}\cdot\nabla u)$$

(すなわち，第1章で述べた A で $c(x)\equiv 0$ としたもの) の形式的共役偏微分作用素 A^*：

$$A^*v=\mathrm{div}\,(\nabla v-\boldsymbol{b}v)$$

を考える．また，係数のベクトル場 $\boldsymbol{b}$ に対して，後述の‘条件(A)’を常に仮定する．

章の標題にある‘正則写像’は (定義は§5.3で与えるが)，$\boldsymbol{b}\equiv 0$ の場合には，正則コンパクト領域 K の境界上の連続函数 φ に対して，K の外部領域における函数で ∂K で境界値 φ をとるもののうち Dirichlet 積分が最小になるものを，対応させる写像であって，次の章における Neumann 型理想境界(倉持境界)の構成に重要な役割りを果たす．我々は $\boldsymbol{b}\risingdotseq 0$ の場合を扱っているため，Dirichlet 積分そのものは使えないので新しい概念を導入したが，‘正則写像’なる名称は，Ahlfors-Sario の書物にある normal operator，山口博史氏の regular operator (本書の「あとがき」の文献 [6]，[13] 参照) の概念から派生したものとして，regular mapping と名付けたものである．この名称の当否は読者の批判に俟ちたいが，本書では，上記各氏の書物や論文の結果を証明なしに用いることは全くしないで記述する．だから本書を読むためにそれらの文献を前もって見ていただく必要はない．

Ω 上でいたるところ正の値をとる函数 ω が与えられたとき，‘測度’ $d_\omega x=\omega(x)dx$ に関するベクトル場の内積 $(\Phi,\Psi)_{\Omega,\omega}$，ノルム $\|\Phi\|_{\Omega,\omega}$ および函数空間 $\boldsymbol{L}^2_\omega(\Omega)$，$P_\omega(\Omega)$，$P_\omega(\Omega,K)$ (K は Ω に含まれる正則コンパクト集合) 等を，§1.5 の初めに述べた通り定義する．

Rの一点x_0をとり，以下本章および次の章全体を通して，この点を固定しておく．この点x_0は，すぐ下に述べる境界値問題の解を規格化するために用いるもので，以下に述べるすべての結果は，この点の選び方に関係しない．

DをRの中の正則領域で，x_0を含みかつ$\overline{D}$でコンパクトなものとする．このとき，Dにおける楕円型境界値問題

$$(5.1.1)\qquad A^*w=0,\quad \left(\frac{\partial w}{\partial \boldsymbol{n}_D}-\beta_D w\right)\Big|_{\partial D}=0$$

の解wが存在して，定数倍を除いて一意的に定まり，$\overline{D}$において符号一定である；このwは実は§1.3に述べた不変測度の密度函数の定数倍である．このような函数wで$w(x_0)=1$と規格化したものが一意的に定まって，$\overline{D}$上で正の値をとるから，それをω_Dと書くことにし，$p_D=\log\omega_D$とおく．このとき

$$(5.1.2)\qquad \nabla p_D=(\nabla\omega_D)/\omega_D,\ \text{従って}\ \boldsymbol{b}-\nabla p_D\in \boldsymbol{C}(\overline{D})\subset \boldsymbol{L}^2_{\omega_D}(D)$$

なることは明らかである．更に，任意の$\psi\in P_{\omega_D}(D)$に対して

$$(5.1.3)\qquad (\boldsymbol{b}-\nabla p_D,\ \nabla\psi)_{D,\omega_D}=0,$$

$$(5.1.4)\qquad \|\boldsymbol{b}-\nabla p_D\|_{D,\omega_D}\leqq\|\boldsymbol{b}-\nabla\psi\|_{D,\omega_D}.$$

(5.1.3)の証明は，左辺のp_Dに(5.1.2)の第1式を代入し，(5.1.1)（wをω_Dとする）を用いて部分積分を行なえばよい．(5.1.4)は(5.1.3)を用いて次のように示される：

$$\begin{aligned}(5.1.5)\qquad \|\boldsymbol{b}-\nabla\psi\|_{D,\omega_D}^2&=\|(\boldsymbol{b}-\nabla p_D)+\nabla(p_D-\psi)\|_{D,\omega_D}^2\\&=\|\boldsymbol{b}-\nabla p_D\|_{D,\omega_D}^2+2(\boldsymbol{b}-\nabla p_D,\ \nabla(p_D-\psi))_{D,\omega_D}+\|\nabla(p_D-\psi)\|_{D,\omega_D}^2\\&=\|\boldsymbol{b}-\nabla p_D\|_{D,\omega_D}^2+\|\nabla(p_D-\psi)\|_{D,\omega_D}^2\geqq\|\boldsymbol{b}-\nabla p_D\|_{D,\omega_D}^2.\end{aligned}$$

今後，偏微分作用素A^*の係数$\boldsymbol{b}$は，次の条件(A)を満たすものとする：

条件(A)　Rの中のコンパクトな閉包$\overline{D}$をもつ正則領域Dの全体$\{D\}$を考えるとき，函数$q\in C^1(R)$とR上で正の値をとる函数wが存在して

$$(5.1.6)\qquad \boldsymbol{b}-\nabla q\in \boldsymbol{L}^2_w(R)$$

$$(5.1.7)\qquad \varlimsup_{D\uparrow R}\sup_{x\in D}\left|\log\frac{\omega_D(x)}{w(x)}\right|<\infty$$

が成立する．

(5.1.7) は次のことと同等である：上の領域の族 $\{D\}$ から $\overline{D}_n\subset D_{n+1}$, $\bigcup_{n=1}^{\infty}D_n=R$ なる適当な列 $\{D_n\}$ をとれば

$$\sup_n \sup_{x\in D_n}\left|\log\frac{\omega_{D_n}(x)}{w(x)}\right|<\infty. \tag{5.1.8}$$

(5.1.8) は函数 ω_{D_n} と函数 w との比が，従ってまた函数 ω_{D_n} 相互の比が，x について一様に有界で，かつ一様に0から離れていることを意味する．一方 (5.1.6) は，ベクトル場 $\boldsymbol{b}$ がスカラーポテンシャル q の勾配に，ある程度近いことを意味している．特に，函数 $p\in C^3(R)$ があって $\boldsymbol{b}=\nabla p$ と表わされる場合は，境界値問題 (5.1.1) の解の一意性によって $\omega_D(x)=e^{p(x)-p(x_0)}$ であり，条件 (A) は $q=p$, $w=e^{p-p(x_0)}$ として明らかに成立している．

ここで，条件 (A) が満たされるということが，前に固定した点 x_0 の選び方に関係しないことを示しておく．x_0 以外の一点 x_1 をとり，この二点を含みコンパクトな閉包をもつ領域 D_0 を固定すると，Harnack の補題により，正の定数 c, c' が存在して，$\overline{D}_0$ を含む領域で A^*-調和な任意の函数 u に対して

$$cu(x_0)\leqq u(x_1)\leqq c'u(x_0) \tag{5.1.9}$$

が成立する．$D\supset\overline{D}_0$ なる D における境界値問題 (5.1.1) の解 w は明らかに (5.1.9) を満たし，各 D については定数倍を除いて一意的である．だから，点 x_0 において規格化した解 $w(x)/w(x_0)$ と，点 x_1 において規格化した解 $w(x)/w(x_1)$ との比は，D のみに関係する定数 $w(x_1)/w(x_0)$ であり，その値は $c\leqq w(x_1)/w(x_0)\leqq c'$ を満たす．ここで c, c' が D に無関係な正の定数であることから，x_0 において規格化した函数族 $\{\omega_D\}$ について条件 (A) が成り立つことと，x_1 において規格化した函数族 $\{\omega_D\}$ について条件 (A) が成り立つこととは，同値であることがわかる．

以上により，条件 (A) の意味は了解されたであろう．この条件は技術的な仮定とも思えるので，この条件を除いて本書における以下の理論（第5〜7章）を構成するのが望ましいことであるが，それは現在のところ未解決の問題である．

§5.2　作用素 A^* による境界値問題の解に関する準備

R の中の正則コンパクト集合 K を一つ固定する．また，D は K を含みコンパクトな閉包をもつ任意の正則領域とする．

f を $\overline{D}\setminus K^\circ$ で Hölder 連続な函数とし，φ，φ_1 をそれぞれ ∂K，∂D で Hölder 連続な函数として，$D\setminus K$ における楕円型境界値問題

(5.2.1)
$$Au=-f,\quad u|_{\partial K}=\varphi,\quad u|_{\partial D}=\varphi_1$$

および

(5.2.2)
$$Au=-f,\quad u\Big|_{\partial K}=\varphi,\quad \frac{\partial u}{\partial \boldsymbol{n}_D}\Big|_{\partial D}=\varphi_1$$

を考える．境界値問題 (5.2.1) の Green 函数を $G_{D\setminus K}(x,y)$ と書き，境界値問題 (5.2.2) の核函数を $N_{D,K}(x,y)$ と書くことにする（第1章参照）．

第1章では Neumann 問題の核函数のみ $N(x,y)$ で表わしたから，混合型境界値問題 (5.2.2) の核函数は第1章の慣例に従えば $G(\cdot,\cdot)$ を用いることになるが，ここで $N_{D,K}(x,y)$ なる記号を用いたのは次の理由による：第1に，この§の記述では，(5.2.1) の Green 函数との性格の相異（∂D においては Neumann 条件であること）を印象づけたいためであり，第2に，次の章で Neumann 型理想境界の理論に用いられる核函数 $N(x,y)$ が上記の $N_{D,K}(x,y)$ の極限函数として構成される（本章 §5.5）からである．

第1章で述べたように，$G_{D\setminus K}(x,y)$ は (5.2.1) と共役な境界値問題

(5.2.1*)
$$A^*v=-f,\quad v|_{\partial K}=\varphi,\quad u|_{\partial D}=\varphi_1$$

の Green 函数でもあり，$N_{D,K}(x,y)$ は (5.2.2) と共役な境界値問題

(5.2.2*)
$$A^*v=-f,\quad v\Big|_{\partial K}=\varphi,\quad \left(\frac{\partial v}{\partial \boldsymbol{n}_D}-\beta_D v\right)\Big|_{\partial D}=\varphi_1$$

の核函数でもある；この意味は，例えば (5.2.2*) の一意的な解 v が

(5.2.3)
$$v(y)=\int_{D\setminus K} f(x)N_{D,K}(x,y)dx + \int_{\partial K}\varphi(x)\frac{\partial N_{D,K}(x,y)}{\partial \boldsymbol{n}_K(x)}dS(x)+\int_{\partial D}\varphi_1(x)N_{D,K}(x,y)dS(x)$$

で与えられることである．

下記の各補助定理の結果は，次の§で用いられる．

補助定理 5.2.1 Ω, Ω_1 はコンパクトな閉包をもつ正則領域であって，$\Omega\supset\overline{\Omega}_1\supset\Omega_1\supset K$ なるものとする．このとき，$\overline{\Omega}$ を含みコンパクトな閉包をもつ任意の正則領域 D をとると，任意の x, $y\in\Omega_1\setminus K^\circ$ に対して

$$(5.2.4)\quad \begin{aligned} N_{D,K}(x,y)&=G_{\Omega\setminus K}(x,y)\\ &+\int_{\partial\Omega}\int_{\partial\Omega_1}\frac{\partial G_{\Omega\setminus K}(x,z)}{\partial \boldsymbol{n}_\Omega(z)}N_{D,K}(z,z_1)\frac{\partial G_{\Omega_1\setminus K}(z_1,y)}{\partial \boldsymbol{n}_{\Omega_1}(z_1)}dS(z_1)dS(z). \end{aligned}$$

証明 任意の $f\in C_0^1(D)$ をとるとき，函数

$$u(x)=\int_{D\setminus K}N_{D,K}(x,y)f(y)dy$$

を $\overline{\Omega}\setminus K^\circ$ に制限したものは，境界値問題 (5.2.1) で D を Ω で置き換え，$\varphi\equiv0$, $\varphi_1=u|_{\partial\Omega}$ としたものの解であるから，Green 函数 $G_{\Omega\setminus K}(x,y)$ を用いて

$$u(x)=\int_{\Omega\setminus K}G_{\Omega\setminus K}(x,y)f(y)dy-\int_{\partial\Omega}\frac{\partial G_{\Omega\setminus K}(x,z)}{\partial \boldsymbol{n}_\Omega(z)}u(z)dS(z)$$

と表わされる．ここで f の任意性により，x, $y\in\Omega\setminus K^\circ$ ならば

$$(5.2.5)\quad N_{D,K}(x,y)=G_{\Omega\setminus K}(x,y)-\int_{\partial\Omega}\frac{\partial G_{\Omega\setminus K}(x,z)}{\partial \boldsymbol{n}_\Omega(z)}N_{D,K}(z,y)dS(z)$$

が成立する．また，任意の $f\in C_0^1(D\setminus\overline{\Omega}_1)$ に対して，函数

$$v(y)=\int_{D\setminus K}f(z)N_{D,K}(z,y)dz$$

の $\overline{\Omega}_1\setminus K^\circ$ への制限を (5.2.1*) の型の境界値問題の解と考えて，上と同様に考察すると，$z\in\Omega\setminus\overline{\Omega}_1$, $y\in\Omega_1\setminus K^\circ$ ならば ($f(y)=0$ により)

$$(5.2.6)\quad N_{D,K}(z,y)=-\int_{\partial\Omega_1}N_{D,K}(z,z_1)\frac{\partial G_{\Omega_1\setminus K}(z_1,y)}{\partial \boldsymbol{n}_{\Omega_1}(z_1)}dS(z_1)$$

が成立する．(5.2.5) の右辺の $N_{D,K}(z,y)$ に (5.2.6) の右辺を代入すれば (5.2.4) が得られる．▯

補助定理 5.2.2 K を含みコンパクトな閉包をもつ正則領域 Ω を固定し，D は $\overline{\Omega}$ を含みコンパクトな閉包をもつ任意の正則領域とするとき

$$\sup_{D\supset\Omega}\left\{\sup_{x\in D\setminus\Omega}\int_{\partial\Omega}N_{D,K}(x,y)dS(y)\right\}<\infty.$$

証明 領域 $\Omega\setminus K$ における境界値問題 $Au=0$, $u|_{\partial K}=1$, $u|_{\partial\Omega}=0$ の解を u

とすると，コンパクト集合 $\partial\Omega$ の上でいたる所 $\partial u/\partial \boldsymbol{n}_\Omega<0$ だから

$$\min_{y\in\partial\Omega}\left\{-\frac{\partial u(y)}{\partial \boldsymbol{n}_\Omega(y)}\right\}>0. \tag{5.2.7}$$

$x\in\overline{D}\setminus\overline{\Omega}$ を任意に固定するとき，$y\in\Omega\setminus K$ においては $A_y^* N_{D,K}(x,y)=0$ が成立するから，Green の公式により

$$\int_{\partial\Omega} N_{D,K}(x,y)\frac{\partial u(y)}{\partial \boldsymbol{n}_\Omega(y)}dS(y)+\int_{\partial K}\frac{\partial N_{D,K}(x,y)}{\partial \boldsymbol{n}_K(y)}dS(y)=0 \tag{5.2.8}$$

を得る．また，函数 $w\equiv 1$ は $D\setminus K$ における境界値問題 $Aw=0$, $w|_{\partial K}=1$, $(\partial w/\partial \boldsymbol{n}_D)|_{\partial D}=0$ の解であるから，任意の $x\in\overline{D}\setminus K$ に対して

$$1=\int_{\partial K}\frac{\partial N_{D,K}(x,y)}{\partial \boldsymbol{n}_K(y)}dS(y). \tag{5.2.9}$$

(5.2.7～9) により任意の $D\supset\overline{\Omega}$ と任意の $x\in\overline{D}\setminus\overline{\Omega}$ に対して

$$\int_{\partial\Omega} N_{D,K}(x,y)dS(y)\leqq\left[\min_{y\in\partial\Omega}\left\{-\frac{\partial u(y)}{\partial \boldsymbol{n}_\Omega(y)}\right\}\right]^{-1}<\infty$$

となるが，積分論における Fatou の補題により，上の不等式は $x\in\partial\Omega$ でも成立するから，この補助定理 5.2.2 が成立する．□

補助定理 5.2.3 E と F を $R\setminus K^\circ$ に含まれるコンパクト集合で互いに交わらないものとし，$K\cup E\cup F$ を含む正則領域 Ω でコンパクトな閉包をもつものを定めるとき，次の函数族は $E\times F$ の上で一様有界かつ同等連続である：

$$\left\{\begin{matrix} N_{D,K}(x,y), & \nabla_x N_{D,K}(x,y), \\ \nabla_y N_{D,K}(x,y), & \nabla_x\nabla_y N_{D,K}(x,y)\end{matrix}\;\middle|\; \begin{matrix}D\text{ は }\overline{\Omega}\text{ を含みコンパク}\\ \text{トな閉包をもつ正則領域}\\ \text{の全体にわたる}\end{matrix}\right\}.$$

証明 Ω_1 を $K\cup E\cup F\subset\Omega_1\subset\overline{\Omega}_1\subset\Omega$ なる正則領域とすると，上記のような任意の D に対して補助定理 5.2.1 が適用されるからが，(5.2.4) が成立する．(5.2.4) の右辺の $N_{D,K}(z,z_1)$ に補助定理 5.2.2 (Ω を Ω_1 とする) を適用すると $\sup_{D\supset\overline{\Omega}}\left\{\sup_{z\in\partial\Omega}\int_{\partial\Omega_1}N_{D,K}(z,z_1)dS(z_1)\right\}<\infty$ が得られるから，これと (5.2.4) によって補助定理 5.2.3 が成立する．□

補助定理 5.2.4 F を $R\setminus K^\circ$ に含まれるコンパクト集合とし，$K\cup F$ を含む正則領域 Ω でコンパクトな閉包をもつものを定め，また $C^1(\partial K)$ に属する函数 φ を与えておく．K を含みコンパクトな閉包をもつ任意の正則領域 D に

対して，$D\setminus K$ における境界値問題 (5.2.2*) で $f\equiv 0$, $\varphi_1\equiv 0$ とし，φ を上に与えられたものとした時の解を v_D と書くことにする．このとき次の函数族は F の上で一様有界かつ同等連続である：

$$\left\{ v_D, \nabla v_D \;\middle|\; \begin{array}{l} D\text{は}\ \overline{\Omega}\ \text{を含みコンパクト閉包を} \\ \text{もつ正則領域の全体にわたる} \end{array} \right\}.$$

証明　$K\cup F\subset\Omega_1\subset\overline{\Omega}_1\subset\Omega_2\subset\overline{\Omega}_2\subset\Omega$ なる正則領域 Ω_1, Ω_2 をとり，$\overline{\Omega}_1$ で $h=1$, $R\setminus\Omega_2$ で $h=0$ となる函数 $h\in C_0^3(R)$ を固定する．u を $\Omega\setminus K$ における境界値問題 $A^*u=0$, $u|_{\partial K}=\varphi, u|_{\partial\Omega}=0$ の解とし，

$$w(y)=\begin{cases} h(y)u(y) & (y\in\Omega\setminus K\ \text{のとき}) \\ 0 & (y\in R\setminus\Omega\ \text{のとき}) \end{cases}$$

とおくと，$A^*w\in C_1^0(R\setminus K)$ であって A^*w の台は $\overline{\Omega}_2\setminus\Omega_1$ に含まれる．任意の $D\supset\overline{\Omega}$ に対して，函数 v_D-w は $D\setminus K$ で $A^*(v_D-w)=-A^*w$ を満たし，境界条件

$$(v_D-w)\Big|_{\partial K}=0, \quad \left[\frac{\partial(v_D-w)}{\partial \boldsymbol{n}_D}-\beta_D(v_D-w)\right]\Big|_{\partial D}=0$$

を満たすから，公式 (5.2.3) により，任意の $y\in\Omega\setminus K$ に対して

$$v_D(y)-w(y)=\int_{\Omega_2\setminus\Omega_1} A^*w(x)\cdot N_{D,K}(x,y)dx$$

が成立する．この右辺の $N_{D,K}(x,y)$ に補助定理 5.2.3 ($E=\overline{\Omega}_2\setminus\Omega_1$ とする) を適用すれば，補助定理 5.2.4 が成立することがわかる．▯

補助定理 5.2.5　v_D を前の補助定理 5.2.4 の通りとし，ω_D を前§で定義した函数とすると，

$$\sup_{x\in D\setminus K}\left|\frac{v_D(x)}{\omega_D(x)}\right|\leqq\max_{x\in\partial K}\left|\frac{\varphi(x)}{\omega_D(x)}\right|. \tag{5.2.10}$$

証明　$D\setminus K$ において $v_D(y)$ は公式 (5.2.3) で $f\equiv 0$, $\varphi_1\equiv 0$ とおくことにより表わされるから，

$$v_D(y)=\int_{\partial K}\varphi(x)\frac{\partial N_{D,K}(x,y)}{\partial \boldsymbol{n}_K(x)}dS(x). \tag{5.2.11}$$

$\omega_D(y)$ も ∂D 上では同じ境界条件を満たすから，$D\setminus K$ では

$$\omega_D(y)=\int_{\partial K}\omega_D(x)\frac{\partial N_{D,K}(x,y)}{\partial \boldsymbol{n}_K(x)}dS(x). \tag{5.2.12}$$

(5.2.11) において $\dfrac{\partial N_{D,K}(x,y)}{\partial \boldsymbol{n}_K(x)}>0$ (定理 1.2.3 参照；$\boldsymbol{n}_K$ は K から見て外向き法線であることにより，ここでは負号 − がつかない) であり，また D の中で $\omega_D(x)>0$ だから，$y\in D\setminus K$ ならば

$$\begin{aligned}|v_D(y)| &\leqq \int_{\partial K}\left|\frac{\varphi(x)}{\omega_D(x)}\right|\omega_D(x)\frac{\partial N_{D,N}(x,y)}{\partial \boldsymbol{n}_K(x)}dS(x)\\ &\leqq \max_{x\in\partial K}\left|\frac{\varphi(x)}{\omega_D(x)}\right|\int_{\partial K}\omega_D(x)\frac{\partial N_{D,K}(x,y)}{\partial \boldsymbol{n}_K(x)}dS(x)\\ &=\max_{x\in\partial K}\left|\frac{\varphi(x)}{\omega_D(x)}\right|\cdot\omega_D(y)\quad \text{((5.2.12) により)}.\end{aligned}$$

従って $\left|\dfrac{v_D(y)}{\omega_D(y)}\right|\leqq\max_{x\in\partial K}\left|\dfrac{\varphi(x)}{\omega_D(x)}\right|$ となり，これから (5.2.10) を得る．□

§5.3　正則写像

今後Dはコンパクトな閉包をもつ正則写像とし，$\{\omega_D\}$を§5.1で与えられた函数族とする．この§では，まず次の二つの定理を証明し，その結果を用いて，Rの中の任意のコンパクト集合Kに対して$C^1(\partial K)$から$R\setminus K$におけるA^*-調和函数の集合の中への写像を定義し，それを‘正則写像’と名付ける．

定理 5.3.1　次の性質 (B) をもつ函数$\omega\in C^2(R)$が存在して，一意的である：

$$
(\mathrm{B})\qquad\begin{cases} R\text{の上で}\ \omega>0,\ \text{特に}\ \omega(x_0)=1\,; \\ p=\log\omega\ \text{とおくとき},\ \boldsymbol{b}-\nabla p\in \boldsymbol{L}^2_\omega(R)\ \text{であって} \\ \text{任意の}\ \psi\in P_\omega(R)\ \text{に対して}\ (\boldsymbol{b}-\nabla p,\ \nabla\psi)_{R,\omega}=0. \end{cases}
$$

この函数ωはRにおいてA^*-調和であり，条件 (A) の (5.1.8) を満たす任意の領域の列$\{D_n\}$に対して$\omega=\lim_{n\to\infty}\omega_{D_n}$，$\nabla\omega=\lim_{n\to\infty}\nabla\omega_{D_n}$が$R$上の広義一様収束で成立する．

定理 5.3.2　ω，pを前の定理に述べられた函数とする．Rの中の任意の正則コンパクト集合Kと，任意の函数$\varphi\in C^1(\partial K)$に対して，次の性質 (C) をもつ函数$u\in C^0(R\setminus K^\circ)\cap C^2(R\setminus K)$が存在して，一意的である：

$$
(\mathrm{C})\qquad\begin{cases} u|_{\partial K}=\varphi,\quad \left\|\nabla\dfrac{u}{\omega}\right\|_{R\setminus K,\omega}<\infty,\quad \displaystyle\sup_{x\in R\setminus K}\left|\frac{u(x)}{\omega(x)}\right|<\infty\,; \\ \text{任意の}\ \psi\in P_\omega(R\,;K)\ \text{に対して}\ \left(\nabla\dfrac{u}{\omega}-[\boldsymbol{b}-\nabla p]\dfrac{u}{\omega},\ \nabla\psi\right)_{R\setminus K,\omega}=0. \end{cases}
$$

この函数uは$R\setminus K$でA^*-調和であって，$\displaystyle\sup_{x\in R\setminus K}\left|\frac{u(x)}{\omega(x)}\right|\leqq\max_{x\in\partial K}\left|\frac{\varphi(x)}{\omega(x)}\right|$を満たす．また，$K$を含む任意の正則領域$D$に対して，$D\setminus K$における境界値問題

$$
A^*v=0,\quad v\Big|_{\partial K}=\varphi,\quad \left(\frac{\partial v}{\partial \boldsymbol{n}_D}-\beta_D v\right)\Big|_{\partial D}=0
$$

の解をv_Dとすると，(5.1.8) を満たす任意の領域の列$\{D_n\}$に対して$u=\lim_{n\to\infty}v_{D_n}$，$\nabla u=\lim_{n\to\infty}\nabla v_{D_n}$が$R\setminus K^\circ$上の広義一様収束で成立する．

補助定理 5.3.1　K を正則コンパクト集合とし，$\{D_n\}$ は K を含む領域の列で条件（A）の（5.1.8）を満たすものとして，$\omega_n=\omega_{D_n}\ (n=1,2,\cdots)$ とおく．各 n に対して $\Phi_n\in L^2_{\omega_n}(D_n\setminus K)$ があって，任意の $\psi\in P_{\omega_n}(D_n\,;K)$ に対して $(\Phi_n,\ \nabla\psi)_{D_n\setminus K,\omega_n}=0$ を満たし，また $\sup_n\|\Phi_n\|_{D_n\setminus K,\omega_n}<\infty$ とする．更に，極限函数 $\omega=\lim_{n\to\infty}\omega_n$，$\Phi=\lim_{n\to\infty}\Phi_n$ が $R\setminus K^\circ$ の上の広義一様収束で存在すると仮定する．このとき

$$
(5.3.1)\qquad \begin{cases}\Phi\in L^2_\omega(R\setminus K),\\ \text{任意の }\psi\in P_\omega(R\,;K)\text{ に対して }(\Phi,\ \nabla\psi)_{R\setminus K,\omega}=0\end{cases}
$$

が成立する．この命題は K が空集合の場合にも，$P_{\omega_n}(D_n\,;K)$，$P_\omega(R\,;K)$ をそれぞれ $P_{\omega_n}(D_n)$，$P_\omega(R)$ と読み替えることにより成立する．

証明　$K\neq\phi$ の場合の証明を述べる；$K=\phi$ の場合への証明の修正は容易である．以下の記述の便宜上，$R\setminus\overline{D}_n$ では $\omega_n=0$，$\Phi_n=0$ と約束しておく；これにより ω_n，Φ_n が ∂D_n 上で不連続となることは全く差支えない．このとき（5.1.8）により定数 $M\geqq1$ が存在して，R 上で

$$
(5.3.2)\qquad M^{-1}w\leqq\omega_n\leqq Mw\ (n=1,2,\cdots),\ \text{従って}
$$

$$
(5.3.3)\qquad M^{-1}w\leqq\omega\leqq Mw
$$

が成立するから，$M^{-2}\leqq\omega_n/\omega\leqq M^2$ である．だから，この補助定理の仮定により $\sup_n\left\|\frac{\omega_n}{\omega}\Phi_n\right\|_{R\setminus K,\omega}<\infty$，従って Fatou の補題により $\|\Phi\|_{R\setminus K,\omega}<\infty$，すなわち $\Phi\in L^2_\omega(R\setminus K)$ を得る．次に任意の $\psi\in P_\omega(R\,;K)$ に対して，これを $D_n\setminus K$ に制限したものは $P_{\omega_n}(D_n\,;K)$ に属するから $(\Phi_n,\ \nabla\psi)_{D_n\setminus K,\omega_n}=0$ となる．また任意の $\varepsilon>0$ に対して十分大きい $D\supset K$ をとれば

$$
\left(\sup_n\left\|\frac{\omega_n}{\omega}\Phi_n\right\|_{R\setminus D,\omega}+\|\Phi\|_{R\setminus D,\omega}\right)\|\nabla\psi\|_{R\setminus D,\omega}<\varepsilon
$$

となる（上の左辺の（…）内で $R\setminus D$ を $R\setminus K$ としておいて，D を大きくすれば $\|\nabla\psi\|_{R\setminus D,\omega}$ がいくらでも小さくなる）．だから，$D_n\supset D$ ならば

$$
\begin{aligned}
|(\Phi,\ \nabla\psi)_{R\setminus K,\omega}|&=|(\Phi,\ \nabla\psi)_{R\setminus K,\omega}-(\Phi_n,\ \nabla\psi)_{D_n\setminus K,\omega_n}|\\
&\leqq\left|\left(\Phi-\frac{\omega_n}{\omega}\Phi_n,\ \nabla\psi\right)_{D\setminus K,\omega}\right|+\left|\left(\Phi-\frac{\omega_n}{\omega}\Phi_n,\ \nabla\psi\right)_{R\setminus D,\omega}\right|
\end{aligned}
$$

$$\leqq \left\| \Phi - \frac{\omega_n}{\omega}\Phi_n \right\|_{D\setminus K,\omega} \cdot \|\nabla\psi\|_{D\setminus K,\omega} + \left(\|\Phi\|_{R\setminus D,\omega} + \left\| \frac{\omega_n}{\omega}\Phi_n \right\|_{R\setminus D,\omega} \right) \|\nabla\psi\|_{R\setminus D,\omega}$$

$$< \left\| \Phi - \frac{\omega_n}{\omega}\Phi_n \right\|_{D\setminus K,\omega} \cdot \|\nabla\psi\|_{R\setminus K,\omega} + \varepsilon.$$

$n\to\infty$ とすると $\overline{D}$ 上では一様に $\omega_n\to\omega$, $\Phi_n\to\Phi$ だから $|(\Phi, \nabla\psi)_{R\setminus K,\omega}|\leqq\varepsilon$ となり，ε は任意の正数だから $(\Phi, \nabla\psi)_{R\setminus K,\omega}=0$ を得る．□

補助定理 5.3.2 $\omega_1, \omega_2 \in C^2(R)$ であって，いずれも定理 5.3.1 の (B) を満たすとし，$\omega=\omega_1+\omega_2$, $p=\log\omega$ とおく．このとき ω も (B) ($\omega(x_0)=1$ を除く) を満たし，各 ω_ν ($\nu=1, 2$) について $\nabla\frac{\omega_\nu}{\omega}\in \boldsymbol{L}^2_\omega(R)$ であって

(5.3.4) 任意の $\psi\in P_\omega(R)$ に対して $\left(\nabla\frac{\omega_\nu}{\omega}-[\boldsymbol{b}-\nabla p]\frac{\omega_\nu}{\omega}, \nabla\psi\right)_{R,\omega}=0.$

証明 まず簡単な計算により，R 上で次の不等式が成立する：

(5.3.5)
$$\frac{|\nabla\omega|^2}{\omega}\leqq\frac{|\nabla\omega_1|^2}{\omega_1}+\frac{|\nabla\omega_2|^2}{\omega_2};$$

この不等式は，両辺の差を通分して

$$|2\,\omega_1\omega_2(\nabla\omega_1\cdot\nabla\omega_2)|\leqq 2\omega_1\omega_2|\nabla\omega_1|\cdot|\nabla\omega_2|\leqq\omega_2{}^2|\nabla\omega_1|^2+\omega_1{}^2|\nabla\omega_2|^2$$

を用いれば容易に示される．(5.3.5) と $\nabla p=(\nabla\omega)/\omega$ により

$$|\boldsymbol{b}-\nabla p|^2\omega=|\boldsymbol{b}|^2\omega-2(\boldsymbol{b}\cdot\nabla\omega)+\frac{|\nabla\omega|^2}{\omega}$$

$$\leqq|\boldsymbol{b}-\nabla p_1|^2\omega_1+|\boldsymbol{b}-\nabla p_2|^2\omega_2$$

となるから，両端辺を R 上で積分すれば

(5.3.6)
$$\|\boldsymbol{b}-\nabla p\|_{R,\omega}^2\leqq\|\boldsymbol{b}-\nabla p_1\|_{R,\omega_1}^2+\|\boldsymbol{b}-\nabla p_2\|_{R,\omega_2}^2<\infty;$$

すなわち $\boldsymbol{b}-\nabla p\in\boldsymbol{L}^2_\omega(R)$ が示された．次に，任意の $\psi\in P_\omega(R)$ に対して

$$([\boldsymbol{b}-\nabla p]\cdot\nabla\psi)\omega=([\omega\boldsymbol{b}-\nabla\omega]\cdot\nabla\psi)$$

$$=([\boldsymbol{b}-\nabla p_1]\cdot\nabla\psi)\omega_1+([\boldsymbol{b}-\nabla p_1]\cdot\nabla\psi)\omega^2.$$

両端辺を R 上で積分すると，$P_\omega(R)\subset P_{\omega_1}(R)\cap P_{\omega_2}(R)$ なることにより，右端辺の各項の積分は 0 になるから $([\boldsymbol{b}-\nabla p]\cdot\nabla\psi)_{R,\omega}=0$ を得る．これで ω が (B) を ($\omega(x_0)=1$ を除き) 満たすことが示された．また $\nu=1, 2$ に対して

(5.3.7)
$$\left\{\nabla\frac{\omega_\nu}{\omega}-[\boldsymbol{b}-\nabla p]\frac{\omega_\nu}{\omega}\right\}\omega=-[\boldsymbol{b}-\nabla p_\nu]\omega_\nu,$$

従って　$$\left\|\nabla\frac{\omega_\nu}{\omega}\right\|\omega^{1/2}\leqq|\boldsymbol{b}-\nabla p|\omega^{1/2}+|\boldsymbol{b}-\nabla p_\nu|\omega_\nu{}^{1/2}$$

が成り立つから，両辺の2乗を R 上で積分すれば，仮定と (5.3.6) により

$$\left\|\nabla\frac{\omega_\nu}{\omega}\right\|_{R,\omega}^2\leqq 2(\|\boldsymbol{b}-\nabla p\|_{R,\omega}^2+\|\boldsymbol{b}-\nabla p_\nu\|_{R,\omega}^2)<\infty.$$

こうして $\nabla\dfrac{\omega_\nu}{\omega}\in\boldsymbol{L}_\omega^2(R)$ が示された．このことと (5.3.6) とから $\nabla\dfrac{\omega_\nu}{\omega}-[\boldsymbol{b}-\nabla p]\dfrac{\omega_\nu}{\omega}\in\boldsymbol{L}_\omega^2(R)$ を得る．だから任意の $\psi\in P_\omega(R)\subset P_{\omega_\nu}(R)$ に対して (5.3.4) の等式の左辺は意味をもち，(5.3.7) と仮定によって

$$\left(\nabla\frac{\omega_\nu}{\omega}-[\boldsymbol{b}-\nabla p]\frac{\omega_\nu}{\omega},\ \nabla\psi\right)_{R,\omega}=-(\boldsymbol{b}-\nabla p_\nu,\ \nabla\psi)_{R,\omega_\nu}=0$$

となる．これで補助定理5.3.2が示された．□

以上の補助定理を用いて，定理5.3.1および5.3.2を証明する．

定理5.3.1の証明　(5.1.8) を満たす任意の領域の列 $\{D_n\}$ をとり，$\omega_n=\omega_{D_n}$ とおくと，定数 $M\geqq 1$ が存在して，

(5.3.2′)　　D_n において $M^{-1}w\leqq\omega_n\leqq Mw\quad(n=1,2,\cdots)$.

任意の k に対して，函数列 $\{\omega_n;\ n\geqq k\}$ は D_k で一様有界な A^*-調和函数の列であるから，定理1.4.5により適当な部分列が，ある A^*-調和函数に D_k で広義一様に収束する．だから k に関する対角線論法により，$\{\omega_n;\ n\geqq 1\}$ の適当な部分列を，R において A^*-調和な函数 ω に R で広義一様に収束するように選ぶことができる．我々はしばらくの間，この部分列を単に $\{\omega_n\}$ と書き，対応する領域 D_n の部分列を単に $\{D_n\}$ と書くことにする．このとき明らかに $\omega(x_0)=1$ であり，また (5.3.2′) により R において

(5.3.8)　　$M^{-1}w\leqq\omega\leqq Mw$，従って $M^{-2}\leqq\omega_n/\omega\leqq M^2$.

更に定理1.4.5により $\nabla\omega=\lim_{n\to\infty}\nabla\omega_n$ (R で広義一様収束) が成立するから，$p_n=\log\omega_n$，$p=\log\omega$ とおくと

(5.3.9)　　$p=\lim_{n\to\infty}p_n,\quad \nabla p=\lim_{n\to\infty}\nabla p_n$　(R で広義一様収束).

また (5.1.4)，(5.3.2′)，(5.1.6) により

$$\|\boldsymbol{b}-\nabla p_n\|_{D_n,\omega_n}\leqq\|\boldsymbol{b}-\nabla q\|_{D_n,\omega_n}\leqq M\|\boldsymbol{b}-\nabla q\|_{R,w}<\infty$$

であり，(5.1.3) により任意の $\psi\in P_{\omega_n}(D_n)$ に対して $(\boldsymbol{b}-\nabla p_n,\ \nabla\psi)_{D_n,\omega_n}=0$ となる．そこで $\boldsymbol{\Phi}_n=\boldsymbol{b}-\nabla p_n$ $(n=1,2,\cdots)$，$\boldsymbol{\Phi}=\boldsymbol{b}-\nabla p$ とおくと，補助定理 5.3.1 ($K=\phi$ の場合) が適用されるから，ω が性質 (B) をもつことがわかる．

次に，性質 (B) をもつ函数の一意性を証明するため，ω_1 と ω_2 が性質 (B) をもつとし，$\omega=\omega_1+\omega_2$，$p=\log\omega$ とおく．(一意性の証明中は ω_1，ω_2 は前の函数列 $\{\omega_n\}$ の中の函数ではない.) このとき補助定理 5.3.2 により，$\nu=1$，2 に対して $\nabla\dfrac{\omega_\nu}{\omega}\in\boldsymbol{L}^2_\omega(R)$；従って (5.3.4) で $\psi=\dfrac{\omega_1-\omega_2}{\omega}$ とおいて

$$\left(\nabla\frac{\omega_\nu}{\omega}-[\boldsymbol{b}-\nabla p]\frac{\omega_\nu}{\omega},\ \nabla\frac{\omega_1-\omega_2}{\omega}\right)_{R,\omega}=0\quad(\nu=1,2)$$

を得る．だから

$$(5.3.10)\qquad \left(\nabla\frac{\omega_1-\omega_2}{\omega}-[\boldsymbol{b}-\nabla p]\frac{\omega_1-\omega_2}{\omega},\ \nabla\frac{\omega_1-\omega_2}{\omega}\right)_{R,\omega}=0.$$

また，ω が性質 (B) をもつから，$\boldsymbol{\Phi}=\boldsymbol{b}-\nabla p$ と $\psi=\dfrac{\omega_1-\omega_2}{\omega}$ に定理 1.5.2 が適用されて

$$(5.3.11)\qquad \left([\boldsymbol{b}-\nabla p]\frac{\omega_1-\omega_2}{\omega},\ \nabla\frac{\omega_1-\omega_2}{\omega}\right)_{R,\omega}=0$$

となる．(5.3.10) と (5.3.11) とから $\left\|\nabla\dfrac{\omega_1-\omega_2}{\omega}\right\|_{R,\omega}=0$ を得るから，$\dfrac{\omega_1-\omega_2}{\omega}$ は R で定数となり，$\omega_1(x_0)=\omega_2(x_0)=1$ により $\omega_1\equiv\omega_2$ を得る．

ここで再び $\{D_n\}$ を，初めにとったように (5.1.8) を満たす領域の列とする．前に述べた (B) を満たす函数の存在証明からわかるように，$\{D_n\}$ の任意の部分列の中に，適当な部分列 $\{D_{(\nu)}\}$ をとって，対応する $\{\omega_{D_{(\nu)}}\}$，$\{\nabla\omega_{D_{(\nu)}}\}$ がそれぞれ ω，$\nabla\omega$ に R で広義一様に収束し，ここで ω は，上に証明した一意性により，$\{D_n\}$ にも関係しないところの，ある定まった函数である．だから (5.1.8) を満たす任意の領域の列 $\{D_n\}$ に対して，部分列をとらずに，$\omega=\lim\limits_{n\to\infty}\omega_{D_n}$，$\nabla\omega=\lim\limits_{n\to\infty}\nabla\omega_n$ が R 上広義一様収束で成立する．□

定理 5.3.2 の証明　K を内部に含みコンパクトな閉包をもつ領域 D_0 を一つ固定し，また函数 $u_0\in C^1_0(R)$ で $u_0|_{\partial K}=\varphi$ を満たし，台が D_0 に含まれるものを一つ固定する．前に定義した函数 ω_D に対して $p_D=\log\omega_D$ とすると，

D において $\operatorname{div}\{\omega_D[\boldsymbol{b}-\nabla p_D]\}=0$, ∂D 上で $\beta_D-\partial p_D/\partial \boldsymbol{n}_D=0$ が成立する．このことと，定理に述べられた函数 v_D の性質から，$D\supset D_0$ ならば部分積分によって

$$\left([\boldsymbol{b}-\nabla p_D]\frac{v_D-u_0}{\omega_D},\ \nabla\frac{v_D-u_0}{\omega_D}\right)_{D\setminus K,\omega_D}=0$$

(この式は定理 1.5.1 と本質的に同じである) および

$$\left(\nabla\frac{v_D}{\omega_D}-[\boldsymbol{b}-\nabla p_D]\frac{v_D}{\omega_D},\ \nabla\frac{v_D-u_0}{\omega_D}\right)_{D\setminus K,\omega_D}=0$$

が示される．だから

$$\begin{aligned}\left\|\nabla\frac{v_D-u_0}{\omega_D}\right\|^2_{D\setminus K,\omega_D}&=\left(\nabla\frac{v_D-u_0}{\omega_D}-[\boldsymbol{b}-\nabla p_D]\frac{v_D-u_0}{\omega_D},\ \nabla\frac{v_D-u_0}{\omega_D}\right)_{D\setminus K,\omega_D}\\&=-\left(\nabla\frac{u_0}{\omega_D}-[\boldsymbol{b}-\nabla p_D]\frac{u_0}{\omega_D},\ \nabla\frac{v_D-u_0}{\omega_D}\right)_{D\setminus K,\omega_D}\\&\leqq\left\|\nabla\frac{u_0}{\omega_D}-[\boldsymbol{b}-\nabla p_D]\frac{u_0}{\omega_D}\right\|_{D\setminus K,\omega_D}\left\|\nabla\frac{v_D-u_0}{\omega_D}\right\|_{D\setminus K,\omega_D}\end{aligned}$$

となり，この不等式から

$$\left\|\nabla\frac{v_D-u_0}{\omega_D}\right\|_{D\setminus K,\omega_D}\leqq\left\|\nabla\frac{u_0}{\omega_D}-[\boldsymbol{b}-\nabla p_D]\frac{u_0}{\omega_D}\right\|_{D\setminus K,\omega_D},$$

従って

$$\left\|\nabla\frac{v_D}{\omega_D}\right\|_{D\setminus K,\omega_D}\leqq 2\left\|\nabla\frac{u_0}{\omega_D}\right\|_{D\setminus K,\omega_D}+\left\|[\boldsymbol{b}-\nabla p_D]\frac{u_0}{\omega_D}\right\|_{D\setminus K,\omega_D}\tag{5.3.12}$$

を得る．また補助定理 5.2.5 により次の不等式が成り立つ：

$$\sup_{x\in D\setminus K}\left|\frac{v_D(x)}{\omega_D(x)}\right|\leqq\max_{x\in\partial K}\left|\frac{\varphi(x)}{\omega_D(x)}\right|.\tag{5.3.13}$$

さて，(5.1.8) を満たす任意の領域の列 $\{D_n\}$ をとると，補助定理 5.2.4 と定理 1.4.5 により，$\{D_n\}$ の適当な部分列 $\{D_{(\nu)}\}$ に対応する $\{v_{D_{(\nu)}}\}$ および $\{\nabla v_{D_{(\nu)}}\}$ が $R\setminus K^\circ$ で広義一様に収束する．定理 5.3.2 の最後の命題がこの部分列で成立すれば，後で示す (C) を満たす函数 u の一意性により，その命題が (5.1.8) を満たす任意の列 $\{D_n\}$ で (部分列をとらずに) 成り立つことが，定理 5.3.1 の証明の最後の部分と同様にして証明される．だから，上の部分列 $\{D_{(\nu)}\}$ を単に $\{D_n\}$ と書いて，$\{v_{D_n}\}$ の極限函数 u が (C) を満たすことを示

せば十分である．記号の簡単化のため $v_n=v_{D_n}$，$\omega_n=\omega_{D_n}$ とおくと，上に述べたことと定理5.3.1により

$$u=\lim_{n\to\infty} v_n,\quad \nabla u=\lim_{n\to\infty}\nabla v_n,\quad \omega=\lim_{n\to\infty}\omega_n,\quad \nabla\omega=\lim_{n\to\infty}\nabla\omega_n$$

が $R\setminus K^\circ$ における広義一様収束で成立する．従って $u|_{\partial K}=\varphi$ であり，また定理1.4.5により u は $R\setminus K$ において A^*-調和である．函数 u_0 の台がコンパクトであることと，(5.3.12)，(5.3.13) および Lebesgue 積分論における Fatou の補題により

$$\sup_{x\in R\setminus K}\left|\frac{u(x)}{\omega(x)}\right|\leqq\max_{x\in\partial K}\left|\frac{\varphi(x)}{\omega(x)}\right|<\infty,$$

$$\left\|\nabla\frac{u}{\omega}\right\|_{R\setminus K,\omega}\leqq\sup_n\left\|\nabla\frac{v_n}{\omega_n}\right\|_{D_n\setminus K,\omega_n}<\infty.$$

更に $v_n\,(=v_{D_n})$ の定義により，任意の $\psi\in P_{\omega_n}(D_n\,;K)$ に対して

$$\left(\nabla\frac{v_n}{\omega_n}-[\boldsymbol{b}-\nabla p_n]\frac{v_n}{\omega_n},\ \nabla\psi\right)_{D_n\setminus K,\omega_n}=0\quad (p_n=\log\omega_n)$$

が成立する．だから，$p=\log\omega$ として

$$\boldsymbol{\Phi}_n=\nabla\frac{v_n}{\omega_n}-[\boldsymbol{b}-\nabla p_n]\frac{v_n}{\omega_n}\quad (n=1,2,\cdots),\quad \boldsymbol{\Phi}=\nabla\frac{u}{\omega}-[\boldsymbol{b}-\nabla p]\frac{u}{\omega}$$

とおくと，補助定理5.3.1が適用されて (5.3.1) が成立する．以上により u は性質 (C) をもつ．

次に，このような u の一意性を証明するため，与えられた函数 $\varphi\in C^1(\partial K)$ に対して，u と v が共に性質 (C) をもつとする．このとき定理1.5.2において $\boldsymbol{\Phi}=\boldsymbol{b}-\nabla p$，$\psi=\dfrac{u-v}{\omega}$ とすることができるから

$$\left([\boldsymbol{b}-\nabla p]\frac{u-v}{\omega},\ \nabla\frac{u-v}{\omega}\right)_{R\setminus K,\omega}=0$$

となる．この式と，$u-v$ も性質 (C) (ただし $\varphi\equiv 0$) をもつことにより

$$\left(\nabla\frac{u-v}{\omega},\ \nabla\frac{u-v}{\omega}\right)_{R\setminus K,\omega}=\left(\nabla\frac{u-v}{\omega}-[\boldsymbol{b}-\nabla p]\frac{u-v}{\omega},\ \nabla\frac{u-v}{\omega}\right)_{R\setminus K,\omega}=0$$

を得る．ここで ∂K 上では $u=v=\varphi$ だから，$R\setminus K$ で $u\equiv v$ となる．▯

定理5.3.1および5.3.2により，R の中の正則コンパクト集合 K を与えた

とき，$C^1(\partial K)$ で定義された一意写像 $L\equiv L_K$ で，$\varphi\in C^1(\partial K)$ に対して $R\setminus K$ で A^*-調和かつ ∂K 上で境界値 φ をとる函数を対応させるものを，$u=L_K\varphi$ が性質 (C) をもつように定義することができる．この写像 L を**正則写像**と呼ぶことにする．∂K を含む集合（例えば $R\setminus K^\circ$ でも，R 全体でもよい）で定義された函数 w で $w|_{\partial K}\in C^1(\partial K)$ なるものに対して，$w|_{\partial K}$ の写像 L による像を簡単に Lw と書くことにする．正則写像 $L\equiv L_K$ が次の性質 (5.3.14〜17) をもつことは，定理 5.3.2 から容易にわかる（以下 φ, φ_1, $\varphi_2\in C^1(\partial K)$ とする）：

(5.3.14)
$$L\omega=\omega,$$

(5.3.15)
$$L(c_1\varphi_1+c_2\varphi_2)=c_1L\varphi_1+c_2L\varphi_2 \quad (c_1, c_2 \text{ は定数}),$$

(5.3.16)
$$\varphi\geqq 0 \text{ ならば } L\varphi\geqq 0,$$

(5.3.17)
$$\begin{cases} u=L\varphi \text{ であって，} \psi \text{ が } C^0(R\setminus K^\circ)\cap C^1(R\setminus K) \text{ に属し} \\ \text{かつ } \nabla\psi\in \boldsymbol{L}^2_\omega(R\setminus K) \text{ ならば} \\ \left(\nabla\dfrac{u}{\omega}-[\boldsymbol{b}-\nabla p]\dfrac{u}{\omega},\ \nabla\psi\right)_{R\setminus K,\omega}=-\displaystyle\int_{\partial K}\left(\frac{\partial u}{\partial \boldsymbol{n}_K}-\beta_K\varphi\right)\psi dS. \end{cases}$$

ここで $\psi\equiv 1$ とすると，$u=L\varphi$ が次の式を満たすことがわかる：

(5.3.18)
$$\int_{\partial K}\left(\frac{\partial u}{\partial \boldsymbol{n}_K}-\beta_K\varphi\right)dS=0.$$

また，(5.3.14〜16) から次の式は容易に導かれる：

(5.3.19)
$$\sup_{R\setminus K}\left|\frac{L\varphi}{\omega}\right|\leqq\max_{\partial K}\left|\frac{\varphi}{\omega}\right|.$$

特に $\boldsymbol{b}\equiv 0$（従って $A=A^*$）のときは，定理 5.3.1 における ω の一意性により $\omega\equiv 1$ となる．従って $p\equiv 0$ となるから，(5.3.17) の最後の等式は

(5.3.20)
$$(\nabla u, \nabla\psi)_{R\setminus K}=-\int_{\partial K}\frac{\partial u}{\partial \boldsymbol{n}_K}\psi dS$$

となる．このことから，$\nabla v\in \boldsymbol{L}^2(R\setminus K)$ かつ $v|_{\partial K}=0$ を満たす任意の v に対して $(\nabla u, \nabla v)_{R\setminus K}=0$ となるから

$$\|\nabla(u+v)\|^2_{R\setminus K}=\|\nabla u\|^2_{R\setminus K}+2(\nabla u, \nabla v)_{R\setminus K}+\|\nabla v\|^2_{R\setminus K}\geqq\|\nabla u\|^2_{R\setminus K}$$

が成立する．だから $u=L\varphi$ は，∂K 上で境界値 φ をとる函数のうちで $R\setminus K$

における Dirichlet 積分が最小なものとして，一意的に定まる函数である．

以上に述べた L の各性質により，この L が Ahlfors-Sario の書物 [6] の normal operator, 山口博史氏 [13] の regular operator の拡張であることがわかる．

§5.4 正則写像の定義の拡張と基本的性質

K を R の中の正則コンパクト集合とし，$L\equiv L_K$ を前§で定義した正則写像とする．点 $y\in R\setminus K^\circ$ を任意にとって固定するとき，任意の $\varphi\in C^1(\partial K)$ に対して

$$(5.4.1)\qquad \left|\frac{(L_K\varphi)(y)}{\omega(y)}\right|\leqq\max_{x\in\partial K}\left|\frac{\varphi(x)}{\omega(x)}\right|$$

が成立する．このことと (5.3.15)，(5.3.16) により，$\dfrac{\varphi}{\omega}\to\dfrac{(L_K\varphi)(y)}{\omega(y)}$ なる写像（y は固定）は $C(\partial K)$ 上の有界正値線型汎函数で (5.4.1) を満たすものに一意的に拡張される．だから ∂K の上の Borel 測度 μ_K^y で $\mu_K^y(\partial K)\leqq 1$ なるものが存在して，任意の $\varphi\in C^1(\partial K)$ に対して

$$(5.4.2)\qquad (L_K\varphi)(y)=\omega(y)\int_{\partial K}\frac{\varphi(x)}{\omega(x)}d\mu_K^y(x)$$

が成立する．

∂K において下半連続な任意の函数 φ に対して，$(L_K\varphi)(y)$ を (5.4.2) により定義する．任意の下半連続な函数は連続函数の，従って C^1 級の函数の，単調増加列の極限函数として表わされるから，$(L_K\varphi)(y)$ は y の函数として，$R\setminus K$ において A^*-調和な函数の単調増加列の極限である．だから定理 1.4.7 によって次の定理が得られる．

定理 5.4.1 ∂K において下半連続な任意の函数 φ に対して，$R\setminus K$ の各連結成分において $L_K\varphi$ は，そこで恒等的に ∞ でないかぎり A^*-調和である．

こうして正則写像 L_K が，∂K において下半連続函数の全体から，$R\setminus K$ の各連結成分で A^*-調和または恒等的に ∞ であるような函数の集合の中への写像に拡張された．このように拡張された写像 L_K も**正則写像**と呼ぶ．

この拡張された L_K についても，前§の L_K の場合のように，∂K を含むある集合で下半連続函数 w に対して，$L_K(w|_{\partial K})$ のことを簡単に L_Kw と書くことにする．

ここで次の定理を証明しておく．

定理 5.4.2 K_1, K_2 を R の中の正則コンパクト集合で $K_1 \subset K_2$ なるものとすると，∂K_1 において下半連続な任意の函数 φ に対して，$R \setminus (K_2)^\circ$ において $L_{K_2}(L_{K_1}\varphi) = L_{K_1}\varphi$ が成立する．

証明 $\varphi \in C^1(\partial K_1)$ に対してこの定理が成立すれば，前ページに述べた正則写像の拡張の定義により，∂K_1 で下半連続な任意の函数 φ に対して成立することがわかる．$\varphi \in C^1(\partial K_1)$ ならば，$u = L_{K_1}\varphi$ は定理 5.3.2 の (C) ($K = K_1$ とする) を満たし，$u|_{\partial K_2} \in C^1(\partial K_2)$ となる．従って $v = L_{K_2}u$ は定理 5.3.2 の (C) で $K = K_2$, $\varphi = u|_{\partial K_2}$ としたものを満たす．任意の $\psi \in P_\omega(R\,;K_2)$ に対して，$R \setminus (K_1)^\circ$ の上の函数 $\tilde{\psi}$ を

$$\tilde{\psi}(x) = \begin{cases} \psi(x) & (x \in R \setminus K_2) \\ 0 & (x \in K_2 \setminus (K_1)^\circ) \end{cases}$$

と定義すると，$\tilde{\psi}$ は $R \setminus (K_1)^\circ$ で連続であり，$\nabla\tilde{\psi}$ は $R \setminus (K_1 \cup \partial K_2)$ で定義されて $\|\nabla\tilde{\psi}\|_{R\setminus K_1,\omega} < \infty$ を満たす．従って $\tilde{\psi} \in P_\omega(R\,;K_1)$ となるから，u の性質 (C) ($K = K_1$ とする) により

$$\left(\nabla\frac{u}{\omega} - [\boldsymbol{b} - \nabla p]\frac{u}{\omega},\ \nabla\tilde{\psi}\right)_{R\setminus K_1,\omega} = 0$$

を得る．この式は $\tilde{\psi}$ の定義により次の式と同じである：

$$\left(\nabla\frac{u}{\omega} - [\boldsymbol{b} - \nabla p]\frac{u}{\omega},\ \nabla\psi\right)_{R\setminus K_2,\omega} = 0.$$

だから u は定理 5.3.2 の (C) で $K = K_2$, $\varphi = u|_{\partial K_2}$ としたものを満たす．よって，定理 5.3.2 における (C) を満たす函数の一意性により $R \setminus (K_2)^\circ$ において $u = v$ となるから，定理 5.4.2 が成立する．□

ここで，Ahlfors-Sario の書物 [6] において‘主存在定理’(main existence theorem) と呼んでいる定理 (同書 p. 154) に対応する定理を証明しよう (後述の定理 5.4.3)．この定理は本書において今後応用する機会はないが，前掲書 [6] において主存在定理が重要な基本定理の一つであることからも，また本書の正則写像が [6] の normal operator の拡張であることを更に明確

にするためにも，この定理を述べることは無駄ではあるまい．

$R\setminus K$ で A^*-調和であって $R\setminus K^\circ$ で連続な函数の全体を $\mathcal{H}(R\setminus K)$ と書くと，前§で定義した正則写像 $L\equiv L_K$ は $C^1(\partial K)$ から $\mathcal{H}(R\setminus K)$ の中への写像であって，次の性質をもつ；ここで $\varphi, \varphi_1, \varphi_2\in C^1(\partial K)$ とする：

$$(L.1)\qquad (L\varphi)|_{\partial K}=\varphi,$$

$$(L.2)\qquad L\omega=\omega,$$

$$(L.3)\qquad L(c_1\varphi_1+c_2\varphi_2)=c_1L\varphi_1+c_2L\varphi_2\quad (c_1, c_2\text{ は定数}),$$

$$(L.4)\qquad \varphi\geqq 0\text{ ならば }L\varphi\geqq 0,$$

$$(L.5)\qquad v=L\varphi\text{ とすると }\int_{\partial K}\left(\frac{\partial v}{\partial \boldsymbol{n}_K}-\beta_K\varphi\right)dS=0.$$

今後この§においては，L は $C^1(\partial K)$ から $\mathcal{H}(R\setminus K)$ の中への写像であって $(L.1\sim 5)$ を満たすものとし，それが前§で構成された正則写像であることは用いない．上の性質 $(L.2\sim 4)$ から，次の $(L.6)$ は容易に導かれる：

$$(L.6)\qquad \sup_{R\setminus K}\left|\frac{L\varphi}{\omega}\right|\leqq\max_{\partial K}\left|\frac{\varphi}{\omega}\right|.$$

Ahlfors-Sario の主存在定理に対応する定理 5.4.3 (後述)を示すための準備をする．まず K を含む正則領域 $D\subset R$ でコンパクトな閉包 $\overline{D}$ をもつものを一つ定めておく．任意の $\varphi\in C^1(\partial D)$ に対して，D における Dirichlet 境界値問題：$A^*v=0$，$v|_{\partial D}=\varphi$，の解が一意的に存在するから，$\varphi\in C^1(\partial D)$ に対してこの解 v を対応させる写像を G^* と書くと，写像 G^* は次の性質をもつ；ここで $\varphi, \varphi_1, \varphi_2\in C^1(\partial D)$ とする：

$$(G^*.1)\qquad (G^*\varphi)|_{\partial D}=\varphi,$$

$$(G^*.2)\qquad G^*\omega=\omega,$$

$$(G^*.3)\qquad G^*(c_1\varphi_1+c_2\varphi_2)=c_1G^*\varphi_1+c_2G^*\varphi_2\quad (c_1, c_2\text{ は定数}),$$

$$(G^*.4)\qquad \varphi\geqq 0\text{ ならば }G^*\varphi\geqq 0,$$

$$(G^*.5)\qquad v=G^*\varphi\text{ とすると }\int_{\partial D}\left(\frac{\partial v}{\partial \boldsymbol{n}_D}-\beta_D\varphi\right)dS=0,$$

$$(G^*.6)\qquad \sup_{D}\left|\frac{G^*\varphi}{\omega}\right|\leqq\max_{\partial D}\left|\frac{\varphi}{\omega}\right|.$$

$(G^*.1)$ は明らか．$(G^*.2)$，$(G^*.3)$ は境界値問題の解の一意性によってわかる．$(G^*.5)$ は D において $A^*v=0$ なることと Green の公式により導かれる．$(G^*.4)$，$(G^*.6)$ は A^*-調和函数に関する最大値原理の結果である．

なお，写像 L について，∂K を含むある集合で定義されている函数 w に対し，$L(w|_{\partial K})$ が定義されるならばそれを単に Lw と書くことにしたが，写像 G^* についても同様である．$(L.2)$ の $L\omega$，$(G^*.2)$ の $G^*\omega$ はこの意味で使っている．例えば，w が ∂K を含む集合で定義されて $w|_{\partial K}\in C^1(\partial K)$ ならば

$$(L.1') \qquad LLw=Lw$$

が成り立つことは，$(L.1)$ から直ちにわかる．G^* に関しても同様のことがいえる．

ここでいくつかの補助定理を準備する．

補助定理 5.4.1 コンパクト集合 K とそれを含む領域 Ω に対して，K と Ω のみで定まる正の定数 $k<1$ が存在して，Ω で A^*-調和であって K の上で符号一定でないすべての函数 u に対して次の不等式が成立する：

$$(5.4.3) \qquad \max_K\left|\frac{u}{\omega}\right|\leqq k\sup_\Omega\left|\frac{u}{\omega}\right|.$$

証明 $\sup_\Omega\left|\frac{u}{\omega}\right|$ が 0 または ∞ ならば (5.4.3) は自明である．それ以外の場合は u に正の定数を掛けることにより $\sup_\Omega\left|\frac{u}{\omega}\right|=1$ としてよい．このような定数 $k<1$ が存在しないとすると，Ω で A^*-調和かつ K 上で符号一定でない函数の列 $\{u_n\}$ で，$\sup_\Omega\left|\frac{u_n}{\omega}\right|=1$，$\lim_{n\to\infty}\max_K\left|\frac{u_n}{\omega}\right|=1$ なるものが存在する．$\left\{\frac{u_n}{\omega}\right\}$ が Ω で一様有界だから $\{u_n\}$ の適当な部分列が Ω で広義一様に収束し，その極限函数 u は Ω で A^*-調和である（第1章，定理 1.4.5）．このとき $\max_K\left|\frac{u}{\omega}\right|=\sup_\Omega\left|\frac{u}{\omega}\right|=1$ となるから，最大値原理（第1章，定理 1.4.8）により $u\equiv\omega$ または $u\equiv-\omega$ となるべきであるが，これは不可能である．なぜならば，各 u_n は K で符号一定でないから $\min_K\frac{u_n}{\omega}\leqq 0\leqq\max_K\frac{u_n}{\omega}$ を満たし，従って $\{u_n\}$ の部分列の極限函数 u も同じ性質をもつからである．▯

補助定理 5.4.2 K と D は前に述べた通りとし，ψ を領域 $\Omega\equiv D\setminus K$ における Dirichlet 境界値問題：$A\psi=0$，$\psi|_{\partial K}=0$，$\psi|_{\partial D}=1$，の解とする．このと

き Ω で A^*-調和かつ $\overline{\Omega}$ で C^1 級の函数 w に対して，次の (5.4.4) と (5.4.5) は同値である：

$$\int_{\partial K}\left(\frac{\partial w}{\partial \boldsymbol{n}_K}-\beta_K w\right)dS=\int_{\partial K}\frac{\partial \psi}{\partial \boldsymbol{n}_K}w\,dS=0; \tag{5.4.4}$$

$$\int_{\partial D}\left(\frac{\partial w}{\partial \boldsymbol{n}_D}-\beta_D w\right)dS=\int_{\partial D}\frac{\partial \psi}{\partial \boldsymbol{n}_D}w\,dS=0. \tag{5.4.5}$$

証明 Ω において A-調和な任意の函数 u と，この補助定理の函数 w に対して，Green の公式により

$$\int_{\partial\Omega}\left\{\frac{\partial u}{\partial \boldsymbol{n}_\Omega}w-u\left(\frac{\partial w}{\partial \boldsymbol{n}_\Omega}-\beta_\Omega w\right)\right\}dS=0$$

が成り立つ．ここで $u\equiv1$ または $u=\psi$ とおくと，それぞれ次の等式になる：

$$\int_{\partial K}\left(\frac{\partial w}{\partial \boldsymbol{n}_K}-\beta_K w\right)dS=\int_{\partial D}\left(\frac{\partial w}{\partial \boldsymbol{n}_D}-\beta_D w\right)dS,$$

$$\int_{\partial K}\frac{\partial \psi}{\partial \boldsymbol{n}_K}w\,dS=\int_{\partial D}\left\{\frac{\partial \psi}{\partial \boldsymbol{n}_D}w-\left(\frac{\partial w}{\partial \boldsymbol{n}_D}-\beta_D w\right)\right\}dS$$

($\boldsymbol{n}_K$ は <u>K から見て外向き</u>の単位法線ベクトルであることに注意)．この二つの式から直ちに (5.4.4) と (5.4.5) が同値なことがわかる．□

補助定理 5.4.3 K, D, Ω および函数 ψ は上の補助定理の通りとする．また，函数 u は Ω で A^*-調和，$\overline{\Omega}$ で C^1 級であるとする．このとき次の i), ii) が成立する：

i) $\displaystyle\int_{\partial K}\left(\frac{\partial u}{\partial \boldsymbol{n}_K}-\beta_K u\right)dS=0$ と仮定し，$v=Lu$, $w=u-v$ とおくと，

$$\int_{\partial D}\left(\frac{\partial v}{\partial \boldsymbol{n}_D}-\beta_D v\right)dS=0, \tag{5.4.6}$$

$$\int_{\partial D}\left(\frac{\partial w}{\partial \boldsymbol{n}_D}-\beta_D w\right)dS=\int_{\partial D}\frac{\partial \psi}{\partial \boldsymbol{n}_D}w\,dS=0. \tag{5.4.7}$$

更に $\displaystyle\int_{\partial K}\frac{\partial \psi}{\partial \boldsymbol{n}_K}u\,dS=0$ と仮定すると，$\displaystyle\int_{\partial D}\frac{\partial \psi}{\partial \boldsymbol{n}_D}v\,dS=0$ となる．

ii) $\displaystyle\int_{\partial D}\left(\frac{\partial u}{\partial \boldsymbol{n}_D}-\beta_D u\right)dS=0$ と仮定し，$v=G^*u$, $w=u-v$ とおくと，

$$\int_{\partial K}\left(\frac{\partial v}{\partial \boldsymbol{n}_K}-\beta_K v\right)dS=0, \tag{5.4.8}$$

(5.4.9)
$$\int_{\partial K}\left(\frac{\partial w}{\partial \boldsymbol{n}_K}-\beta_K w\right)dS=\int_{\partial K}\frac{\partial \psi}{\partial \boldsymbol{n}_K}w\,dS=0.$$

更に $\displaystyle\int_{\partial D}\frac{\partial \psi}{\partial \boldsymbol{n}_D}u\,dS=0$ と仮定すると，$\displaystyle\int_{\partial K}\frac{\partial \psi}{\partial \boldsymbol{n}_K}v\,dS=0$ となる．

証明　i)　まず $v=Lu$ は，写像 L の性質 $(L.5)$ によって

(5.4.10)
$$\int_{\partial K}\left(\frac{\partial v}{\partial \boldsymbol{n}_K}-\beta_K v\right)dS=0$$

を満たし，また $v\in\mathcal{H}(D\setminus K)$ だから，Green の公式によって

$$\int_{\partial K}\left(\frac{\partial v}{\partial \boldsymbol{n}_K}-\beta_K v\right)dS=\int_{\partial D}\left(\frac{\partial v}{\partial \boldsymbol{n}_D}-\beta_D v\right)dS$$

を満たすから，(5.4.6) が成立する．次に，u に対する仮定と (5.4.10) および，$(L.1)$ によって $w|_{\partial K}=0$ となることにより，w は (5.4.4) を満たすから，前の補助定理によって (5.4.7) を得る．更に $\displaystyle\int_{\partial K}\frac{\partial \psi}{\partial \boldsymbol{n}_K}u\,dS=0$ と仮定すると，$(L.1)$ によって $\displaystyle\int_{\partial K}\frac{\partial \psi}{\partial \boldsymbol{n}_K}v\,dS=0$ となるから，(5.4.7) と合わせると v は (5.4.4) における w と同じ条件を満たす．だから前の補助定理を v に適用すれば $\displaystyle\int_{\partial D}\frac{\partial \psi}{\partial \boldsymbol{n}_D}v\,dS=0$ が得られる．

ii) も前の補助定理を使って全く同様に証明される；上の i) の証明において ∂K と ∂D の役目を入れ替え，写像 L の性質のかわりに，写像 G^* の対応する性質を使えばよい．▯

補助定理 5.4.4　K, D を前の補助定理の通りとし，函数 u は $D\setminus K$ で A^*-調和，$\overline{D}\setminus K^\circ$ で C^1 級であって，$\displaystyle\int_{\partial K}\left(\frac{\partial u}{\partial \boldsymbol{n}_K}-\beta_K u\right)dS=0$ を満たすものとする．$v_0=u-Lu$ と定義し，$n\geqq 1$ に対して $u_n=G^*v_{n-1}$，$v_n=Lu_n$ と逐次定義する．このとき正の定数 $k<1$ が存在して，すべての $n\geqq 1$ に対して

(5.4.11)
$$\max_{\partial D}\left|\frac{v_n}{\omega}\right|=k^n\max_{\partial D}\left|\frac{v_0}{\omega}\right|$$

が成立する．従って無限級数 $\displaystyle\sum_{n=0}^{\infty}(LG^*)^n v_0$ は ∂D の上で一様収束する．

証明　まず ψ を前の補助定理の通り，すなわち $D\setminus K$ における Dirichlet 境界値問題 $A\psi=0$，$\psi|_{\partial K}=0$，$\psi|_{\partial D}=1$，の解とすると，

(5.4.12)
$$\partial K \text{ 上で常に }\ \frac{\partial \psi}{\partial \boldsymbol{n}_K}=-\frac{\partial \psi}{\partial \boldsymbol{n}_{D\setminus K}}>0$$

となることに注意する (第1章, 定理1.4.2). 次に, 命題

$$\begin{cases} [\mathrm{v}_n] & \displaystyle\int_{\partial D}\left(\frac{\partial v_n}{\partial \boldsymbol{n}_D}-\beta_D v_n\right)dS=\int_{\partial D}\frac{\partial\psi}{\partial \boldsymbol{n}_D}v_n dS=0 \quad (n\geqq 0), \\ [\mathrm{u}_n] & \displaystyle\int_{\partial K}\left(\frac{\partial u_n}{\partial \boldsymbol{n}_K}-\beta_K u_n\right)dS=\int_{\partial K}\frac{\partial\psi}{\partial \boldsymbol{n}_K}u_n dS=0 \quad (n\geqq 1) \end{cases}$$

を数学的帰納法で証明しよう. それには, まず $[\mathrm{v}_0]$ を示し, $n\geqq 1$ に対して $[\mathrm{v}_{n-1}]\Rightarrow[\mathrm{u}_n]$, $[\mathrm{u}_n]\Rightarrow[\mathrm{v}_n]$ を示せばよい.

$[\mathrm{v}_0]$ の証. この補助定理の u は, 前の補助定理の i) の u に対する最初の仮定を満たし, そこでの w の定義は上の v_0 の定義と同じだから, (5.4.7) によって $[\mathrm{v}_0]$ が成り立つことがわかる. $[\mathrm{v}_{n-1}]\Rightarrow[\mathrm{u}_n]$ ($n\geqq 1$) の証. v_{n-1} は前の補助定理の ii) の u に対するすべての仮定を満たすから, そこでの u, v をそれぞれ v_{n-1}, u_n と考えれば $[\mathrm{u}_n]$ が得られる. $[\mathrm{u}_n]\Rightarrow[\mathrm{v}_n]$ の証も同様に, 前の補助定理の i) の u, v をそれぞれ u_n, v_n と考えればよい.

こうして, すべての $n\geqq 1$ に対して $\displaystyle\int_{\partial K}\frac{\partial\psi}{\partial \boldsymbol{n}_K}u_n dS=0$ なることが示されたから, (5.4.12) により各 u_n は ∂K の上で, 従って K の上で符号一定でない. また $u_n=G^*v_{n-1}$ は D において A^*-調和である. だから補助定理5.4.1により K と D のみで定まる正の定数 $k<1$ が存在して, すべての $n\geqq 1$ に対して

$$\max_K\left|\frac{u_n}{\omega}\right|\leqq k\sup_D\left|\frac{u_n}{\omega}\right| \tag{5.4.13}$$

が成り立つ. (L.6), (5.4.13), (G^*.6) を順次用いると各 $n\geqq 1$ に対し

$$\max_{\partial D}\left|\frac{v_n}{\omega}\right|\leqq\max_{\partial K}\left|\frac{u_n}{\omega}\right|\leqq k\sup_D\left|\frac{u_n}{\omega}\right|\leqq k\max_{\partial D}\left|\frac{v_{n-1}}{\omega}\right|$$

が得られるから, (5.4.11) がすべての $n\geqq 1$ に対して成立する. ここで $v_n=LG^*v_{n-1}$, $k<1$ だから, $\sum_{n=0}^{\infty}(LG^*)^n v_0$ は ∂D の上で一様収束する. □

補助定理 5.4.5　w が R において A^*-調和とする. このとき $w=Lw$ となるための必要十分条件は, $w=c\omega$ (c は定数) が成り立つことである.

証明　$w=Lw$ とすると (L.6) により $\displaystyle\sup_{R\setminus K}\left|\frac{w}{\omega}\right|\leqq\max_{\partial K}\left|\frac{w}{\omega}\right|$ となるから, R で A^*-調和な函数 w に対して $\dfrac{w}{\omega}$ がその最大値を K の上でとる. だから最大値原理により w は ω の定数倍である. 逆は (L.2) により明らかである. □

以上の準備をして，'主存在定理' に対応する次の定理を証明しよう．

定理 5.4.3 $R\setminus K^\circ$ で連続，かつ $R\setminus K$ で A^*-調和な函数 u が与えられたとする．このとき，R で A^*-調和な函数 w で

(5.4.14) $$R\setminus K \text{ において } \quad w-u=L(w-u)$$

を満たすものが存在するための必要十分条件は，u が $R\setminus K^\circ$ で C^1 級であって

(5.4.15) $$\int_{\partial K}\left(\frac{\partial u}{\partial \boldsymbol{n}_K}-\beta_K u\right)dS=0$$

を満たすことである．このとき w は，ω の定数倍を加えることを除いて一意的である．そして，$u=Lu$ のとき，そのときにかぎり，$w=c\omega$ (c は定数) となる．

証明 函数 w が R において A^*-調和であって (5.4.14) を満たすとする．このとき $v=w-u$ とおくと，$v=L(w-u)$ だから，v は $R\setminus K^\circ$ で C^1 級であって (L.5) により $\int_{\partial K}\left(\frac{\partial v}{\partial \boldsymbol{n}_K}-\beta_K v\right)dS=0$ が成り立つ．一方，領域 K° における Green の公式を w に適用すると $\int_{\partial K}\left(\frac{\partial w}{\partial \boldsymbol{n}_K}-\beta_K w\right)dS=0$ となる．だから $u=w-v$ も $R\setminus K^\circ$ で C^1 級であって (5.4.15) を満たす．

逆に u が $R\setminus K^\circ$ で C^1 級であって (5.4.15) が成り立つとする．このとき，定理に述べられた w の一意性と，定理の最後の主張は，補助定理 5.4.5 により明らかである．以下において，そのような w の存在を証明する．

K を内部に含む正則領域 D で，その閉包 $\overline{D}$ がコンパクトなものを一つ固定する．このとき，函数 $\varphi\in C^1(\partial D)$ と $f\in C^1(\partial K)$ を適当に定めて，

(5.4.16) $$\partial D \text{ の上で } \quad \varphi-u=L(f-u),$$

(5.4.17) $$\partial K \text{ の上で } \quad f=G^*\varphi$$

が成り立つようにできることを示そう．(5.4.17) を (5.4.16) に代入すると

(5.4.18) $$\varphi-LG^*\varphi=u-Lu$$

となるから，$v_0=u-Lu$ とおいて (5.4.18) を線型空間 $C^1(\partial D)$ における φ に関する線型方程式と考えると，その解は形式的には Neumann 級数

$$\varphi=\sum_{n=0}^{\infty}(LG^*)^n v_0$$

で与えられるが，補助定理 5.4.4 によりこの無限級数は ∂D の上で一様収束す

る．従って $\varphi=LG^*\varphi+v_0$ となり，φ は ∂D 上で C^1 級（実は C^2 級）であって (5.4.18) を満たす．よって $f=G^*\varphi$ とおけば (5.4.16〜17) を満たす函数 φ, f が得られたことになる．

さて，∂D 上では $G^*\varphi=\varphi$ であり，∂K 上では $Lf=f$, $Lu=u$ だから，(5.4.16)，(5.4.17) からそれぞれ次のことがわかる：

$$(5.4.16') \qquad \partial D \text{ の上で } \quad G^*\varphi=\varphi=Lf-Lu+u,$$

$$(5.4.17') \qquad \partial K \text{ の上で } \quad G^*\varphi=f=Lf-Lu+u.$$

いま，函数 w_1, w_2 をそれぞれ

$$\overline{D} \text{ において } w_1=G^*\varphi, \quad R\setminus K^\circ \text{ において } w_2=Lf-Lu+u$$

と定義すると，w_1, w_2 はそれぞれの定義域の内部の領域で A^*-調和である．特に $D\setminus K$ においては w_1, w_2 ともに A^*-調和であって，(5.4.16'〜17') は $\partial(D\setminus K)$ において $w_1=w_2$ なることを示しているから，境界値問題の解の一意性により $D\setminus K$ において $w_1=w_2$ が成立する．だから A^*-調和函数に関する一意接続定理（第1章，定理 1.4.9）により，R で A^*-調和な函数 w で

$$D \text{ において } w=w_1, \quad R\setminus K \text{ において } w=w_2$$

となるものが存在する．このとき w_2 の定義により，$R\setminus K$ においては

$$w-u=w_2-u=L(f-u)$$

となるから，(L.1')（157 ページ）によって

$$L(w-u)=LL(f-u)=L(f-u)=w-u$$

が得られる；すなわち w は (5.4.14) を満たす．▯

注意 156 ページで写像 G^* の定義と性質を述べる際に，D は‘K を含む’と書いたが，これは本§の補助定理 5.4.2 以降で G^* を用いることを意識したからであって，156 ページに述べた G^* の定義と性質では K は全く用いていないから，‘$D(\subset R)$ はコンパクトな閉包をもつ正則領域’としておけばよいのである．一方，このような意識（補助定理 5.4.2 以後に用いること）からすれば，補助定理 5.4.1 も他の補助定理と同じ K と D について示せばよかったといえるが，この補助定理の性格上，任意のコンパクト集合 K とそれを含む任意の領域 Ω について示しておくのが適当と考えられ，証明は全く同じであるから，このように一般的な記述にした．そこでは K が‘正則’である必要はないことも，証明を見ればわかる．

§5.5 Neumann 型核函数 $N(x, y)$

この§で構成する核函数 $N(x,y)$ は，第3章における Martin 境界の理論で Martin の核函数 $M(x,y)$ が演じたのと同じ役割りを，次の第6章で演じるものである．

この§全体を通して，一つの正則コンパクト集合 $K_0\subset R$ を固定しておく．K_0 を含みコンパクトな閉包をもつ任意の正則領域 D に対して，§5.2で述べた $D\setminus K_0$ における境界値問題 (5.2.2)（で $K=K_0$ としたもの）の核函数 $N_{D,K_0}(x,y)$ を，$N^D(x,y)$ と書くことにする．また，任意の点 $x\in R\setminus K_0$ に対して，x を内点にもち $R\setminus K_0$ に含まれる全ての正則コンパクト集合の族を $\boldsymbol{K}(x)$ と書く．

K を $R\setminus K_0$ に含まれる正則コンパクト集合とし，$K\cup K_0$ を含みコンパクトな閉包をもつ任意の領域 D を考える．任意の $\varphi\in C^1(\partial K)$ に対して，$\tilde{\varphi}$ とは

$$(5.5.1)\qquad \tilde{\varphi}(x)=\begin{cases}\varphi(x) & (x\in\partial K)\\ 0 & (x\in\partial K_0)\end{cases}$$

なる $\partial K\cup\partial K_0$ 上の函数のこととする．$D\setminus(K\cup K_0)$ における境界値問題

$$(5.5.2)\qquad A^*v=0,\ \ v|_{\partial K_0}=0,\ \ v|_{\partial K}=\varphi,\ \ \left(\frac{\partial v}{\partial \boldsymbol{n}_D}-\beta_D v\right)\Big|_{\partial D}=0$$

の解を $v=L_K^D\varphi$ と書くと，補助定理5.2.5により

$$(5.5.3)\qquad \sup_{x\in D\setminus(K\cup K_0)}\left|\frac{(L_K^D\varphi)(x)}{\omega_D(x)}\right|\leqq\max_{x\in\partial K}\left|\frac{\varphi(x)}{\omega_D(x)}\right|.$$

また§5.3で定義した正則写像 $L_{K\cup K_0}$ を考えると，$K\cup K_0$ を含む正則領域の列 $\{D_n\}$ で (5.1.8) を満たすものを任意にとるとき，定理5.3.2により

$$(5.5.4)\qquad L_{K\cup K_0}\tilde{\varphi}=\lim_{n\to\infty}L_K^{D_n}\varphi\quad (R\setminus(K\cup K_0)^\circ\text{ で広義一様収束})$$

が成立する．

上の函数 $v=L_K^D\varphi$ は正則写像の性質 (C) において R,K,φ をそれぞれ D, $K\cup K_0$, $\tilde{\varphi}$ と読み替えたものを満たしているから，D における正則写像と考えて $v=L_{K\cup K_0}^D\tilde{\varphi}$ と書いてもよいわけであり，この記号の方が性質 (5.5.4)

が自然に見える．また正則写像 $L^D_{K\cup K_0}$ と考えることにより，前§に述べたように，∂K で下半連続な任意の函数 φ にまで，この写像の定義を拡張して取り扱うことができる．しかしここでは K_0 は固定されており，$\tilde{\varphi}$ は (5.5.1) で φ によって定まる函数であるから，$L^D_K\varphi$ なる表現を用いることにした；上に述べたように ∂K で下半連続な函数の全体に拡張した写像も，同じ記号 L^D_K で表わす．

今後，任意の $x\in D\setminus K_0$ を固定して $N^D(x, y)$ を $y\in\partial K$ の函数と考えたときの，写像 L^D_K による像を $L^D_KN^D(x, y)$ と書く；$x\in\partial K$ の場合は上に述べたように拡張された写像と考える．なお，あとで定義する核函数 $N(x, y)$ に対する $L_{K\cup K_0}N(x, y)$ （$L_{K\cup K_0}$ は §5.3，§5.4 で定義した正則写像）も同様に解するものとする．以下において記号の繁雑を避けるため，$N^D(x, y)$ や $N(x, y)$ の変数 x, y を省略して書くことがあるが，例えば $L_{K\cup K_0}N$ は上に述べた意味での $L_{K\cup K_0}N(x, y)$ を表わすものと理解せられたい．

核函数 $N^D(x, y)$ の性質のうち，特に次のことに注目する．

a)　台が $D\setminus K_0$ に含まれて Hölder 連続な任意の函数 $f(x)$ に対して，函数

$$v(y)=\int_{D\setminus K_0} f(x)N^D(x, y)dx$$

は，$D\setminus K_0$ において $A^*v=-f$ を満たし境界条件 $v|_{\partial K_0}=0$ を満たす．

b)　任意の $x\in D\setminus K_0$ を固定し，コンパクト集合 $K\in\boldsymbol{K}(x)$ を与えて ∂K 上で $\varphi(y)=N^D(x, y)$ と定義すると，$v(y)=N^D(x, y)$ を $D\setminus(K\cup K_0)^\circ$ で考えたものは境界値問題 (5.5.2) の解であるから，

$$\text{任意の } y\in D\setminus(K\cup K_0)^\circ \text{ に対して } L^D_KN^D(x, y)=N^D(x, y)$$

が成立する．

これらの性質を考慮すると，次の定理で存在と一意性が示されるところの函数 $N(x, y)$ を，核函数 $N^D(x, y)$ の $D=R$ の場合への一般化と考えることは自然であろう．我々はこの函数 $N(x, y)$ を **Neumann 型核函数**と呼ぶことにする．

定理 5.5.1 $R\times R$ の部分集合

$$[R\setminus(K_0)^\circ]\times[R\setminus(K_0)^\circ]\setminus\{(z,z)\,|\,z\in R\setminus(K_0)^\circ\} \tag{5.5.5}$$

で連続な函数 $N(x, y)$ で次の i), ii) を満たすものが，ただ一つ存在する．

i) 台が $R\setminus K_0$ に含まれるコンパクト集合であるような任意の Hölder 連続な函数 $f(x)$ に対して，函数

$$v(y)=\int_{R\setminus K_0} f(x)N(x, y)dx \tag{5.5.6}$$

は $R\setminus K_0$ における次の楕円型方程式と境界条件を満たす：

$$A^*v=-f, \quad v|_{\partial K_0}=0. \tag{5.5.7}$$

ii) 任意の $x\in R\setminus K_0$ を固定するとき，任意の $K\in\boldsymbol{K}(x)$ に対して

$$R\setminus(K\cup K_0) \text{ において } L_{K\cup K_0}N(x,\cdot)=N(x,\cdot). \tag{5.5.8}$$

更に，条件 (A) における (5.1.8) を満たすような任意の領域の列 $\{D_n\}$ に対して，集合 (5.5.5) における広義一様収束で

$$\lim_{n\to\infty} N^{D_n}(x, y)=N(x, y) \tag{5.5.9}$$

が成立する．

証明 条件 (A) における (5.1.8) を満たすような任意の領域の列 $\{D_n\}$ をとっておく．函数 $N^D(x, y)$ は §5.2 の $N_{D,K_0}(x, y)$ のことであるから，補助定理 5.2.3 と Ascoli-Arzelà の定理により $\{D_n\}$ の適当な部分列 $\{D_{(\nu)}\}$ をとれば，集合 (5.5.5) における広義一様収束の極限函数

$$N(x, y)=\lim_{\nu\to\infty} N^{D_{(\nu)}}(x, y) \tag{5.5.9$'$}$$

が存在し，集合 (5.5.5) で連続である．この部分列 $\{D_{(\nu)}\}$ を単に $\{D_\nu\}$ と書き，対応する函数 ω^D (§5.1) の部分列 $\{\omega^{D_{(\nu)}}\}$，写像 L_K^D (この § の初めに定義した) の部分列 $\{L_K^{D_{(\nu)}}\}$ を，それぞれ $\{\omega_\nu\}$，$\{L_K^\nu\}$ と書くことにする．コンパクトな閉包をもつ正則領域 Ω，Ω_1 で $\Omega\supset\overline{\Omega}_1\supset\Omega_1\supset K_0$ なるものをとり，補助定理 5.2.1 の (5.2.4) で $K=K_0$，$D=D_\nu$ として $\nu\to\infty$ とすると，(5.5.9$'$) により任意の $x, y\in\Omega_1\setminus(K_0)^\circ$ $(x\neq y)$ に対して

$$\begin{aligned} N(x, y)&=G_{\Omega\setminus K_0}(x, y) \\ &+\int_{\partial\Omega}\int_{\partial\Omega_1}\frac{\partial G_{\Omega\setminus K_0}(x, z)}{\partial \boldsymbol{n}_\Omega(z)}N(z, z_1)\frac{\partial G_{\Omega_1\setminus K_0}(z_1, y)}{\partial \boldsymbol{n}_{\Omega_1}(z_1)}dS(z_1)dS(z). \end{aligned} \tag{5.5.10}$$

この式と Green 函数 $G_{\Omega\setminus K_0}(x,z)$, $G_{\Omega_1\setminus K_0}(z_1,y)$ の性質 (第1章) により，定理の i) が成立することがわかる．定理の ii) を証明するために，点 $x\in R\setminus K_0$ と集合 $K\in\boldsymbol{K}(x)$ とを固定し，$N^{D_\nu}(x,y)$, $N(x,y)$ をそれぞれ単に N_ν, N と書くことにすると (下の式の各項については2ページ前の記述を参照)，写像 $L_K^\nu(=L_K^{D(\nu)})$ が (5.5.3) を満たし，$N_\nu(=N^{D(\nu)})$ がこの定理の前に述べた性質 (b) をもつことにより，$y\in R\setminus(K\cup K_0)^\circ$ なるかぎり

$$\left|\frac{L_{K\cup K_0}N-N}{\omega}\right|\leqq\left|\frac{L_{K\cup K_0}N}{\omega}-\frac{L_K^\nu N}{\omega_\nu}\right|+\left|\frac{L_K^\nu(N-N_\nu)}{\omega_\nu}\right|+\left|\frac{L_K^\nu N_\nu}{\omega_\nu}-\frac{N}{\omega}\right|$$
$$\leqq\left|\frac{L_{K\cup K_0}N}{\omega}-\frac{L_K^\nu N}{\omega_\nu}\right|+\max_{\partial K}\left|\frac{N-N_\nu}{\omega_\nu}\right|+\left|\frac{N_\nu}{\omega_\nu}-\frac{N}{\omega}\right|.$$

$\nu\to\infty$ とすると，(5.5.9′) が集合 (5.5.5) の上の広義一様収束で成立することと (5.5.4) により $L_{K\cup K_0}N=N$ が得られ，ii) が証明された．

上の記述と，すぐあとに証明する N の一意性により，(5.1.8) を満たす任意の $\{D_n\}$ について，$\{N^{D_n}\}$ の任意の部分列から更に適当な部分列を選ぶことにより，一意的な函数 N に集合 (5.5.5) の上で広義一様に収束することがわかる．だから (5.1.8) を満たす任意の領域の列 $\{D_n\}$ について，部分列をとらずに (5.5.9) の広義一様収束が成立する．

さて，i) と ii) を満たし集合 (5.5.5) で連続な $N(x,y)$ の一意性を証明するために，まず次のことを示す：$R\setminus K_0$ に含まれるコンパクトな台をもち Hölder 連続な任意の函数 $f(x)$ に対して，函数 $v(y)$ を (5.5.6) で定義すると，f の台を内部に含みかつ $R\setminus K_0$ に含まれる任意の正則コンパクト集合 K に対して

(5.5.11) $\qquad R\setminus(K\cup K_0)$ において $\quad L_{K\cup K_0}v=v$

が成立し，また任意の $\psi\in P_\omega(R\,;K_0)$ に対して

(5.5.12) $$\left(\nabla\frac{v}{\omega}-[\boldsymbol{b}-\nabla p]\frac{v}{\omega},\ \nabla\psi\right)_{R\setminus K_0,\omega}=(f,\ \psi)_{R\setminus K_0,1}$$

が成立する．(5.5.11) は (5.4.2), (5.5.6), (5.5.8) を用いて次のように示される：$y\in R\setminus(K\cup K_0)$ ならば

$$\begin{aligned}(L_{K\cup K_0}v)(y)&=\int_{\partial K}\frac{\omega(y)}{\omega(z)}d\mu^y_{K\cup K_0}(z)\int_{R\setminus K_0}f(z)N(x,z)dx\\&=\int_{R\setminus K_0}f(x)dx\int_{\partial K}\frac{\omega(y)}{\omega(z)}N(x,z)d\mu^y_{K\cup K_0}(z)\\&=\int_{R\setminus K_0}f(x)N(x,y)dx=v(y).\end{aligned}$$

(5.5.12) を証明するために，函数 $h\in C^1_0(R)$ で K の上では $h=1$ となるものをとり，

$$\psi=\psi_1+\psi_2,\quad ここに\ \psi_1=h\psi,\ \psi_2=(1-h)\psi,$$

とおくと，(5.5.7) と K が f の台を含むことにより

$$\begin{aligned}(5.5.13)\qquad \left(\nabla\frac{v}{\omega}-[\boldsymbol{b}-\nabla p]\frac{v}{\omega},\ \nabla\psi_1\right)_{R\setminus K_0,\omega}&=-(A^*v,\ \psi_1)_{R\setminus K_0,1}\\&=(f,\psi_1)_{R\setminus K_0,1}=(f,\psi)_{R\setminus K_0,1}\end{aligned}$$

一方 (5.5.11) と $\psi_2\in P_\omega(R\,;K\cup K_0)$ なることにより

$$(5.5.14)\qquad \left(\nabla\frac{v}{\omega}-[\boldsymbol{b}-\nabla p]\frac{v}{\omega},\ \nabla\psi_2\right)_{R\setminus K_0,\omega}=0$$

となるから，(5.5.13) と (5.5.14) とから (5.5.12) を得る．

以上のことを用いて $N(x,y)$ の一意性を証明しよう．$N_1(x,y)$, $N_2(x,y)$ がともに i), ii) を満たし，集合 (5.5.5) で連続と仮定する．f を $R\setminus K_0$ に含まれるコンパクトな台をもつ任意の Hölder 連続な函数とし，

$$(5.5.6')\qquad v_\nu(y)=\int_{R\setminus K_0}f(x)N_\nu(x,y)dx\quad(\nu=1,2)$$

とおくと，各 v_ν が (5.5.7) および (5.5.11) (v_ν の $R\setminus(K\cup K_0)$ への制限は $L_{K\cup K_0}$ の値域に属する) を満たすことにより，$\frac{v_\nu}{\omega}$ は $P_\omega(R\,;K_0)$ に属し，$R\setminus K_0$ において有界である；従って $\psi=\frac{v_1-v_2}{\omega}$ も同じ性質をもつ．この ψ と $\boldsymbol{\Phi}=\boldsymbol{b}-\nabla p$ とに定理 1.5.1 が適用されるから

$$(5.5.15)\qquad \left([\boldsymbol{b}-\nabla p]\frac{v_1-v_2}{\omega},\ \nabla\frac{v_1-v_2}{\omega}\right)_{R\setminus K_0,\omega}=0$$

を得る．一方 (5.5.12) により

$$\left(\nabla\frac{v_\nu}{\omega}-[\boldsymbol{b}-\nabla p]\frac{v_\nu}{\omega},\ \nabla\frac{v_1-v_2}{\omega}\right)_{R\setminus K_0,\omega}=\left(f,\ \frac{v_1-v_2}{\omega}\right)_{R\setminus K_0,1}\quad(\nu=1,2)$$

だから，

$$(5.5.16)\qquad \left(\nabla\frac{v_1-v_2}{\omega}-[\boldsymbol{b}-\nabla p]\frac{v_1-v_2}{\omega},\ \nabla\frac{v_1-v_2}{\omega}\right)_{R\setminus K_0,\omega}=0.$$

(5.5.15) と (5.5.16) から $\left\|\nabla\frac{v_1-v_2}{\omega}\right\|_{R\setminus K_0,\omega}=0$ を得るから，∂K_0 の上では $v_1=v_2=0$ なることにより $R\setminus K_0$ において $v_1\equiv v_2$ となる．だから，函数 f の任意性と N_1, N_2 の連続性により，集合 (5.5.5) において $N_1\equiv N_2$ となり，函数 $N(x,y)$ の一意性が証明された．▯

系 1　i)　任意の $y\in R\setminus(K_0)^\circ$ を固定するとき，x の函数 $N(x,y)$ は

$$(5.5.17)\qquad \begin{cases} x\in R\setminus(K_0\cup\{y\}) \text{ について } A_xN(x,y)=0, \\ x\in\partial K_0\setminus\{y\} \text{ において } N(x,y)=0 \end{cases}$$

を満たす．また任意の $f\in C_0^3(R\setminus K_0)$ に対して次の等式が成り立つ：

$$(5.5.18)\qquad \int_{R\setminus K_0}A^*f(x)\cdot N(x,y)dx=-f(y).$$

ii)　任意の $x\in R\setminus(K_0)^\circ$ を固定するとき，y の函数 $N(x,y)$ は

$$(5.5.17^*)\qquad \begin{cases} y\in R\setminus(K_0\cup\{x\}) \text{ について } A_y^*N(x,y)=0, \\ y\in\partial K_0\setminus\{x\} \text{ において } N(x,y)=0 \end{cases}$$

を満たす．また任意の $f\in C_0^3(R\setminus K_0)$ に対して次の等式が成り立つ：

$$(5.5.18^*)\qquad \int_{R\setminus K_0}N(x,y)\cdot Af(y)dy=-f(x).$$

この系1は，(5.5.10) において Ω, Ω_1 が任意に大きくとれることと，Green 函数 $G_{\Omega\setminus K_0}(x,y)$, $G_{\Omega_1\setminus K_0}(x,y)$ の性質 (第1章) によって，容易に証明することができる．

系 2　任意の $x\in R\setminus K_0$ に対して

$$(5.5.19)\qquad \int_{\partial K_0}\frac{\partial N(x,y)}{\partial \boldsymbol{n}_{K_0}(y)}dS(y)=1.$$

証明　定理5.5.1の (5.5.9) における $N^{D_n}(x,y)$ は，この§の初めに述べたように，境界値問題 (5.2.2) において $K=K_0$, $D=D_n$ としたものの核函数である．$u\equiv1$ なる函数は，この境界値問題で $f\equiv0$, $\varphi\equiv1$, $\varphi_1\equiv0$ とした場合の解であるから，第1章で述べたように，任意の $x\in D_n\setminus K_0$ に対して

(5.5.20) $$\int_{\partial K_0} \frac{\partial N^{D_n}(x, y)}{\partial \boldsymbol{n}_{K_0}(y)} dS(y) = 1$$

が成立する．ここで $n \to \infty$ とすると (5.5.9) と (5.2.4) により上の式の法線微分係数の $y \in \partial K_0$ に関する一様収束がいえて，(5.5.19) が得られる．□

系 3 i) 任意の点 $z_0 \in R \setminus K_0$ に対して $\lim_{\substack{x \to z_0 \\ y \to z_0}} N(x, y) = \infty$.

ii) F を $R \setminus (K_0)^\circ$ に含まれるコンパクト集合とし，E を $R \setminus K_0$ の閉部分集合で $E \cap F = \phi$ なるものとすると，

(5.5.21) $$\sup_{x \in E, y \in F} N(x, y) < \infty, \qquad \sup_{x \in E, y \in F} |\nabla_y N(x, y)| < \infty.$$

(∇_y は $N(x, y)$ の変数 y について ∇ を作用することを意味する.)

証明 初めに，i) と ii) の証明に共通に用いる事項を準備する．集合 K_0 を含みコンパクトな閉包をもつ任意の正則領域 $D \subset R$ に対して，§5.2 で述べた境界値問題 (5.2.1) および (5.2.1*) (K を K_0 とする) の Green 函数 $G_{D \setminus K_0}(x, y)$ を考える．また，R 上で Hölder 連続であって，台が $R \setminus K_0$ のコンパクト部分集合であるような任意の函数 $f(x)$ に対して，(5.5.6) で定義される函数 v は，$R \setminus K_0$ における楕円型方程式と境界条件 (5.5.7) を満たすから，特に $y \in D \setminus (K_0)^\circ$ ならば上の Green 函数を用いた次の式が成立する ($x \in R \setminus \overline{D}$ に対しては $G_{D \setminus K_0}(x, y) = 0$ と考える)：

$$v(y) = \int_{R \setminus K_0} f(x) G_{D \setminus K_0}(x, y) dx - \int_{\partial D} v(z) \frac{\partial G_{D \setminus K_0}(z, y)}{\partial \boldsymbol{n}_D(z)} dS(z).$$

v の定義式 (5.5.6) を上の式に代入して，右辺第 2 項の積分の順序を変えると，任意の $y \in D \setminus (K_0)^\circ$ に対して

$$\int_{R \setminus K_0} f(x) N(x, y) dx = \int_{D \setminus K_0} f(x) G_{D \setminus K_0}(x, y) dx - \int_{R \setminus K_0} f(x) \left\{ \int_{\partial D} N(x, z) \frac{\partial G_{D \setminus K_0}(z, y)}{\partial \boldsymbol{n}_D(z)} dS(z) \right\} dx$$

を得る．ここで f は初めに述べたような任意の函数だから，任意の $x \in R \setminus K_0$ と $y \in D \setminus (K_0)^\circ$ に対して次の式が成立する：

(5.5.22) $$N(x, y) = G_{D \setminus K_0}(x, y) - \int_{\partial D} N(x, z) \frac{\partial G_{D \setminus K_0}(z, y)}{\partial \boldsymbol{n}_D(z)} dS(z).$$

以上のことを用いて i) と ii) を証明する．

i) の証明．D として点 z_0 を内部に含むものをとっておくと，x と y が共に z_0 に十分近く（従って $D\setminus K_0$ に属し）かつ $z\in\partial D$ ならば $N(x,z)\geqq 0$, $\dfrac{\partial G_{D\setminus K_0}(z,y)}{\partial \boldsymbol{n}_D(z)}\leqq 0$ となるから，(5.5.22) の右辺第2項の被積分函数は $\leqq 0$ となる．このことと Green 函数の性質（第1章，定理1.3.8）により

$$\lim_{\substack{x\to z_0\\ y\to z_0}} N(x,y)\geqq \lim_{\substack{x\to z_0\\ y\to z_0}} G_{D\setminus K_0}(x,y)=\infty.$$

ii) の証明．初めに準備した事項において，D を $K_0\cup F\subset D\subset \bar{D}\subset R\setminus E$ なるようにとる．$x\in R\setminus\bar{D}$ ならば，$G_{D\setminus K_0}(x,y)=0$ として (5.5.22) が成立するのだから，任意の $y\in D\setminus(K_0)^\circ$ に対して

$$N(x,y)=-\int_{\partial D} N(x,z)\frac{\partial G_{D\setminus K_0}(z,y)}{\partial \boldsymbol{n}_D(z)}dS(z) \tag{5.5.22'}$$

が成立する．一方，定理5.5.1における $\{D_n\}$ の中で $D_n\supset\bar{D}$ なるものについてのみ考えることにすると，ここでの $N^{D_n}(x,y)$ が§5.2の $N_{D_n,K_0}(x,y)$ であることを想起すれば，補助定理5.2.2により

$$\sup_n\left\{\sup_{x\in D_n\setminus\bar{D}}\int_{\partial D} N^{D_n}(x,z)dS(z)\right\}<\infty.$$

だから，定理5.5.1の (5.5.9) と Fatou の補題により

$$\sup_{x\in R\setminus\bar{D}}\int_{\partial D} N(x,z)dS(z)<\infty. \tag{5.5.23}$$

∂D と F とは互いに交わらないコンパクト集合だから，(5.5.22) において $\dfrac{\partial G_{D\setminus K_0}(z,y)}{\partial \boldsymbol{n}_D(z)}$, $\left|\nabla_y\dfrac{\partial G_{D\setminus K_0}(z,y)}{\partial \boldsymbol{n}_D(z)}\right|$ は $\partial D\times F$ 上で有界である．このことと (5.5.23) とから (5.5.21) が得られる．□

次の定理は，定理5.5.1に述べた $N(x,y)$ の性質 ii) の一般化である．

定理 5.5.2　任意の点 $x\in R\setminus(K_0)^\circ$ と，$R\setminus K_0$ に含まれる任意の正則コンパクト集合 K を固定するとき，$R\setminus(K\cup K_0)$ において $L_{K\cup K_0}N(x,\cdot)\leqq N(x,\cdot)$ が成立し，特に $x\in K^\circ$ ならば等号が成立する．

証明　$x\in K^\circ$ の場合は，この定理の事実は定理5.5.1の ii) に述べられているから，$x\in R\setminus K$ の場合と $x\in\partial K$ の場合について証明すればよい．

$x\in R\setminus K$ とする．正則写像の性質により $\displaystyle\sup_{y\in R\setminus(K\cup K_0)}\frac{L_{K\cup K_0}N}{\omega}\leqq\max_{y\in\partial K}\frac{N}{\omega}$ が

成立するから，$K_1\subset R\setminus(K\cup K_0)$ なる $K_1\in \boldsymbol{K}(x)$ を一つ固定するとき，y の函数 $L_{K\cup K_0}N$ は K_1 において有界である．一方，前定理の系3の i) により，$K_2\subset K_1$ なる $K_2\in \boldsymbol{K}(x)$ を十分小さくとれば $\inf_{y\in K_2}N(x,y)$ はいくらでも大きくなる．だから適当な $K_2\in \boldsymbol{K}(x)$ を一つ定めると，

(5.5.24) $\qquad y\in K_2$ に対しては $\quad L_{K\cup K_0}N(x,y)\leqq N(x,y).$

また $y\in\partial(K\cup K_0)$ ならば $L_{K\cup K_0}N(x,y)=N(x,y)$ だから

$$y\in R\setminus(K_0\cup K\cup K_2) \text{ ならば } L_{K\cup K_0\cup K_2}(L_{K\cup K_0}N)\leqq L_{K\cup K_0\cup K_2}N=N\,;$$

最後の＝は $x\in(K\cup K_2)^\circ$ なることによる．上の不等式と定理5.4.2により

$$y\in R\setminus(K_0\cup K\cup K_2) \text{ ならば } L_{K\cup K_0}N=L_{K\cup K_0\cup K_2}(L_{K\cup K_0}N)\leqq N$$

となるから，(5.5.24) と合わせて，$R\setminus(K\cup K_0)$ において $L_{K\cup K_0}N(x,\cdot)\leqq N(x,\cdot)$ が成立する．

次に $x\in\partial K$ の場合を考える．$N(x,y)$ を $\partial K\cup\partial K_0$ の上の yの函数（∞の値を許す）と考えたものは，$\partial K\cup\partial K_0$ の上の非負値連続函数の単調増加列 $\{\varphi_n\}$ の極限である．このとき，§5.4で拡張された正則写像の定義により

(5.5.25) $\qquad \lim_{n\to\infty} L_{K\cup K_0}\varphi_n=L_{K\cup K_0}N.$

$L_{K\cup K_0}\varphi_n$ は $R\setminus(K\cup K_0)^\circ$ の上で連続であって

$$\partial(K\cup K_0) \text{ の上では } \quad L_{K\cup K_0}\varphi_n\leqq\varphi_n\leqq N$$

だから，各 n に対して $K\cup K_0$ を内部に含む正則コンパクト集合 F_n を適当にとれば，∂F_n の上で $L_{K\cup K_0}\varphi_n\leqq N+\frac{1}{n}\omega$（$\omega$ は定理5.3.1に述べた函数）となるようにできるが，更に $\bigcap_{n=1}^{\infty}F_n=K\cup K_0$ も同時に成り立つようにできる．このとき $x\in\partial K\subset(F_n)^\circ$ によって，$R\setminus F_n$ において $L_{F_n}N=N$ となるから，定理5.4.2と定理5.5.1により $R\setminus F_n$ において

$$L_{K\cup K_0}\varphi_n=L_{F_n}(L_{K\cup K_0}\varphi_n)\leqq L_{F_n}N+\frac{1}{n}L_{F_n}\omega=N+\frac{1}{n}\omega$$

が成立する．ここで $n\to\infty$ とすると，(5.5.25) と $\{F_n\}$ のとり方によって，$R\setminus(K\cup K_0)$ で $L_{K\cup K_0}N\leqq N$ が成り立つことがわかる．

以上で定理5.5.2が証明された．□

§5.6　核函数 $N(x, y)$ とある境界値問題

この§では，外部領域における Dirichlet 境界値問題の解で '無限遠点において流量が0になる' ものが，前§の核函数 $N(x, y)$ を用いて表わされることを述べる．この結果は本書において今後用いることもないし，また楕円型境界値問題に関する結果としても特に注目に値することでもないが，前§の核函数 $N(x, y)$ の一つの性質として，結果と証明の概略のみを述べておく．

K_0 を R の中の正則コンパクト集合，$f(x)$ を $R\setminus(K_0)^\circ$ で Hölder 連続な函数であって，その台が $R\setminus(K_0)^\circ$ のコンパクト部分集合であるもの，$\varphi(x)$ を ∂K_0 の上で Hölder 連続な函数とする．このとき次の (5.6.1～2) を満たす函数 $v(x)$ を求める問題を考える：

(5.6.1)　　$R\setminus K_0$ において $A^*v=-f,\quad v|_{\partial K_0}=\varphi$；

(5.6.2)　任意の $\psi\in P_\omega(R\,;K_0)$ に対して $\displaystyle\lim_{D\uparrow R}\int_{\partial D}\left(\frac{\partial v}{\partial n_D}-\beta_D v\right)\psi dS=0,$

ただし D は，K_0 を含み，R の中にコンパクトな閉包をもつ正則領域とする．(函数 ω および $P_\omega(R\,;K_0)$ は§5.3で述べたものである.)

上述のような領域 D を一つ固定して，(5.6.2) に類似の条件：

(5.6.2′)　任意の $\psi\in P_\omega(D\,;K_0)$ に対して　$\displaystyle\int_{\partial D}\left(\frac{\partial v}{\partial n_D}-\beta_D v\right)\psi dS=0$

を考えると，これは次の条件と同値である：

(5.6.3)　　∂D の上で　$\dfrac{\partial v}{\partial n_D}-\beta_D v=0.$

ベクトル値函数 $\boldsymbol{b}v-\nabla v$ は拡散問題における用語で流量 (flux) と呼ばれ ([1] の序章参照)，拡散物質の移動を表わすから，$\beta_D v-\dfrac{\partial v}{\partial n_D}$ は領域 D の境界 ∂D の上での流量の法線成分を表わす．従って (5.6.3) は拡散物質の境界における出入りがないことを表わしている．だから条件 (5.6.2) は '無限遠点における流量が0' すなわち無限遠点において拡散物質の出入りがないことを表わしている，と考えるのは自然であろう．

本§では，函数 $v\in C^1(R\setminus K_0)$ で $\left\|\nabla\frac{v}{\omega}\right\|_{R\setminus K_0,\omega}<\infty$ かつ $\sup_{R\setminus K_0}\left|\frac{v}{\omega}\right|<\infty$ なるものの全体を $\mathscr{D}$ と書くことにする．このとき次の定理が成り立つ：

定理 5.6.1 函数 f, φ を前ページに述べた通りとし，$N(x,y)$ を，与えられた K_0 を用いて前§で述べたように定義された核函数とする．このとき，

$$v(y)=\int_{R\setminus K_0} f(x)N(x,y)dx+\int_{\partial K_0}\varphi(x)\frac{\partial N(x,y)}{\partial n_{K_0}(x)}dS(x) \tag{5.6.4}$$

で定義される函数 v は $\mathscr{D}$ に属し，(5.6.1〜2) を満たす．また，$\mathscr{D}$ に属する函数 v で (5.6.1〜2) を満たすものは一意的である．——

この定理の証明は，本質的には定理 5.5.1 の証明の中に含まれているといえるが，以下にこの定理の証明の概略を述べておく．

函数 v を (5.6.4) で定義すると，(5.5.10) と Green 函数 $G_{\Omega\setminus K_0}(x,y)$, $G_{\Omega_1\setminus K}(x,y)$ の性質により，v は (5.6.1) を満たし，R の任意のコンパクト部分集合 K に対して

$$v\text{ および }|\nabla v|\text{ は }K\setminus K_0\text{ で有界である.} \tag{5.6.5}$$

更に，K_0 および函数 f の台を内部に含む任意の正則コンパクト集合 K に対して

$$R\setminus K\text{ において }\quad L_K v=v \tag{5.6.6}$$

が成立し，任意の $\psi\in P_\omega(R\,;K_0)$ に対して次の等式が成立する：

$$\left(\nabla\frac{v}{\omega}-[\boldsymbol{b}-\nabla p]\frac{v}{\omega},\ \nabla\psi\right)_{R\setminus K_0,\omega}=(f,\psi)_{R\setminus K_0,1}\,; \tag{5.6.7}$$

これらの事実の証明は (5.5.11), (5.5.12) の証明と本質的に同じである．定理 5.3.2 により (5.6.6) から

$$\sup_{R\setminus K}\left|\frac{v}{\omega}\right|<\infty,\quad \left\|\nabla\frac{v}{\omega}\right\|_{R\setminus K,\omega}<\infty \tag{5.6.8}$$

となるから，(5.6.5) と (5.6.8) によって $v\in\mathscr{D}$ がわかる．従って，D は K_0 および函数 f の台を含みコンパクトな閉包をもつ正則領域を表わすものとすると，任意の $\psi\in P_\omega(R\,;K_0)$ に対して，v が $A^*v=-f$ を満たすことおよび Green の公式により，次の等式が成り立つ：

$$\left(\nabla\frac{v}{\omega}-[\boldsymbol{b}-\nabla p]\frac{v}{\omega},\ \nabla\psi\right)_{R\setminus K_0,\omega}$$

$$(5.6.9)\qquad =\lim_{D\uparrow R}\left(\nabla\frac{v}{\omega}-[\boldsymbol{b}-\nabla p]\frac{v}{\omega},\ \nabla\psi\right)_{D\setminus K_0,\omega}$$

$$=\lim_{D\uparrow R}\int_{\partial D}\left(\frac{\partial v}{\partial \boldsymbol{n}_D}-\beta_D v\right)\psi dS+(f,\psi)_{R\setminus K_0,1}.$$

(5.6.7) と (5.6.9) から (5.6.2) が得られる.

一意性の証明：u と v がともに $\mathcal{D}$ に属して (5.6.1～2) を満たすとする. $u-v$ に (5.6.9) を適用すると，任意の $\psi\in P_\omega(R\,;K_0)$ に対して

$$\left(\nabla\frac{u-v}{\omega}-[\boldsymbol{b}-\nabla p]\frac{u-v}{\omega},\ \nabla\psi\right)_{R\setminus K_0,\omega}=0$$

が得られ，∂K_0 の上では $u=v=\varphi$ であるから，定理 5.3.2 によって $R\setminus K_0$ で $u=v$ となる.

上の定理の'一意性'の部分から，境界値問題 (5.6.1～2) の核函数の一意性に関する次の定理が容易に導かれる.

定理 5.6.2　$\tilde{N}(x,y)$ を $R\times R$ の部分集合

$$[R\setminus(K_0)^\circ]\times[R\setminus(K_0)^\circ]\setminus\{(z,z)\,|\,z\in R\setminus(K_0)^\circ\}$$

で連続な函数とする. $R\setminus(K_0)^\circ$ で Hölder 連続であって台が $R\setminus(K_0)^\circ$ のコンパクト部分集合であるような任意の函数 f に対して，函数

$$v(y)=\int_{R\setminus K_0}f(x)\tilde{N}(x,y)dx$$

が $\mathcal{D}$ に属し，$R\setminus K_0$ において，$A^*v=-f$ を満たし，かつ境界条件 $v|_{\partial K_0}=0$ と (5.6.2) を満たすとすると，函数 $\tilde{N}(x,y)$ は前§で定義された核函数 $N(x,y)$ に一致する. ——

第6章　Neumann 型理想境界(倉持境界)

§6.1　Neumann 型理想境界のための予備概念

前章の冒頭に述べたように，本章でも，向きづけられた C^∞ 多様体 R において，与えられた楕円型偏微分作用素 A：

$$Au=\operatorname{div}(\nabla u)+(\boldsymbol{b}\cdot\nabla u)$$

の形式的共役偏微分作用素 A^*：

$$A^*v=\operatorname{div}(\nabla v-\boldsymbol{b}v)$$

を考える．R および A についての仮定は，$c(x)\equiv 0$ なること以外は，第3章と全く同じである．§5.1 で約束した諸記号を本章でもそのまま用いる．この章では，A^* に関する R の Neumann 型理想境界（倉持境界ともいう）の構成と，全優調和函数（定義は §6.3 で与える）の表現定理を述べる；偏微分作用素（A ではなく）A^* を扱う理由は，§0.2 で説明したことによる．

第3章・第4章では偏微分作用素 A のみを扱って A^* を考えなかったから，A-調和，A-優調和をそれぞれ調和，優調和と書いたが，この章と次の章では，(第3章・第4章とは反対に) A^* のみを扱って A を扱わないから，‘A^*-調和’，‘A^*-優調和’ のことをそれぞれ‘調和’，‘優調和’ と書くことにする．

前の章で固定した点 $x_0\in R$ をそのまま用いる．x_0 を含みコンパクトな閉包 $\overline{D}$ をもつ正則領域 $D\subset R$ に対して，境界値問題 (5.1.1) の解で $w(x_0)=1$ を満たすものを，前章と同じく ω_D と書く．また，偏微分作用素 A^* の係数 $\boldsymbol{b}$ は 138ページに述べた条件(A)を満たすものとする．更に，この章および次の章では，x_0 を含む正則コンパクト集合 $K_0\subset R$ で $R\setminus K_0$ が連結であるものを一つ固定し，K_0 を含む任意の領域 Ω に対して $\Omega'=\Omega\setminus K_0$ とおく；特に $R'=R\setminus K_0$ である．今後 Ω', R' なる記号は常にこの意味に用い，他の意味には用いない．前章の正則写像およびそれに関連した結果はそのまま用いるが，上に固定したコンパクト集合 K_0 が特別の役目を果たすので，それに伴って修正の必要な記号や定理等を以下に記述しておく．

まず，定理 5.3.1 はそのままの形で用いるが，本章全体で重要な役割りをする函数 $\omega(x)$ の存在と一意性を述べた主要な定理であるから，ここに再記する(下記定理 6.1.1)．定理 5.3.2 は後述の定理 6.1.2 の形に修正して用いる．

定理 6.1.1 次の性質 (B) をもつ函数 $\omega\in C^2(R)$ が存在して一意的である：

$$
\text{(B)}\quad\begin{cases} R \text{ の上で } \omega>0,\ \text{特に } \omega(x_0)=1; \\ p=\log\omega \text{ とおくとき，} \boldsymbol{b}-\nabla p\in \boldsymbol{L}^2_\omega(R) \text{ であって} \\ \text{任意の } \psi\in P_\omega(R) \text{ に対して } (\boldsymbol{b}-\nabla p,\ \nabla\psi)_{R,\omega}=0. \end{cases}
$$

この函数 ω は R において調和であり，条件 (A) の (5.1.8) を満たす任意の領域の列 $\{D_n\}$ に対して $\omega=\lim_{n\to\infty}\omega_{D_n}$，$\nabla\omega=\lim_{n\to\infty}\nabla\omega_{D_n}$ が R 上の広義一様収束で成立する．

定理 6.1.2 ω, p を前の定理に述べられた函数とする．任意の正則コンパクト集合 $K\subset R'$ と，任意の $\varphi\in C^1(\partial K)$ に対して，次の性質 (C′) をもつ函数 $u\in C^0(\overline{R'\setminus K})\cap C^1(R'\setminus K)$ が存在して，一意的である：

$$
\text{(C}'\text{)}\quad\begin{cases} u|_{\partial K_0}=0,\ u|_{\partial K}=\varphi,\ \left\|\nabla\dfrac{u}{\omega}\right\|_{R'\setminus K,\omega}<\infty,\ \sup\limits_{x\in R'\setminus K}\left|\dfrac{u(x)}{\omega(x)}\right|<\infty; \\ \text{任意の } \psi\in P_\omega(R\,;K\cup K_0) \text{ に対して} \\ \qquad\left(\nabla\dfrac{u}{\omega}-[\boldsymbol{b}-\nabla p]\dfrac{u}{\omega},\ \nabla\psi\right)_{R'\setminus K,\omega}=0. \end{cases}
$$

この函数 u は $R'\setminus K$ で調和であって，$\sup\limits_{x\in R'\setminus K}\left|\dfrac{u(x)}{\omega(x)}\right|\leqq\max\limits_{x\in\partial K}\left|\dfrac{\varphi(x)}{\omega(x)}\right|$ を満たす．また，$K\cup K_0$ を含む任意の正則領域 D に対して，$D\setminus(K\cup K_0)$ における境界値問題：

$$
A^*v=0,\ v|_{\partial K_0}=0,\ v|_{\partial K}=\varphi,\ \left(\frac{\partial v}{\partial \boldsymbol{n}_D}-\beta_D v\right)\Big|_{\partial D}=0
$$

の解を v_D とすると，(5.1.8) を満たす任意の領域の列 $\{D_n\}$ に対して，$u=\lim_{n\to\infty}v_{D_n}$，$\nabla u=\lim_{n\to\infty}\nabla v_{D_n}$ が $\overline{R'\setminus K}$ の上の広義一様収束で成立する．

この定理は，定理 5.3.2 におけるコンパクト集合 K を $K\cup K_0$ で置き替え，

函数 φ を $\tilde{\varphi}(x)=\varphi(x)$ $(x\in\partial K)$, $=0$ $(x\in\partial K_0)$ なる $\tilde{\varphi}$ で置き替えることにより得られる.

この定理により, $C^1(\partial K)$ から $R'\setminus K$ における調和函数の空間の中への写像 L_K^0 を, $u=L_K^0\varphi$ が条件 (C′) を満たすものとして定義することができる. 今後この写像 L_K^0 も**正則写像**と呼ぶ; この写像は, 前の章で定義した正則写像 $L_{K\cup K_0}$ を, $\varphi|_{\partial K_0}=0$ を満たす函数 $\varphi\in C^1(\partial K\cup\partial K_0)$ の全体の上に制限したものである.

正則写像 L_K^0 は, 前章の意味の $L_{K\cup K_0}$ と同様に線型写像であって, $\varphi\geqq 0$ ならば $L_K^0\varphi\geqq 0$ を満たす. また任意の $y\in R\setminus[K^\circ\cup(K_0)^\circ]$ を固定するとき

(6.1.1) 任意の $\varphi\in C^1(\partial K)$ に対して $\left|\dfrac{(L_K^0\varphi)(y)}{\omega(y)}\right|\leqq\max\limits_{x\in\partial K}\left|\dfrac{\varphi(x)}{\omega(x)}\right|$

が成立するから, 写像 $\dfrac{\varphi}{\omega}\longrightarrow\dfrac{(L_K^0\varphi)(y)}{\omega(y)}$ (y は固定) は $C(\partial K)$ 上の有界正値線型汎函数で (6.1.1) を満たすものに一意的に拡張される. だから ∂K 上の Borel 測度 μ_K^y で $\mu_K^y(\partial K)\leqq 1$ なるものが存在して, 任意の $\varphi\in C^1(\partial K)$ に対して

$$(L_K^0\varphi)(y)=\omega(y)\int_{\partial K}\frac{\varphi(x)}{\omega(x)}d\mu_K^y(x) \tag{6.1.2}$$

が成立する.

∂K で下半連続な任意の函数φに対して, $(L_K^0\varphi)(y)$ を (6.1.2) で定義すると, §5.4 におけると同様にして次の定理が得られる.

定理 6.1.3 ∂K で下半連続な任意の函数 φ に対して, $R'\setminus K$ の各連結成分において $L_K^0\varphi$ は, そこで恒等的に∞でないかぎり調和函数である.

前章と同様に, 上のように拡張された L_K^0 もまた正則写像と呼ぶことにし, ∂K を含むある集合の上で定義されて下半連続な函数 w に対して, それの ∂K への制限 $w|_{\partial K}$ の L_K^0 による像 $L_K^0(w|_{\partial K})$ のことも, 簡単に $L_K^0 w$ と書くことにする. このとき次の定理が成立する (cf. 定理 5.4.2).

定理 6.1.4 K_1, K_2 を R' の中の正則コンパクト集合で $K_1\subset K_2$ なるものとすると, ∂K_1 において下半連続な任意の函数 φ に対して, $R'\setminus(K_2)^\circ$ において $L_{K_2}^0(L_{K_1}^0\varphi)=L_{K_1}^0\varphi$ が成立する.

次の定理は，定理 5.5.1 の前半を本章の L_K^0 の定義に合わせて書いたものである．前の章と同様に，任意の点 $x\in R'$ に対して，xを内点にもち R' に含まれるすべての正則コンパクト集合の族を $\boldsymbol{K}(x)$ と書く．

定理 6.1.5 $R\times R$ の部分集合

$$(R'\cup\partial K_0)\times(R'\cup\partial K_0)\setminus\{(z,z)\,|\,z\in(R'\cup\partial K_0)\} \tag{6.1.3}$$

で連続な函数 $N(x,y)$ で次の i)，ii) を満たすものがただ一つ存在する．

i) 台が R' のコンパクト部分集合であるような任意の Hölder 連続な函数 $f(x)$ に対して，函数

$$v(y)=\int_{R'}f(x)N(x,y)dx \tag{6.1.4}$$

は R' における次の楕円型方程式と境界条件を満たす：

$$A^*v=-f,\quad v|_{\partial K_0}=0. \tag{6.1.5}$$

ii) 任意の $x\in R'$ を固定するとき，任意の $K\in\boldsymbol{K}(x)$ に対して

$$R'\setminus K \text{ において } \quad L_K^0N(x,\cdot)=N(x,\cdot). \tag{6.1.6}$$ ——

上の $N(x,y)$ は定理 5.5.1 の $N(x,y)$ そのものであり，(5.5.17*) により，$x\in R'$ かつ $y\in\partial K_0$ ならば $N(x,y)=0$ である．だから (5.5.8) における $L_{K\cup K_0}$ を L_K^0 と書いた (6.1.6) が成立する．

定理 5.5.1 の系 1, 2, 3 は，そのままの形で今後引用するので，ここに再記しない．下記の定理 6.1.6 は上の ii) の一般化であり，定理 5.5.2 と同じことであるが，$L_{K\cup K_0}$ と L_K^0 との違いがあるのでここに書いておく；その事情は，上に述べた (5.5.8) が (6.1.6) になったのと同じである．

定理 6.1.6 任意の点 $x\in(R'\cup\partial K_0)$ と任意の正則コンパクト集合 $K\cup R'$ を固定するとき，$R'\setminus K$ において $L_K^0N(x,\cdot)\leqq N(x,\cdot)$ が成立し，特に $x\in K^\circ$ ならば等号が成立する．

今後 $N(x,y)$ を R' における**ポテンシャルの核**として用いる．すなわち，R' における任意の Borel 測度 μ に対して，その**ポテンシャル** μNを

$$\mu N(y)=\int_{R'}N(x,y)d\mu(x) \tag{6.1.7}$$

で定義する；ただし μN は (6.1.7) の右辺の積分の値が y の函数として R' に

おいて恒等的に∞でないかぎり定義されるものとする．よって，今後‘ポテンシャル μN’と書いたときは，R' において $\mu N \not\equiv \infty$ となるような測度 μ を考えているものとし，そのことを毎回ことわらない．

R' で下半連続な任意の函数 v と，任意の正則コンパクト集合 $K \subset R'$ に対して，函数 v_K を次のように定義する：

(6.1.8)
$$v_K(y)=\begin{cases}(L_K^0 v)(y), & y\in(R'\cup\partial K_0)\setminus K \text{ のとき},\\ v(y), & y\in K \text{ のとき}.\end{cases}$$

また，任意の $x\in R'\cup\partial K_0$ を固定するとき，

(6.1.9)
$$N_K(x, y)=[N(x, \cdot)]_K(y)$$

と定義する．このとき (6.1.2) によって，$y\in(R'\cup\partial K_0)\setminus K$ に対しては

(6.1.10)
$$v_K(y)=\int_{\partial K}\frac{\omega(y)}{\omega(x)}v(x)d\mu_K^y(x),$$

(6.1.11)
$$N_K(x, y)=\int_{\partial K}\frac{\omega(y)}{\omega(z)}N(x, z)d\mu_K^y(z)$$

が成立する；ここで μ_K^y は ∂K 上の Borel 測度で $\mu_K^y(\partial K)\leqq 1$ を満たすものである．また定理 6.1.4 と (6.1.8) により次のことが成り立つ：

(6.1.12)
$$\begin{cases}K_1,\ K_2 \text{ が } R' \text{ の中の正則コンパクト集合で } K_1\subset K_2 \text{ ならば}\\ R'\cup\partial K_0 \text{ において } (v_{K_1})_{K_2}=v_{K_1}.\end{cases}$$

特に，函数 ω は $R'\cup\partial K_0$ において

(6.1.13)
$$\omega_K(y)\leqq\omega(y)$$

を満たす．なぜならば，$y\in(R'\cup\partial K_0)\setminus K$ ならば (6.1.10) によって

$$\omega_K(y)=\omega(y)\mu_K^y(\partial K)\leqq\omega(y)$$

となり，$y\in K$ ならば (6.1.8) によって $\omega_K(y)=\omega(y)$ である．

注意 1 $N(x, y)$ を核とする質量分布 μ のポテンシャルは

(6.1.7′)
$$N\mu(x)=\int_{R'}N(x, y)d\mu(y) \qquad \text{(cf. (6.1.7))}$$

なる形に書かれるのが普通である；偏微分作用素 A が形式的に自己共役（すなわち $A=A^*$：通常の Laplace-Beltrami 作用素）の場合は，核 $N(x, y)$ は対称：$N(x, y)=N(y, x)$，であるから (6.1.7) と (6.1.7′) とは同じ式であり，

(6.1.7′) のように書くのが“常識的”であろう．しかし本書では A が形式的に自己共役でない，従って $N(x,y)$ が対称でない点に主眼をおいているので，(6.1.7) の形を用いる必然性がある．このポテンシャルを定義する (6.1.7) の右辺では，$N(x,y)$ の左の変数 x について測度 μ で積分するので，それを表わす左辺の記号も N の左側に μ を書くことにした．

注意2 (6.1.9) で定義される記号 $N_K(x,y)$ は (6.1.8) の v_K に合わせたもので，今後 N_K はこの意味にのみ用いられる．添え字 K の意味が，前に用いられた Green 函数 $G_D(x,y)$ の D とは異なることに注意せられたい．また (6.1.13) の ω_K の添え字 K についても同様で，前章およびこの§の初めに用いた ω_D の D とは異なる．

最後に，核函数 $N(x,y)$ を用いた場合の，優調和函数の Riesz 分解の定理を述べる．これは本質的には §2.3 に述べたことに含まれるが，§2.3 では Green 函数 $G_D(x,y)$ または $G(x,y)$ をポテンシャルの核とした形で述べているので，定理の述べ方も証明の方法も形式的に多少の差違がある．ここでは，以下本章において用いる形で Riesz 分解の定理を述べ，その証明の概略を記す．下記の定理 6.1.7 は定理 2.3.5 の i) の‘必要’の部分に対応するものであるが，その定理の ii) に対応する領域 Ω 全体での Riesz 分解については，存在する場合の‘一意性’のみを述べ (定理 6.1.8)，与えられた優調和函数が Ω のコンパクト部分集合の外では調和である場合についてのみ Riesz 分解の存在を示す (定理 6.1.9)．一般の場合の‘存在’を述べるためには，§6.3 で導入される全優調和函数の概念が必要であるから，この場合の Riesz 分解は定理 6.3.3 で与えられる．

下記の定理の証明の概略を §2.3 の記述と対比しながら述べるから，§2.3 では A-(優)調和函数を扱っているのに対して，この章では単に‘(優)調和’といえば‘A^*-(優)調和’の意味であることを，念のためもう一度注意する．

定理 6.1.7 Ω を R' の中の任意の領域とし，D を Ω の部分領域であって $\overline{D}$ が Ω のコンパクト部分集合なるものとする．Ω 上の優調和函数 v に対して，Ω における Borel 測度 μ と D 上の調和函数 h_D が一意的に存在して，D において次の式が成立する；ここで μ は D に無関係である：

$$v(y)=\int_D N(x, y)d\mu(x)+h_D(y). \tag{6.1.14}$$

特に v が領域 D で調和ならば $\mu(D)=0$ である.

証明の概略 まず，この定理の函数 v に対して Ω における Borel 測度 μ が存在して，任意の $f\in C_0^2(\Omega)$ に対して (cf. 定理 2.3.3)

$$-\int_\Omega v(x)\cdot Af(x)dx=\int_\Omega f(x)d\mu(x) \tag{6.1.15}$$

が成立する；その証明は§2.3の定理 2.3.1～3 の証明において，A と A^* を入れ換え，$U_{\Omega_0}(t, x, y)$ の変数 x と y の役目を入れ換えればよい．特に，任意の $f\in C_0^2(D)$ に対して定理 5.5.1 の系 1 により

$$f(x)=-\int_D N(x, y)\cdot Af(y)dy \qquad \text{(cf. (2.3.20))} \tag{6.1.16}$$

が成立するから，これを (6.1.15) の右辺に代入すると

$$\int_D\left\{v(y)-\int_D N(x, y)d\mu(x)\right\}Af(y)dy=0 \qquad \text{(cf. (2.3.22))}$$

が得られ，これから定理 2.3.4 の証明と同様に，定理 1.4.10 と定理 2.1.6 を用いて上の式の $\{\cdots\}$ の中が D における調和函数 $h_D(y)$ になることが示される．μ と h_D の一意性の証明は定理 2.3.4 の証明と全く同じ論法による；A と A^* を入れ換え，(2.3.20) のかわりに (6.1.16) を用いればよい．この一意性と，$N(x, y)>0$ なることから，v が D で調和ならば $\mu(D)=0$ である．□

上の一意性の証明は $\overline{D}$ がコンパクトでなくてもよいから，次の定理が成立する．

定理 6.1.8 領域 $\Omega(\subset R^r)$ の上の優調和函数 v が，Ω における Borel 測度 μ と Ω 上の調和函数 h によって $v=\mu N+h$ と表わされるならば，このような μ と h は v によって一意的に定まる；特に領域 $\Omega_1(\subset\Omega)$ で v が調和ならば $\mu(\Omega_1)=0$ である．——

最後に，優調和函数 v が Ω のあるコンパクト部分集合の外で調和である場合の，Ω 全体での Riesz 分解の定理を証明しよう．

定理 6.1.9 K を領域 $\Omega(\subset R^r)$ のコンパクト部分集合とする．v が Ω 上の

優調和函数であって，$\Omega \setminus K$ において調和ならば，Ω における Borel 測度 μ で台が K に含まれるものと，Ω 上の調和函数 h が一意的に存在して，Ω において $v=\mu N+h$ が成立する．

証明 Kを含む領域 D で，その閉包 $\overline{D}$ が Ω のコンパクト部分集合であるものを，ひとつ固定する．このとき定理6.1.7により，Ω における Borel 測度 μ (Dに関係しない) と D 上の調和函数 h_D が一意的に存在して，Dにおいて次の式が成立する：

$$v(y)=\int_D N(x, y)d\mu(x)+h_D(y). \tag{6.1.17}$$

更に，v が $D \setminus K$ で調和なことにより $\mu(D \setminus K)=0$ である．ここで，D が Ω に含まれるコンパクトな閉包をもつかぎり任意に大きくとれることと，μ が D に無関係なことにより，μ の台は K に含まれる．だから (6.1.17) の右辺第1項の積分範囲を Ω と書いてもよいから，(6.1.17)を $v=\mu N+h_D$ と簡単に書くことにする．いま，$D \setminus K$ において

$$h=v-\mu N$$

と定義すると，h は $\Omega \setminus K$ において調和であり，$D \setminus K$ においては $h=h_D$ となるから，一意接続定理 (定理 1.4.10) によって，K の上でも $h=h_D$ と定義することにより h は Ω 上の調和函数となる．このとき明らかに Ω 全体で $v=\mu N+h$ が成立する．h の一意性も，h_D の D における一意性と一意接続定理によって明らかである．▯

§6.2 Neumann 型理想境界(倉持境界)の構成

K_0 を前§で固定した正則コンパクト集合とし，この K_0 を用いて構成した Neumann 型核函数を $N(x,y)$ とする．この核函数は

(6.2.1) $$(R'\cup\partial K_0)\times(R'\cup\partial K_0)\setminus\{(z,z)\,|\,z\in(R'\cup\partial K_0)\}$$

において定義されていて連続であり，この集合の中で x, y の一方が ∂K_0 の上にあれば $N(x,y)=0$ である．そこで

(6.2.2) $$x\in K_0,\ \ y\in R' \text{ に対しては } N(x,y)=0$$

と定義すると，任意の $y\in R'$ を固定するとき，$N(x,y)$ は x について $R\setminus\{y\}$ の上で連続な函数となる．

R の一点コンパクト化 (one-point compactification) は距離づけ可能なコンパクト空間であるから，その位相を定義する距離の一つを ρ_0 とする．コンパクト集合 K_0 を含む領域 D_0 で，その閉包 $\overline{D}_0$ がコンパクトであるものを一つ固定する．

任意の二点 $x_1, x_2\in R$ に対して，上に述べた距離 $\rho_0(x_1,x_2)$ と

(6.2.3) $$\rho_1(x_1,x_2)=\int_{D_0'}\frac{|N(x_1,y)-N(x_2,y)|}{1+|N(x_1,y)-N(x_2,y)|}dy$$

とを用いて，

(6.2.4) $$\rho(x_1,x_2)=\rho_0(x_1,x_2)+\rho_1(x_1,x_2)$$

と定義する．

我々はこの ρ を用いて，§3.2における Martin 境界の構成と全く並行に議論を進めることができる．以下に述べる定理や補助定理は，定理 6.2.2 の系 2, 定理 6.2.3, 定理 6.2.5 を除き，§3.2における対応する定理や補助定理と全く同じ方法で証明される．だからこの§では，定理 6.2.2 の系 2, 定理 6.2.3, 定理 6.2.5 以外の各定理や補助定理は，§3.2 と同じ順序に従って記述するだけとし，それらの証明 (それは§3.2と本質的に同じ議論の繰返しになる) は記述しない；ただ，§3.2の記述と形式的に多少の違いのある部分についてのみ，前

もって注意を述べておくに止める. 読者諸氏が§3.2にならって各定理を験証されることは容易であろう.

まず§3.2の偏微分作用素 A, 核函数 $M(x, y)$ がここでは A^*, $N(x, y)$ になっており, 核函数の変数 x と y の役目が入れ替っている. 次に, 第3章においては必要のなかったコンパクト集合 K_0 がこの章で用いられているため, (6.2.3) で定義した ρ_1 は $x_1, x_2 \in K_0$ に対しては距離の性質をもたない. それゆえ距離 ρ_0 を ρ_1 に加えて ρ を定義したが, このことは R の中のコンパクト集合における位相的な議論では, §3.2 における論法に本質的な影響を与えないし, また ρ_0 が R の'一点コンパクト化'の位相を与える距離であることにより, R を距離 ρ によって完備化した後の理想境界の近傍における議論に対しても, ρ_0 は影響をもたない. 補助定理 3.2.1の証明の中で (3.1.9) を用いたのに対し, 下記の補助定理6.2.1の証明では定理5.5.1の系3のi)を用いる. また, 補助定理3.2.2および定理3.2.2とその系の証明中に補助定理3.1.2を用いた部分については, 下記の補助定理6.2.2および定理6.2.2とその系1の証明では, 定理5.5.1の系3の ii) を用いる. 以上のことに注意すれば, Neumann 型理想境界の構成が下記の手順で進められる.

補助定理6.2.1 (6.2.4) で与えた ρ は R におけるひとつの距離を定義し, この距離で定義される位相は, 多様体 R の本来の位相と同じである.

補助定理6.2.2 R は上に述べた距離 ρ に関して全有界である.

この補助定理により, 空間 R の距離 ρ による完備化 $\hat{R}$ はコンパクト距離空間であり, ρ は $\hat{R}$ の上の距離に自然な方法で一意的に拡張される. その拡張された距離を同じ記号 ρ で表わしても混乱は起こらないから, 以下そうすることにする.

このとき次の定理が成り立つ:

定理6.2.1 i) 多様体 R はコンパクト距離空間 $\hat{R}$ の中に同相に埋め込まれている.

ii) $\hat{R} \setminus R$ は R の閉部分集合であって, 内点をもたない.

定理6.2.2 核函数 $N(x, y)$ は

$$[\hat{R}\times(R'\cup\partial K_0)]\setminus\{(z,z)\,|\,z\in R'\cup\partial K_0\}$$

の上の連続函数に拡張される．拡張された $N(x,y)$ は，任意の $x\in\hat{R}$ を固定するとき，y の函数として $R'\setminus\{x\}$ で調和である．

系 1 E が $\hat{R}\setminus K_0$ の中の閉集合，F が $R'\cup\partial K_0$ の中のコンパクト集合であって，$E\cap F=\phi$ ならば

i) $$\sup_{\substack{x\in E\\ y\in F}} N(x,y)<\infty;$$

ii) $N(x,y)$ は $E\times F$ の上で距離 ρ に関して一様連続である．

系 2 任意の $x\in\hat{R}\setminus K_0$ に対して，$N(x,y)$ の y に関する ∂K_0 の上での法線微分 $\dfrac{\partial N(x,y)}{\partial \boldsymbol{n}_{K_0}(y)}$ が存在して，$\displaystyle\int_{\partial K_0}\frac{\partial N(x,y)}{\partial \boldsymbol{n}_{K_0}(y)}dS(y)=1$ が成り立つ．

この系 2 に対応するものは§3.2には存在しないし，また次の定理 6.2.3 の証明は Martin 境界の場合の定理 3.2.3 の証明とは事情が異なるから，理想境界の構成まで述べたあとで，上の系 2 の証明と次の定理6.2.3の証明を与える．なお，上の系 2 は $x\in R'$ の場合は定理 5.5.1 の系 2 にほかならないから，この§で証明するのは $x\in\hat{R}\setminus R$ の場合である．

定理 6.2.3 $\hat{R}$ は次の意味で，コンパクト集合 K_0，距離 ρ_0，領域 D_0 の選び方に無関係である．K_0 と $\tilde{K}_0$ を R の中の正則コンパクト集合，ρ_0 と $\tilde{\rho}_0$ を R の一点コンパクト化の位相を与える距離とし，D_0 と $\tilde{D}_0$ はそれぞれ K_0 と $\tilde{K}_0$ を含む領域であって，それらの閉包 $\overline{D}_0$，$\overline{\tilde{D}}_0$ はコンパクトであるとする．核函数 $N(x,y)$，$\tilde{N}(x,y)$ を，それぞれ K_0，$\tilde{K}_0$ を用いて§5.5で述べたように構成し，(6.2.3) と (6.2.4) によって $N(x,y)$，ρ_0 を用いて ρ_1，ρ を定義し，同様に $\tilde{N}(x,y)$，$\tilde{\rho}_0$ を用いて $\tilde{\rho}$ を定義する．距離 ρ，$\tilde{\rho}$ に関して R を完備化した距離空間をそれぞれ $\hat{R}$, $\tilde{R}$ とする．このとき，$\hat{R}$ と $\tilde{R}$ は一様同相であって，その同相写像は R においては恒等写像である．

この定理により，上に述べた方法で構成される R の完備化 $\hat{R}$ は，本質的にはただひと通りである．§3.2の場合と同様に，$\hat{R}\setminus R$ は内点をもたない閉集合であるから，これを R の境界と考えて次の定義を与える．

定義 この§に述べたように構成した $\hat{R}$ を R の(**楕円型偏微分作用素 A^* に**

関する) Neumann型コンパクト化または**倉持コンパクト化**といい，$\hat{S}=\hat{R}\setminus R$ を R の (A^* **に関する) Neumann 型理想境界**または**倉持境界**という．

定理 6.2.2 により任意の点 $\xi\in\hat{S}$ に対して $N(\xi, y)$ は y について R 上の調和函数であるが，定理 3.2.4 に対応する次の定理により，$\hat{S}$ 上の相異なる二点は相異なる調和函数を与える．

定理 6.2.4　$\hat{S}$ 上の点 ξ, η に対して，定理 6.2.2 の函数 $N(x, y)$ がすべての点 $y\in R'$ で $N(\xi, y)=N(\eta, y)$ となるならば，ξ と η は同じ点である．

ここで定理 6.2.2 の系 2 と定理 6.2.3 を証明しよう．

定理 6.2.2 の**系 2 の証明**　前ページに述べたように，$x\in\hat{R}\setminus R$ の場合に証明すればよい．K_0 を内部に含む正則領域 D で，その閉包 $\overline{D}$ が R のコンパクト部分集合であるものを一つ固定すると，任意の $x\in\hat{R}$ に対して $\rho(x_n, x)\to 0$ $(n\to\infty)$ なる点列 $\{x_n\}\subset R\setminus\overline{D}$ が存在する．定理 5.5.1 の系 3 の証明中と同じ Green 函数 $G_{D\setminus K_0}(x, y)$ を考えると，その証明中に示した (5.5.22′) により，任意の x_n と任意の $y\in D\setminus(K_0)^\circ$ に対して

$$N(x_n, y)=-\int_{\partial D}N(x_n, z)\frac{\partial G_{D\setminus K_0}(z, y)}{\partial \boldsymbol{n}_D(z)}dS(z). \tag{6.2.5}$$

∂D と ∂K_0 とは互いに‘離れた’コンパクト集合であるから，上の式から

$$\frac{\partial N(x_n, y)}{\partial \boldsymbol{n}_{K_0}(y)}=-\int_{\partial D}N(x_n, z)\frac{\partial^2 G_{D\setminus K_0}(z, y)}{\partial \boldsymbol{n}_D(z)\partial \boldsymbol{n}_{K_0}(y)}dS(z). \tag{6.2.6}$$

(6.2.5) で $n\to\infty$ とすると，定理 6.2.2 の系 1 の ii) により

$$N(x, y)=-\int_{\partial D}N(x, z)\frac{\partial G_{D\setminus K_0}(z, y)}{\partial \boldsymbol{n}_D(z)}dS(z)$$

となるから，$N(x, y)$ の y に関する ∂K_0 上での法線微分が存在して

$$\frac{\partial N(x, y)}{\partial \boldsymbol{n}_{K_0}(y)}=-\int_{\partial D}N(x, z)\frac{\partial^2 G_{D\setminus K_0}(z, y)}{\partial \boldsymbol{n}_D(z)\partial \boldsymbol{n}_{K_0}(y)}dS(z). \tag{6.2.7}$$

定理 6.2.2 の系 1 の ii) により (6.2.6) と (6.2.7) で $z\in\partial D$ に関して一様に $\lim_{n\to\infty}N(x_n, z)=N(x, z)$ となるから，$\lim_{n\to\infty}\frac{\partial N(x_n, y)}{\partial \boldsymbol{n}_{K_0}(y)}=\frac{\partial N(x, y)}{\partial \boldsymbol{n}_{K_0}(y)}$ ($y\in\partial K_0$ に関して一様収束) が成立する．このことと，$x_n\in R'$ に対してはこの系 2 が成立していることから，$x\in\hat{R}\setminus R$ に対しても成立する．▯

ここで定理 6.2.3 の証明に用いる次の補助定理を示す.

補助定理 6.2.3 定理 6.2.3 の仮定のもとで更に $\tilde{D}_0 \subset K_0$ とし，また $D_0 \setminus K_0$ における §5.2 の境界値問題 (5.2.1) の Green 函数を $G_{D_0 \setminus K_0}(x, y)$ とする．このとき，i) 任意の $x \in R \setminus \overline{D}_0$, $y \in \tilde{D}_0 \setminus \tilde{K}_0$ に対して

$$\tilde{N}(x, y) = -\int_{\partial K_0} \int_{\partial D_0} N(x, z) \frac{\partial^2 G_{D_0 \setminus K_0}(z, z_1)}{\partial \boldsymbol{n}_{D_0}(z) \partial \boldsymbol{n}_{K_0}(z_1)} \tilde{N}(z_1, y) dS(z) dS(z_1);$$

ii) 任意の $x \in R \setminus \overline{D}_0$, $y \in D_0 \setminus K_0$ に対して

$$N(x, y) = \tilde{N}(x, y) - \int_{\partial K_0} \tilde{N}(x, z) \frac{\partial N(z, y)}{\partial \boldsymbol{n}_{K_0}(z)} dS(z).$$

証明 $\overline{D}_0$ を含みコンパクトな閉包をもつ任意の正則領域 D をとる．$D \setminus K_0$ における §5.2 の境界値問題 (5.2.2) の核関数 $N_{D, K_0}(x, y)$ を考え，これを §5.5 以降のように $N^D(x, y)$ と書く．K_0 を $\tilde{K}_0$ で置き換えて同様に定義した核函数を $\tilde{N}^D(x, y)$ と書く．任意の $y \in \tilde{D}_0 \setminus \tilde{N}_0$ を固定して，$\tilde{N}^D(x, y)$ を $\overline{D} \setminus (K_0)^\circ$ における x の函数と考えると,

$$D \setminus K_0 \text{ において } A_x \tilde{N}^D(x, y) = 0, \quad \partial D \text{ の上で } \frac{\partial \tilde{N}^D(x, y)}{\partial \boldsymbol{n}_D(x)} = 0$$

を満たす．$N^D(x, y)$ が境界値問題 (5.2.2) $(K = K_0)$ の核函数であるから

$$(6.2.8) \qquad \tilde{N}^D(x, y) = \int_{\partial K_0} \frac{\partial N^D(x, z)}{\partial \boldsymbol{n}_{K_0}(z)} \tilde{N}^D(z, y) dS(z) \quad (x \in D \setminus (K_0)^\circ)$$

が成立する．また，任意の $x \in D \setminus \overline{D}_0$ を固定して，$N^D(x, y)$ を $\overline{D}_0 \setminus (K_0)^\circ$ における y の函数と考えると

$$D_0 \setminus K_0 \text{ において } A_y^* N^D(x, y) = 0, \quad \partial K_0 \text{ の上で } N^D(x, y) = 0$$

を満たす．$G_{D_0 \setminus K_0}(x, y)$ が (5.2.1*) の Green 函数でもあるから

$$N^D(x, y) = -\int_{\partial D_0} N^D(x, z) \frac{\partial G_{D_0 \setminus K_0}(z, y)}{\partial \boldsymbol{n}_{D_0}(z)} dS(z) \quad (y \in \overline{D}_0 \setminus (K_0)^\circ)$$

が成立する．従って特に $z_1 \in \partial K_0$ に対して

$$\frac{\partial N^D(x, z_1)}{\partial \boldsymbol{n}_{K_0}(z_1)} = -\int_{\partial D_0} N^D(x, z) \frac{\partial^2 G_{D_0 \setminus K_0}(z, z_1)}{\partial \boldsymbol{n}_{D_0}(z) \partial \boldsymbol{n}_{K_0}(z_1)} dS(z)$$

が成立する．これを (6.2.8) の右辺（において z を z_1 と書き直した式）に代入すると，次の等式を得る：

(6.2.9) $\tilde{N}^D(x,y)$

$$=-\int_{\partial K_0}\int_{\partial D_0} N^D(x,z)\frac{\partial^2 G_{D_0\setminus K_0}(z,z_1)}{\partial \boldsymbol{n}_{D_0}(z)\partial \boldsymbol{n}_{K_0}(z_1)}\tilde{N}^D(z_1,y)dS(z)dS(z_1).$$

ここで定理5.5.1におけるように，(5.1.8)を満たす領域の列 $\{D_n\}$ を $\overline{D}_0\subset D_1$ なるようにとると，定理5.5.1に述べた領域における広義一様収束で

(6.2.10) $$\lim_{n\to\infty} N^{D_n}(x,y)=N(x,y),\quad \lim_{n\to\infty}\tilde{N}^{D_n}(x,y)=\tilde{N}(x,y)$$

が成立する．(6.2.9) において $D=D_n$ として $n\to\infty$ とすれば (6.2.10) により i) の結論を得る．

次に ii) を証明しよう．D を初めに述べたような正則領域とする．任意の $f\in C_0^1(D\setminus K_0)$ をとって， $y\in\overline{D}\setminus(K_0)^\circ$ に対して

(6.2.11) $$v(y)=\int_{D\setminus K_0} f(x)\{\tilde{N}^D(x,y)-N^D(x,y)\}dx$$

とおくと，v は

$$D\setminus K_0 \text{ において } A^*v=0,\quad \partial D \text{ の上で } \frac{\partial v}{\partial \boldsymbol{n}_D}-\beta_D v=0$$

を満たし，$y\in\partial K_0$ ならば $N^D(x,y)=0$ であるから，

(6.2.12) $$v(y)=\int_{D\setminus K_0} f(x)\tilde{N}^D(x,y)dx\quad (y\in\overline{D}\setminus(K_0)^\circ)$$

となる．§5.2に述べたように $N^D(x,y)$ は境界値問題 (5.2.2*) の核函数でもあるから，任意の $y\in\overline{D}\setminus(K_0)^\circ$ に対して

$$v(y)=\int_{\partial K_0} v(z)\frac{\partial N^D(z,y)}{\partial \boldsymbol{n}_{K_0}(z)}dS(z)$$

が成立する．この式の左辺の v に (6.2.11) を，右辺の v に (6.2.12) を代入することができるから，代入してから右辺の積分の順序を変えると

$$\int_{D\setminus K_0} f(x)\{\tilde{N}^D(x,y)-N^D(x,y)\}dx$$

$$=\int_{D\setminus K_0} f(x)\left\{\int_{\partial K_0}\tilde{N}^D(x,z)\frac{\partial N^D(z,y)}{\partial \boldsymbol{n}_{K_0}(z)}dS(z)\right\}dx.$$

特に x,y がそれぞれ $D\setminus\overline{D}_0$，$D_0\setminus K_0$ を動くならば，上の両辺の $\{\cdots\}$ の中は x について連続であるから，f の任意性により

(6.2.13) $\tilde{N}^D(x,y)-N^D(x,y)=\int_{\partial K_0}\tilde{N}^D(x,z)\dfrac{\partial N^D(z,y)}{\partial \boldsymbol{n}_{K_0}(z)}dS(z)$

が成立する．(5.2.4) と (5.5.10) において，x に関する ∂K_0 の上での法線微分を考え，D として i)の証明中と同じ D_n をとって $n\to\infty$ とすると，$y\in D_0\setminus K_0$ を固定するとき，(6.2.10) の第1式により $x\in\partial K_0$ に関する一様収束で $\lim_{n\to\infty}\dfrac{\partial N^{D_n}(x,y)}{\partial \boldsymbol{n}_{K_0}(x)}=\dfrac{\partial N(x,y)}{\partial \boldsymbol{n}_{K_0}(x)}$ が成立するから，(6.2.9) から i) の結論を導いたのと同様にして (6.2.13) から ii) の結論が導かれる．▯

この補助定理を用いて，**定理 6.2.3 の証明**を与えよう．

まずこの定理は，$\bar{\tilde{D}}_0\subset(K_0)^\circ$ として証明すれば十分である．距離 ρ_0 と $\tilde{\rho}_0$ とが R において同値な距離であることは明らかである．また R の任意のコンパクト部分集合における二つの距離 ρ と $\tilde{\rho}$ の同値性も明らかである．よって，$\bar{D}_0$ を含みコンパクトな閉包をもつ領域 $D\subset R$ を一つとって，$R\setminus D$ において ρ_1 と $\tilde{\rho}_1$ が互いに同値な距離を与えることを示せば，ρ と $\tilde{\rho}$ が R において同値な距離となるから，距離空間の完備化の一意性により定理 6.2.3 が成立することがわかる．ρ_1 と $\tilde{\rho}_1$ が $R\setminus D$ においては‘距離’の条件を満たすことは，$K_0\cup\tilde{K}_0\subset D$ なることと，補助定理 6.2.1 に対応する補助定理 3.2.1 の証明を見れば容易にわかる．よって ρ_1 と $\tilde{\rho}_1$ の $R\setminus D$ における同値性を証明する．

$x_1, x_2\in R\setminus D$ とする．補助定理 6.2.3 により，$y\in\tilde{D}_0\setminus\tilde{K}_0$ ならば

(6.2.14) $\tilde{N}(x_1,y)-\tilde{N}(x_2,y)$

$$=-\int_{\partial K_0}\int_{\partial D_0}\{N(x_1,z)-N(x_2,z)\}\frac{\partial^2 G_{D_0\setminus K_0}(z,z_1)}{\partial \boldsymbol{n}_{D_0}(z)\partial \boldsymbol{n}_{K_0}(z_1)}\tilde{N}(z_1,y)dS(z)dS(z_1)$$

が成立し，$y\in D_0\setminus K_0$ ならば

(6.2.15) $N(x_1,y)-N(x_2,y)=\tilde{N}(x_1,y)-\tilde{N}(x_2,y)$

$$-\int_{\partial K_0}\{\tilde{N}(x_1,z)-\tilde{N}(x_2,z)\}\frac{\partial N(z,y)}{\partial \boldsymbol{n}_{K_0}(z)}dS(z)$$

が成立する．ここで

$$C_1=\int_{\partial K_0}\int_{\partial D_0}\left|\frac{\partial^2 G_{D_0\setminus K_0}(z,z_1)}{\partial \boldsymbol{n}_{D_0}(z)\partial \boldsymbol{n}_{K_0}(z_1)}\right|dS(z)dS(z_1),$$

$$C_2=\sup_{\substack{x\in\partial K_0\\ y\in\tilde{D}_0\setminus K_0}}\tilde{N}(x,y),\quad C_3=\sup_{y\in D_0\setminus K_0}\int_{\partial K_0}\left|\frac{\partial N(z,y)}{\partial \boldsymbol{n}_{K_0}(z)}\right|dS(z)$$

とおく；C_1, C_2 が有限なことは ∂D_0, ∂K_0, $\bar{\tilde{D}}_0$ が互いに交わらないコンパクト集合であることから明らかであり，C_3 が有限なことは，定理 5.5.1 の証明中の (5.5.10) を用いて容易に示される．さて任意の正数 $\varepsilon>0$ に対して

$$\delta(\varepsilon)=\sup_{\substack{x_1, x_2\in R\setminus D\\ \rho(x_1,x_2)<\varepsilon\\ z\in\partial D_0}}|N(x_1,z)-N(x_2,z)|,$$

$$\tilde{\delta}(\varepsilon)=\sup_{\substack{x_1, x_2\in R\setminus D\\ \tilde{\rho}(x_1,x_2)<\varepsilon\\ y\in(\tilde{D}_0\setminus\tilde{K}_0)\cup\partial K_0}}|\tilde{N}(x_1,y)-\tilde{N}(x_2,y)|$$

とおくと，$\tilde{\rho}_1$ の定義と (6.2.14) から

$$\tilde{\rho}_1(x_1,x_2)\leqq|\tilde{D}_0'|\sup_{y\in\tilde{D}_0\setminus\tilde{K}_0}|\tilde{N}(x_1,y)-\tilde{N}(x_2,y)| \qquad \left(|\tilde{D}_0'|=\int_{\tilde{D}_0\setminus\tilde{K}_0}dy\right)$$

$$\leqq C_1C_2|\tilde{D}_0'|\delta(\varepsilon)$$

が導かれ，ρ_1 の定義と (6.2.15) から，同様にして

$$\rho_1(x_1,x_2)\leqq(1+C_3)|D_0'|\tilde{\delta}(\varepsilon) \qquad \left(|D_0'|=\int_{D_0\setminus K_0}dy\right)$$

が導かれる．$N(x,y)$, $\tilde{N}(x,y)$ は定理 6.2.2 の系 1 の ii) に述べられた一様連続性をもつから，$\lim_{\varepsilon\downarrow 0}\delta(\varepsilon)=0$, $\lim_{\varepsilon\downarrow 0}\tilde{\delta}(\varepsilon)=0$ となる．以上により，ρ_1 と ρ_2 が同値な距離であることがわかる．□

最後に，核函数 $N(x,y)$ に関するポテンシャルのひとつの性質を述べる．定理 6.2.2 により，(6.1.7) で定義されたポテンシャル μN が，$R'\cup\hat{S}$ の上の Borel 測度 μ の場合に拡張される．これについて次の定理が成り立つ．

定理 6.2.5　任意の正則コンパクト集合 $K\subset R'$ と，$R'\cup\hat{S}$ の上の任意の Borel 測度 μ に対して，$R'\setminus K$ において $(\mu N)_K\leqq\mu N$ が成立する；特に測度 μ の台が K の内部に含まれるならば，等号が成立する．

証明　定理 6.1.6 により任意の $x\in R'$ に対して，$R\setminus(K_0\cup K)$ において $N_K(x,\cdot)\leqq N(x,\cdot)$ が成立し，特に $x\in K^\circ$ ならば等号が成立する．任意の $x\in\hat{S}$ に対しては，点列 $\{x_n\}\subset R'\setminus K$ で x に収束するものが存在する．このとき $R\setminus(K_0\cup K)$ において $N_K(x_n,\cdot)\leqq N(x_n,\cdot)$ が成立するから，$n\to\infty$ とすると (6.1.11) と有界収束定理により $N_K(x,\cdot)\leqq N(x,\cdot)$ を得る．さて μ を台が K° に含まれる Borel 測度とすると，初めに述べた事実と (6.1.10),

(6.1.11) を用いて，任意の $y\in R\setminus(K_0\cup K)$ に対して次の計算ができる：

$$(\mu N)_K(y)=\int_{\partial K}\frac{\omega(y)}{\omega(z)}d\mu_K^y(z)\int_{K^\circ}N(x,z)d\mu(x)$$

$$=\int_{K^\circ}d\mu(x)\int_{\partial K}\frac{\omega(y)}{\omega(z)}N(x,z)d\mu_K^y(z)$$

$$=\int_{K^\circ}N_K(x,y)d\mu(x)=\int_{K^\circ}N(x,y)d\mu(x)=(\mu N)(y).$$

測度 μ の台に条件をつけない場合は，上の計算で μ に関する K° の上の積分が $R'\cup\hat{S}$ の上の積分となり，不等式 $N_K(x,y)\leqq N(x,y)$ により，上の計算の最後から2番目の等号が不等号≦となるから，$(\mu N)_K(y)\leqq(\mu N)(y)$ が得られる．▯

今後，$\hat{R}$ の任意の部分集合 E に対して，コンパクト距離空間 $\hat{R}$ で考えた E の閉包，内部をそれぞれ E^a，E^i と書く．集合 $E\subset R$ に対して，もとの多様体 R で考えた E の閉包，内部は，今まで通りそれぞれ $\bar{E}$, E° と書く．（これらの記号の用法は，第3章の場合と同様である．）

§6.3 全調和函数と全優調和函数

Martin 境界の理論においては，核函数と正の測度を用いて積分表現される函数は正値(優)調和函数であったが，倉持境界の理論において，同様な積分表現をもつ函数の特徴づけとして，全(優)調和函数の概念を導入する．

下記の定義においては，v は常に R' において非負値かつ下半連続であって恒等的に∞ではない函数を表わすとし，任意の正則コンパクト集合 $K\subset R'$ に対して，v_K は (6.1.8) で定義された函数とする．このとき v_K は R' において下半連続である．

定義 i) 任意の正則コンパクト集合 $K\subset R'$ に対して，R' 上で $v_K\leqq v$ なるとき，v を R' 上の**全優調和函数** (full superharmonic function) または **FSH 函数**と呼ぶ；そのような v が更に R' で調和であるとき，R' 上の**全調和函数** (full harmonic function) または **FH 函数**と呼ぶ．

ii) v が FSH 函数であって，$(K_n)^\circ\supset K_{n+1}$ $(n\geqq 1)$ かつ $\lim_{n\to\infty} K_n=K_0$ を満たす任意の正則コンパクト集合の列 $\{K_n\}_{n\geqq 1}$ に対して R' の各点において $\lim_{n\to\infty} v_{\partial K_n}=0$ となるとき，v を R' 上の $\mathbf{FSH_0}$ **函数**と呼ぶ；そのような v が更に R' で調和であるとき，R' 上の $\mathbf{FH_0}$ **函数**と呼ぶ．(K_0 は本章の初めに固定した正則コンパクト集合である．)

注意 1 FSH 函数が優調和であることは上の定義中に直接は述べられていないが，実は優調和である(後述の補助定理 6.3.1)．

注意 2 $\mathrm{FH_0}$ 函数は ∂K_0 上で境界値 0 をとる(後述の定理 6.3.2 の系 2)が，$\mathrm{FSH_0}$ 函数は ∂K_0 上で有限な境界値をもつことすら保証されない．後述の定理 6.3.1 を使えば，∂K_0 上で有限な境界値をもたない $\mathrm{FSH_0}$ 函数の例を次のように構成することができる．

二点 $x_0\in\partial K_0$, $y_0\in R'$ を固定する．$\{x_n\}_{n\geqq 1}$ を R' の中から x_0 に近づく点列で，どの点 x_n も y_0 に一致しないものとする．$c_n=N(x_n, y_0)$ とおき，$v(y)=\sum_{n=1}^{\infty}\frac{1}{2^n c_n}N(x_n, y)$ と定義すると，v は R' で恒等的に∞ではない ($v(y_0)=1$ であ

る)．各点 x_n に点質量 $(2^n c_n)^{-1}$ を与えた測度を μ とすると，$v=\mu N$ であるから，定理 6.3.1 により v はFSH$_0$ 函数である．一方，定理 5.5.1 の系 3 により $\overline{\lim}_{R'\ni y\to x_0} v(y)=\infty$ となる．すなわち v は点 $x_0\in\partial K_0$ で有限な境界値をもたない．

ここで FSH 函数，FH 函数等のいくつかの性質を述べ，続いて Martin 境界論の §3.3 における函数 u_Ω，u_Γ 等に対応する函数を定義する．

補助定理 6.3.1 FSH 函数は R' において優調和である．

証明 FSH 函数 v は，その定義により，下半連続であって恒等的に ∞ ではない．コンパクトな閉包 $\overline{\Omega}\subset R'$ をもつ任意の正則領域 Ω をとると，Ω において $v_{\partial\Omega}\leqq v$ となる；このことから，v が優調和函数の条件を満たすことが容易に導かれる．▯

補助定理 6.3.2 R' における FSH 函数の列 $\{v_n\}$ があって，R' の各点で $v=\lim_{n\to\infty} v_n$ が存在し，v が下半連続であって恒等的に ∞ ではないならば，v は R' において FSH 函数である．

証明 任意の正則コンパクト集合 $K\subset R'$ と任意の点 $x\in R'\setminus K$ をとり，μ_K^y を (5.4.2) に述べた測度とすると，Lebesgue 積分論における Fatou の補題により

$$
\begin{aligned}
v_K(y)&=\omega(y)\int_{\partial K}\frac{v(x)}{\omega(x)}d\mu_K^y(x)\leqq \underline{\lim}_{n\to\infty}\,\omega(y)\int_{\partial K}\frac{v_n(x)}{\omega(x)}d\mu_K^y(x)\\
&\leqq \lim_{n\to\infty} v_n(y)=v(y)
\end{aligned}
$$

が成立し，v が FSH 函数であることがわかる．▯

補助定理 6.3.3 R' における FSH$_0$ 函数の列 $\{v_n\}$ があって，R' の各点で $v=\lim_{n\to\infty} v_n$ が存在して下半連続であり，R' で $v\leqq u$ となる FSH$_0$ 函数 u が存在するならば，v は R' において FSH$_0$ 函数である．

証明 この補助定理の v は補助定理 6.3.2 により FSH 函数である．$\{K_n\}$を前ページの定義の ii) に述べたようなコンパクト集合列とすると，すべての n に対して $v_{\partial K_n}\leqq u_{\partial K_n}$ が成り立ち，$n\to\infty$ のとき $u_{\partial K_n}\to 0$ だから $v_{\partial K_n}\to 0$ となる．よって v は FSH$_0$ 函数である．▯

定理 6.3.1 $R'\cup\hat{S}$ における任意の Borel 測度 μ に対して，そのポテンシャ

ル μN は FSH_0 函数である.

証明　まず函数 $v=\mu N$ の下半連続性を示す. 任意の点 $y_0\in R'$ をとり, y_0 を含む R' の中の開集合の単調減少列 $\{\Omega_n\}$ で $\lim_{n\to\infty}\Omega_n=\{y_0\}$ (一点 y_0 から成る集合)なるものをとる. 測度 μ の $(R'\cup\hat{S})\setminus\Omega_n$ への制限を μ_n とし,

$$v_n=\mu_n N,\quad v_\infty=\lim_{n\to\infty} v_n,\quad v_0(y)=\mu(\{y_0\})N(y_0, y)$$

と定義する; $\{v_n\}$ は n について単調増加で $v_n\leqq v$ だから, 極限函数 v_∞ は存在し, $v=v_\infty+v_0$ となる. 核函数 N の性質により v_0 は点 y_0 で下半連続だから, v_∞ が y_0 で下半連続なことを示せば, v が y_0 で下半連続となる. 任意の $\alpha<v_\infty(y_0)$ $(\leqq\infty)$ に対して $v_n(y_0)>\alpha$ なる n があり, v_n は Ω_n の内部で連続 $(\because\mu_n(\Omega_n)=0)$ だから, y_0 のある近傍で $v_n>\alpha$ となり, 従って $v_\infty>\alpha$ となる. よって v_∞ は y_0 で下半連続である.

次に, 任意の正則コンパクト集合 $K\subset R'$ に対して, 定理 6.2.5 によって, $v_K\leqq v$ となる. よって v は FSH 函数である. v が FSH_0 函数であることを示すには, 前の定義の ii) に述べた条件が満たされることを示せばよい.

そのため, 再び任意の点 $y_0\in R'$ をとって固定し, $\{K_n\}$ を定義の ii) に述べたようなコンパクト集合の列として, $\lim_{n\to\infty} v_{\partial K_n}(y_0)=0$ を証明する. ここで $y_0\notin K_1$ としてよい. 測度 μ の K_n への制限を μ_n とすると, $n\to\infty$ のとき

$$(\mu_n N)(y_0)=\int_{K_n} N(x, y_0)d\mu(x)\downarrow 0$$

となるから, 任意の $\varepsilon>0$ に対して $(\mu_{n_0}N)(y_0)<\varepsilon$ となる n_0 がある. このとき定理 6.2.5 により, すべての n に対して $(\mu_{n_0}N)_{\partial K_n}(y_0)<\varepsilon$ となる. 一方, ∂K_0 の上では $(\mu-\mu_{n_0})N=0$ であるから $[(\mu-\mu_{n_0})N]_{\partial K_n}(y_0)\to 0$ $(n\to\infty)$ となる. だから

$$\overline{\lim_{n\to\infty}}\, v_{\partial K_n}(y_0)\leqq\overline{\lim_{n\to\infty}}\,(\mu_{n_0}N)_{\partial K_n}(y_0)+\overline{\lim_{n\to\infty}}\,[(\mu-\mu_{n_0})N]_{\partial K_n}(y_0)\leqq\varepsilon$$

となり, ε は任意の正数だから $\lim_{n\to\infty} v_{\partial K_n}(y_0)=0$ を得る. 以上により v は FSH_0 函数である. □

定理 6.3.2　v を FSH 函数とし, K を R' に含まれる正則コンパクト集合とすると, v_K は台が K に含まれる適当な測度 μ のポテンシャル μN に等しい.

証明　まず v_K が優調和であることを証明する．それには，R' に含まれるコンパクトな閉包をもつ任意の領域 W をとり，函数 w が $\overline{W}$ で連続かつ W で調和であって ∂W の上で $w \leqq v_K$ を満たすならば W において $w \leqq v_K$ となることを示せばよい．(その他の優調和函数の条件は明らかである．) FSH 函数 v は前定理により R' で優調和だから，$v-w$ は W で優調和である．また v は R' で $v_K \leqq v$ を満たすから，∂W の上では $w \leqq v_K \leqq v$ が成り立つ．だから $\overline{W}$ において $w \leqq v$ となる．従って $\overline{W} \cap K$ においては $w \leqq v_K$ が成立し，特に $W \cap \partial K$ において $w \leqq v_K$ となる．また $\partial W \cap (R' \setminus K)$ においては $w \leqq v_K$ が成り立つから，$\partial[W \cap (R' \setminus K)]$ の上で $w \leqq v_K$ となる．一方 $W \cap (R' \setminus K)$ において $v_K - w$ は調和だから，$W \cap (R' \setminus K)$ において $w \leqq v_K$ が成立する．以上により W において $w \leqq v_K$ となり，v_K が R' において優調和なことがわかった．

そこで v_K に Riesz 分解の定理 6.1.9 を適用すると，R' における Borel 測度 μ で台が K に含まれるものと調和函数 h が存在して，R' において

$$v_K = \mu N + h$$

が成立する．いま $(K_1)^\circ \supset K$ なる正則コンパクト集合 $K_1 \subset R'$ を一つとると，定理 6.1.4 と定理 6.2.5 により，$h_{K_1} = (v_K)_{K_1} - (\mu N)_{K_1} = v_K - \mu N = h$ となるから，正則写像の性質により $\sup_{y \in R' \setminus K_1} \frac{h(y)}{\omega(y)} = \max_{x \in \partial K_1} \frac{h(x)}{\omega(x)}$ が成り立つ．一方，最大値原理(定理 1.4.9) により $\max_{y \in K_1} \frac{h(y)}{\omega(y)} = \max_{x \in \partial K_1} \frac{h(x)}{\omega(x)}$ が成り立つから，R' における調和函数 h について，h/ω が R' の内部にある ∂K_1 の上で最大値をとることになり，h/ω は R' 上で定数である(定理 1.4.8)．ところが ∂K_0 の上では $v_K = \mu N = 0$ だから $h=0$ となる．だから R' において $h \equiv 0$ となり，$v_K = \mu N$ が得られる．▯

系 1　上の定理の v_K は FSH_0 函数である．

このことは上の二つの定理から明らかである．

系 2　v が FH_0 函数ならば，v は ∂K_0 において境界値 0 をとる．

証明　前の定義の ii) に述べたようなコンパクト集合列 $\{K_n\}$ をとる．任意の $n \geqq 2$ に対して，v が調和なことと上の定理により，$\partial K_1 \cup \partial K_n$ に台をもつ Borel 測度 μ_n が存在して，$K_1 \setminus (K_n)^\circ$ において

$$v=v_{\partial K_1\cup\partial K_n}=\mu_n N$$

が成立する．μ の ∂K_1, ∂K_n への制限をそれぞれ μ_n', μ_n'' とする．$n<m$ ならば，$R\setminus K_{n-1}$ においては

$$\mu_n''N=(\mu_n''N)_{K_{n-1}\setminus(K_m)^\circ}=(\mu_n''N)_{\partial K_{n-1}}\leqq v_{\partial K_{n-1}}$$

(最初の等号は定理 6.2.5 による)．v は FH_0 函数であるから，$n\to\infty$ のとき $v_{\partial K_{n-1}}\to 0$, 従って上の式により $\mu_n''N\to 0$ となる．$v=\mu_n'N+\mu_n''N$ だから，$n\to\infty$ のとき $K_1\setminus K_0$ において $\mu_n'N\to v$ となる．一点 $y_0\in K_1\setminus K_2$ を固定するとき，$\mu_n'(\partial K_1)\min\limits_{x\in\partial K_1}N(x,y_0)\leqq(\mu_n'N)(y_0)\leqq v(y_0)<\infty$ となるから，$\{\mu_n'(\partial K_1)\}_{n\geqq 1}$ は有界である．だから，コンパクト集合 ∂K_1 の上の測度の列 $\{\mu_n'\}$ の適当な部分列 $\{\mu_{n_\nu}'\}$ が，$\nu\to\infty$ のとき ∂K_1 の上のある測度 μ に漠収束する．以上により v は $K_1\setminus K_0$ の上で $v=\mu N$ と表わされ，従って ∂K_0 の上で境界値 0 をとる．▯

定理 6.3.3 任意の FSH 函数 v に対して，R' における Borel 測度 μ と R' 上の FH 函数 u が存在して，$v=\mu N+u$ が成立する．**(Riesz 分解)**

証明 $\{D_n\}$ を，閉包 $\overline{D}_n$ が R' の中のコンパクト集合であるような正則領域の列で，$\overline{D}_n\subset D_{n+1}$ $(n=1,2,\cdots)$, $\bigcup\limits_{n=1}^{\infty}D_n=R'$ を満たすものとする．定理 6.3.2 において K 上では $v_K=v$ なることを考慮すると，各 n に対して $\overline{D}_n$ の上の Borel 測度 μ_n が存在して，$\overline{D}_n$ 上では $v=\mu_n N$ となる．この測度 μ_n の D_n, ∂D_n への制限をそれぞれ μ_n', μ_n'' とすると

(6.3.1) $\qquad \mu_n=\mu_n'+\mu_n''$, 従って $\overline{D}_n$ 上で $v=\mu_n'N+\mu_n''N$

となる．更に $m>n$ に対して，測度 μ_m' の D_n, $D_m\setminus D_n$ への制限をそれぞれ μ_{mn}', μ_{mn}'' とすると，$\mu_m'=\mu_{mn}'+\mu_{mn}''$ であって，$\overline{D}_m$ の上で

(6.3.2) $\qquad v=\mu_m'N+\mu_m''N=\mu_{mn}'N+\mu_{mn}''N+\mu_m''N$

となる．(6.3.1) と (6.3.2) を $D_n(n<m)$ の上で考えると，$\mu_n''N$ および $\mu_{mn}''N+\mu_m''N$ は D_n において調和だから，$\mu_n'N$ と $\mu_{mn}'N$ は共に v の D_n における Riesz 分解のポテンシャル部分である．従って Riesz 分解の一意性(定理6.1.8) により μ_n' は μ_m' の D_n への制限である．このことが $n<m$ なるすべての組 (n,m) についていえるから，R' における Borel 測度 μ が存在して，各 n に対して μ_n' は μ の D_n への制限になっており，R' の各点で $\mu_n'N$ は n について

単調に増加して μN に収束する．また (6.3.1) と (6.3.2) の D_n において調和な部分を比較することにより，$m>n$ ならば D_n 上で

$$\mu_n''N=\mu_{mn}''N+\mu_m''N\geqq\mu_m''N\geqq 0$$

となる．従って $\mu_n''N$ は R' の各点で n に関して単調に減少して，ある調和函数 u に収束する．定理 6.3.1 により $\mu_n''N$ は FSH 函数であるから，補助定理 6.3.2 により u は FSH 函数，従って FH 函数であり，(6.3.1) で $n\to\infty$ とすることにより，$v=\mu N+u$ が得られる．▯

さて，v を R' における FSH 函数とし，R' の中の正則な開集合 Ω，および $\hat{S}$ の閉部分集合 Γ に対して，v_Ω, v_Γ なる函数を，以下の 1°)，2°) の手順で定義する．この手順は §3.3 の 2°)，3°) とおおむね平行に進められる．

1°) R' の中の正則な開集合 Ω に対して

$$\mathscr{K}(\Omega)=\{\Omega \text{ に含まれる正則コンパクト集合の全体}\}$$

とし，R' における FSH 函数 v に対して，R' 上の函数 v_Ω を

$$v_\Omega=\sup_{K\in\mathscr{K}(\Omega)} v_K \tag{6.3.3}$$

と定義する．このとき，

(6.3.4) R' において $0\leqq v_\Omega\leqq v$，特に Ω の上では $v_\Omega=v$；

(6.3.5) $\Omega_1\subset\Omega_2$ ならば R' において $v_{\Omega_1}\leqq v_{\Omega_2}$；

(6.3.6) $\begin{cases}\{K_n\}\subset\mathscr{K}(\Omega),\ K_n\subset(K_{n+1})^\circ\ (n\geqq 1),\ \lim\limits_{n\to\infty}K_n=\Omega \text{ ならば，}\\ R' \text{ において } \{v_{K_n}\} \text{ は } n \text{ に関して単調増加で } \lim\limits_{n\to\infty}v_{K_n}=v_\Omega.\end{cases}$

(6.3.4) は各 $K\in\mathscr{K}(\Omega)$ に対して $v_K\leqq v$ なることから明らか．(6.3.5) は，$\Omega_1\subset\Omega_2$ ならば $\mathscr{K}(\Omega_1)\subset\mathscr{K}(\Omega_2)$ なることによる．(6.3.6) の証明：$m>n$ ならば，定理 6.1.4 と (6.3.3) により $v_{K_n}=(v_{K_n})_{K_m}\leqq v_{K_m}\leqq v_\Omega$ となるから，$\{v_{K_n}\}$ は n に関して単調増加で $\lim\limits_{n\to\infty}v_{K_n}\leqq v_\Omega$ が成立する．任意の点 $x\in R'$ を固定すると，任意の $\alpha<v_\Omega(x)$ に対して $v_K(x)>\alpha$ となる $K\in\mathscr{K}(\Omega)$ が存在し，$K\subset(K_n)^\circ$ なるすべての n に対して $v_{K_n}(x)>\alpha$ となるから，$\lim\limits_{n\to\infty}v_{K_n}(x)>\alpha$ が成立する．α は $v_\Omega(x)$ に任意に近くとれるから，上の結果と合わせて $\lim\limits_{n\to\infty}v_{K_n}=v_\Omega$ が得られる．▯

更に，次のことが成り立つ：

(6.3.7) u, v が FSH 函数ならば $(u+v)_\Omega=u_\Omega+v_\Omega$;

(6.3.8) $\begin{cases}\text{任意の FSH 函数 } v \text{ に対して } v_\Omega \text{ は FSH 函数である ;}\\ \text{特に } \overline{\Omega}\cap K_0=\phi \text{ ならば } v_\Omega \text{ は } \mathrm{FSH}_0 \text{ 函数である ;}\end{cases}$

(6.3.9) $\Omega_1\subset\Omega_2$ ならば任意の FSH 函数 v に対して $(v_{\Omega_1})_{\Omega_2}=v_{\Omega_1}$.

(6.3.7) は (6.3.6) から明らかである.

(6.3.8) の証明. 前半は (6.3.6) と補助定理 6.3.2 から直ちにわかる. 後半を証明しよう. $\overline{\Omega}\cap K_0=\phi$ とすると, $\overline{\Omega}\cap F=\phi$ かつ $F^\circ\supset K_0$ なる正則コンパクト集合 $F\subset R$ がとれる. $\{K_n\}$ を (6.3.6) の仮定を満たすコンパクト集合の列とすると, v_{K_n} が $\Omega\setminus K_0$ では調和であるから, $F\setminus(K_0)^\circ$ において $0\leqq v_{K_n}=(v_{K_n})_{\partial F}\leqq v_{\partial F}$, 従って (6.3.6) により $0\leqq v_\Omega\leqq v_{\partial F}$ が成立する. 正則写像の定義により $v_{\partial F}$ は ∂K_0 の上で境界値 0 をとるから, v_Ω も ∂K_0 の上で境界値 0 をとり, 従って v_Ω が FSH_0 函数であることが導かれる.

(6.3.9) の証明. v_{Ω_1} は (6.3.8) により FSH 函数だから $(v_{\Omega_1})_{\Omega_2}$ が定義される. Ω_1 の中では $v_{\Omega_1}=v$ だから, 任意の $K\in\mathscr{K}(\Omega_1)$ に対して R' 上で $(v_{\Omega_1})_K=v_K$ となり, 従って (6.3.3) により $(v_{\Omega_1})_{\Omega_1}=v_{\Omega_1}$ を得る. これと (6.3.5) により R' 上で $v_{\Omega_1}=(v_{\Omega_1})_{\Omega_1}\leqq(v_{\Omega_1})_{\Omega_2}$ となる. 一方, 任意の $K\in\mathscr{K}(\Omega_2)$ に対して $(v_{\Omega_1})_K\leqq v_{\Omega_1}$ だから, (6.3.3) により $(v_{\Omega_1})_{\Omega_2}\leqq v_{\Omega_1}$ が R' で成立する. 以上により (6.3.9) が成り立つ.

2°) $\hat{R}$ の中で考えた $\hat{S}$ の任意の閉部分集合 Γ に対して

$$\mathcal{O}(\Gamma)=\left\{\begin{array}{l}\hat{R}\text{ の中の開集合 }\Delta\text{ で, }\Gamma\subset\Delta\subset R'\cup\hat{S}\text{ であって,}\\ \Delta\cap R\text{ が }R'\text{ の中の正則開集合となるものの全体}\end{array}\right\}$$

とし, R' における FSH 函数 v に対して, R' 上の函数 v_Γ を

(6.3.10) $$v_\Gamma=\inf_{\Delta\in\mathcal{O}(\Gamma)} v_{\Delta\cap R}$$

と定義する. このとき次の (6.3.11~15) が成立する :

(6.3.11) R' において $0\leqq v_\Gamma\leqq v$;

(6.3.12) $\Gamma_1\subset\Gamma_2$ ならば R' において $v_{\Gamma_1}\leqq v_{\Gamma_2}$;

(6.3.13) $\begin{cases}\{\Delta_n\}\subset\mathcal{O}(\Gamma) \text{ が単調減少で } \lim_{n\to\infty}\Delta_n^a=\Gamma \text{ ならば, } R' \text{ において}\\ \{v_{\Delta_n\cap R}\} \text{ は } n \text{ に関して単調減少で } \lim_{n\to\infty} v_{\Delta_n\cap R}=v_\Gamma \text{ ;}\end{cases}$

(6.3.14)　v_Γ は FH_0 函数である；

(6.3.15)　u, v が FSH 函数ならば $(u+v)_\Gamma = u_\Gamma + v_\Gamma$.

(6.3.11) は定義から明らか；(6.3.12) は $\mathcal{O}(\Gamma_1) \supset \mathcal{O}(\Gamma_2)$ からわかる.

(6.3.13) において，$\{v_{\Delta_n \cap R}\}$ が単調減少なることは，(6.3.5) から明らかであり，$\lim_{n\to\infty} v_{\Delta_n \cap R} = v_\Gamma$ なることは，第3章における (3.3.15) (103ページ) の証明と全く同じ方法で示される.

(6.3.14) の証明. (6.3.13) において $\Omega_n = \Delta_n \cap R$ とおくと，v_{Ω_n} は FSH_0 函数であり，特に $R' \setminus \Omega_n$ では調和だから，v_Γ は補助定理 6.3.3 により FSH_0 函数であり，しかも R' で調和，すなわち FH_0 函数である.

(6.3.15) は (6.3.7) と (6.3.13) から直ちにわかる.

定理 6.3.4　任意の FH_0 函数 v に対して，R' 上で $v_{\hat{S}} = v$ が成立する.

証明　$\{D_n\}$ を R の中にコンパクトな閉包 $\overline{D}_n$ をもつ正則領域の列であって $K_0 \subset D_n \subset \overline{D}_n \subset D_{n+1}$ $(n \geqq 1)$, $\bigcup_{n=1}^{\infty} D_n = R$ なるものとし，$\Delta_n = \hat{R} \setminus \overline{D}_n$, $\Omega_n = \Delta_n \cap R$, $K_n = \overline{D_{n+2}} \setminus D_{n+1}$ とおく. このとき各 n に対して $K_n \in \mathscr{K}(\Omega_n)$ であるから，R' で $v_{K_n} \leqq v_{\Omega_n} \leqq v$ が成立する. 一方，$\partial D_{n+1} (\subset \partial K_n)$ の上では $v_{K_n} = v$ であり，また定理 6.3.2 の系 2 により ∂K_0 の上では $v = 0 = v_{K_n}$ であって，v と v_{K_n} は D'_{n+1} ではともに調和であるから，D'_{n+1} において $v_{K_n} = v$ が成立する. だから上の結果と合わせて，D'_{n+1} において $v_{\Omega_n} = v$ となる. また上の $\{\Delta_n\}$ は (6.3.13) において $\Gamma = \hat{S}$ とした場合の仮定を満たすから，R' において $\lim_{n\to\infty} v_{\Omega_n} = v_{\hat{S}}$ が成立し，従って $v_{\hat{S}} = v$ が成立する. ▯

次の補助定理 6.3.4 および補助定理 6.3.5 は後の §6.5 で用いる事柄であるが，上に定義した v_Γ の性質として，この § で証明しておく.

補助定理 6.3.4　i)　定理 5.3.1 の函数 ω は R' 上の FH 函数である.

ii)　R' 上の任意の FSH 函数 v と $\hat{S}$ の任意の閉部分集合 Γ に対して，R' において $(v_\Gamma)_\Gamma \leqq v_\Gamma$ が成り立つ.

iii)　特に ii) で v が FH 函数であって，Γ に対して $\omega_\Gamma \equiv 0$ となるならば，R' において $(v_\Gamma)_\Gamma = v_\Gamma$ が成り立つ.

証明　i)　ω は R 上で正の値をとる調和函数で，任意の正則コンパクト集合

$K\subset R'$ に対して (6.1.13) により R' の上で $\omega_K\leqq\omega$ を満たすから，R' 上の FH 函数である.

ii)　v_Γ は FH 函数であるから，(6.3.11) により R' で $(v_\Gamma)_\Gamma\leqq v_\Gamma$ となる.

iii)の証明を次の3段階に分ける.

［第1段］ K, K_1, K_2 が R' の中の正則コンパクト集合であって，$K_2\subset K_1\setminus K$ なるものとし，また $M_K=\max_{x\in K} v(x)\Big/\min_{x\in K}\omega(x)$ とおく．このとき $\overline{R'\setminus(K\cup K_2)}$ において

(6.3.16)
$$v_{K_1}-v_{K_2}-(v_{K_1}-v_{K_2})_K+M_K\omega_{K_2}\geqq 0$$

となることを示す．上の式の左辺の函数を w と書く；v_{K_1}, v_{K_2}, ω_{K_2} は R' で連続だから，$(v_{K_1}-v_{K_2})_K$ が定義されて R' で連続であり，従ってまた w_K が定義される．∂K の上では $(v_{K_1}-v_{K_2})_K=v_{K_1}-v_{K_2}$ であり $M_K\omega_{K_2}>0$ だから $w|_{\partial K}>0$ となる．また，正則写像の性質により R' 上で $v\geqq v_{K_1}\geqq v_{K_2}\geqq 0$, 従って $0\leqq v_{K_1}-v_{K_2}\leqq v$ だから，$R'\setminus K$ において

$$0\leqq\frac{(v_{K_1}-v_{K_2})_K}{\omega}\leqq\max_{\partial K}\frac{v_{K_1}-v_{K_2}}{\omega}\leqq\max_{\partial K}\frac{v}{\omega}\leqq M_K$$

となり，特に ∂K_2 の上では $(v_{K_1}-v_{K_2})_K\leqq M_K\omega=M_K\omega_{K_2}$ となる．また ∂K_2 では $v_{K_1}=v_{K_2}(=v)$ だから，$w|_{\partial K_2}\geqq 0$. 以上により $w|_{\partial K\cup\partial K_2}\geqq 0$ がわかったから，正則写像の性質により $\overline{R'\setminus(K\cup K_2)}$ において $w_{K\cup K_2}\geqq 0$ となる．ところが (6.1.12) により $\overline{R'\setminus(K\cup K_2)}$ において

$$w_{K\cup K_2}=(v_{K_1})_{K\cup K_2}-v_{K_2}-(v_{K_1}-v_{K_2})_K+M_K\omega_{K_2}\leqq w$$

(最後の≦は，v_{K_1} が FSH 関数だから $(v_{K_1})_{K\cup K_2}\leqq v_{K_1}$ となることによる)．以上により $R'\setminus(K\cup K_2)$ において $w\geqq 0$；すなわち (6.3.16) が成立する.

［第2段］ K を R' の中の正則コンパクト集合とし，Ω_1, Ω_2 は R' の中の正則開集合で $\Omega_2\subset\Omega_1\setminus K$ なるものとして，M_K を第1段のように定義すると，$\overline{R'\setminus(K\cup\Omega_2)}$ において

(6.3.17)
$$(v_{\Omega_1}-v_{\Omega_2})_K\leqq v_{\Omega_1}-v_{\Omega_2}+M_K\omega_{\Omega_2}$$

となることを示す．Ω_1,Ω_2 に対して (6.3.6) を満たすコンパクト集合列 $\{K_{1m}\}\subset\mathscr{K}(\Omega_1)$, $\{K_{2n}\}\subset\mathscr{K}(\Omega_2)$ をとると，任意の n を与えたとき $K_{2n}\subset\Omega_2\subset\Omega_1=$

$\bigcup_{m=1}^{\infty}(K_{1n})^{\circ}$ ((6.3.6) を見よ) となるから，十分大なる m をとれば $K_{2n}\subset K_{1m}$ となる．このとき三つ組 K, K_{1m}, K_{2n} は第1段の K, K_1, K_2 に対する仮定を満たすから，(6.3.16) により $\overline{R'\setminus(K\cup\Omega_2)}$ において

$$(v_{K_{1m}}-v_{K_{2n}})_K\leqq v_{K_{1m}}-v_{K_{2n}}+M_K\omega_{K_{2n}} \tag{6.3.18}$$

が成り立つ．ここでまず $m\to\infty$ としてから $n\to\infty$ とする；このときそれぞれ $v_{K_{1m}}\to v_{\Omega_1}$, $v_{K_{2n}}\to v_{\Omega_2}$ (単調収束) だから，Dini の定理によりこれらの収束はコンパクト集合 K の上で一様である．だから (6.3.18) の左辺の函数は $(v_{\Omega_1}-v_{\Omega_2})_K$ に各点収束し，従って $R'\setminus(K\cup\Omega_2)$ において (6.3.17) が成立する．

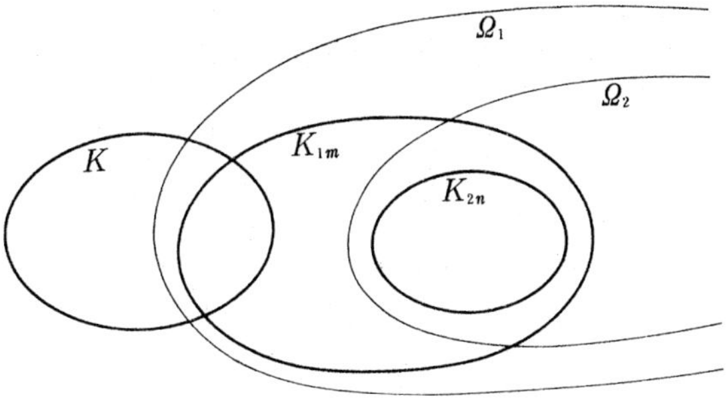

［第3段］ $\omega_\Gamma\equiv 0$ となるような $\hat{S}$ の閉部分集合 Γ に対して，R' 上で

$$(v_\Gamma)_\Gamma\geqq v_\Gamma \tag{6.3.19}$$

となることを示せば，ii) の結果と合わせて $(v_\Gamma)_\Gamma=v_\Gamma$ が得られる．以下は (6.3.19) の証明である．任意の正則コンパクト集合 $K\subset R'$ と，$\hat{R}$ における任意の開集合 $\varDelta\in\mathcal{O}(\Gamma)$ をとり，更に (6.3.13) の仮定を満たす開集合列 $\{\varDelta_n\}$ をとる；このとき $\varDelta_n\subset\varDelta\setminus K$ $(n=1,2,\cdots)$なるようにとることができる．$\Omega=\varDelta\cap R$, $\Omega_n=\varDelta_n\cap R$ とおくと，$\Omega_n\subset\Omega\setminus K$ $(n=1,2,\cdots)$ となるから，第2段により $\overline{R'\setminus(K\cup\Omega_n)}$ の上で

$$(v_\Omega-v_{\Omega_n})_K\leqq v_\Omega-v_{\Omega_n}+M_K\omega_{\Omega_n} \tag{6.3.20}$$

が成り立つ．ここで $n\to\infty$ とすると $v_{\Omega_n}\to v_\Gamma$ (単調収束) だから，この収束は K の上で一様であり，従って $(v_\Omega-v_{\Omega_n})_K\to(v_\Omega-v_\Gamma)_K$ となる．一方，仮定によって $\omega_{\Omega_n}\to\omega_\Gamma\equiv 0$ となるから，(6.3.20) から $\overline{R'\setminus K}$ の上で

(6.3.21)
$$(v_\Omega - v_\Gamma)_K \leqq v_\Omega - v_\Gamma$$
を得る．この不等式は K の上では等式として成立し，また $v_\Omega - v_\Gamma$ が R' 上で下半連続なことは明らかである．ここで K は R' の中の任意の正則コンパクト集合だから，上の結果は $v_\Omega - v_\Gamma$ が R' 上の FSH 函数であることを示している．従って (6.3.4) により $(v_\Omega - v_\Gamma)_\Omega \leqq v_\Omega - v_\Gamma$ が成立する．この左辺において (6.3.9) により $(v_\Omega)_\Omega = v_\Omega$ であるから，上の式から $(v_\Gamma)_\Omega \geqq v_\Gamma$ を得る．この結果は，任意の $\varDelta \in \mathcal{O}(\Gamma)$ に対して $(v_\Gamma)_{\varDelta \cap R} \geqq u_\Gamma$ なることを示しており，ここで v_Γ は FH 函数であるから，上の不等式の左辺で $\varDelta \in \mathcal{O}(\Gamma)$ に対する下限をとれば (6.3.19) が得られる．▯

補助定理 6.3.5　v が R' 上の FSH 函数，Γ_1，Γ_2 が $\hat{S}$ の閉部分集合ならば，R' 上で $v_{\Gamma_1 \cup \Gamma_2} \leqq v_{\Gamma_1} + v_{\Gamma_2}$ が成り立つ．

証明　まず K_1, K_2, K_3 が R' の中の正則コンパクト集合で $K_3 \subset (K_1 \cup K_2)^\circ$ ならば，R' 上で $v_{K_3} \leqq v_{K_1} + v_{K_2}$ となることを示す．

$$\begin{cases} K_1 \text{ の上では } v_{K_1} = v \geqq v_{K_3} \text{ かつ } v_{K_2} > 0 \text{ だから } v_{K_1} + v_{K_2} > v_{K_3}, \\ K_2 \text{ の上では } v_{K_2} = v \geqq v_{K_3} \text{ かつ } v_{K_1} > 0 \text{ だから } v_{K_1} + v_{K_2} > v_{K_3}. \end{cases}$$

$K_3 \subset (K_1 \cup K_2)^\circ$ なる仮定により v_{K_3} は $R' \setminus (K_1 \cup K_2)^\circ$ で連続であり，v_{K_1} と v_{K_2} は R' で下半連続であるから，$v_{K_1} + v_{K_2} - v_{K_3}$ は $R' \setminus (K_1 \cup K_2)^\circ$ で下半連続である．だから上に述べた不等式により，$K_1 \cup K_2$ を含む適当な開集合 Ω の中で $v_{K_1} + v_{K_2} - v_{K_3} > 0$ となる．$K_1 \cup K_2 \subset K \subset \Omega$ なる正則コンパクト集合 K が存在し，この K の上で $v_{K_1} + v_{K_2} > v_{K_3}$ が成り立つから，正則写像の性質により R' において $(v_{K_1} + v_{K_2})_K \geqq (v_{K_3})_K$ が成り立つ．従ってまた，$R' \setminus K$ においては (6.1.12) により
$$v_{K_3} = (v_{K_3})_K \leqq (v_{K_1} + v_{K_2})_K = (v_{K_1})_K + (v_{K_2})_K = v_{K_1} + v_{K_2}$$
となるから，R' において $v_{K_3} \leqq v_{K_1} + v_{K_2}$ が成り立つ．

次に，Ω_1, Ω_2, Ω_3 が R' の中の正則開集合であって $\overline{\Omega}_3 \subset \Omega_1 \cup \Omega_2$ ならば，R' 上で $v_{\Omega_3} \leqq v_{\Omega_1} + v_{\Omega_2}$ となることを示す．この仮定のもとでは，任意の $K_3 \in \mathcal{K}(\Omega_3)$ に対して，$K_3 \subset (K_1 \cup K_2)^\circ$ となるような $K_1 \in \mathcal{K}(\Omega_1)$ と $K_2 \in \mathcal{K}(\Omega_2)$ が存在することは容易に示される．だから上に示したことにより

$$v_{K_3} \leqq v_{K_1} + v_{K_2} \leqq v_{\Omega_1} + v_{\Omega_2}$$

となり，この左端辺の $K_3 \in \mathcal{K}(\Omega_3)$ に関する上限をとれば所要の不等式を得る.

さて，$\hat{S}$ の閉部分集合 Γ_1, Γ_2 に対して，任意の $\varDelta_1 \in \mathcal{O}(\Gamma_1)$，$\varDelta_2 \in \mathcal{O}(\Gamma_2)$ をとると，$\Gamma_1 \cup \Gamma_2 \subset \varDelta_3 \subset \varDelta_3{}^a \subset \varDelta_1 \cup \varDelta_2$ なる $\hat{R}$ の中の開集合 $\varDelta_3$ で，$\varDelta_3 \cap R'$ が R' の中の正則開集合となるものがある．このとき $\varDelta_3 \in \mathcal{O}(\Gamma_1 \cup \Gamma_2)$ であり，かつ $\varDelta_3 \cap R' \subset (\varDelta_1 \cap R') \cup (\varDelta_2 \cap R')$ となるから，上に示したことにより

$$v_{\Gamma_1 \cup \Gamma_2} \leqq v_{\varDelta_3 \cap R'} \leqq v_{\varDelta_1 \cap R'} + v_{\varDelta_2 \cap R'}.$$

ここで $\varDelta_1$，$\varDelta_2$ はそれぞれ $\mathcal{O}(\Gamma_1)$，$\mathcal{O}(\Gamma_2)$ の中から互いに無関係に任意に選べるから，上の式の右端辺各項の下限をとれば $v_{\Gamma_1 \cup} v_{\Gamma_2} \leqq v_{\Gamma_1} + v_{\Gamma_2}$ を得る．▯

§6.4 FH_0 函数と FSH_0 函数の積分表現

まず前§の結果から次の定理が証明される.

定理 6.4.1 i) R' 上の函数 u が FH_0 函数であることは, u が $\hat{S}$ の上の Borel 測度 μ のポテンシャル μN として表わされることと同等である.

ii) R' 上の函数 v が FSH_0 函数であることは, v が $R'\cup\hat{S}$ の上の Borel 測度 μ のポテンシャル μN として表わされることと同等である.

証明 i) u を FH_0 函数とし, $\{D_n\}$ を前§の定理 6.3.4 の証明中に用いた正則領域の列とする. 各 n に対して, u が D'_n において調和で $u|_{\partial K_0}=0$ (定理 6.3.2 の系 2) なることと $u_{\partial D_n}$ の定義により, $\overline{D}'_n$ においては $u=u_{\partial D_n}$ となる. 一方, 定理 6.3.2 により ∂D_n の上の Borel 測度 μ_n が存在して $u_{\partial D_n}=\mu_n N$ が成り立つ. だから, $\overline{D}'_n$ において $u=\mu_n N$ となる. 従って, 核函数 N の性質 (5.5.19) により $\displaystyle\int_{\partial K_0}\frac{\partial u}{\partial n_{K_0}}dS=\mu_n(\partial D_n)$. この式の左辺は n に無関係な有限値であるから, $\{\mu_n\}$ はコンパクト空間 $\hat{R}$ の上の一様有界な測度の列である. 従って, その適当な部分列は $\hat{R}$ の上のある Borel 測度 μ に漠収束する. ところが任意の n に対して $\{\mu_k\}_{k>n}$ はコンパクト集合 $\hat{R}\setminus D_n$ 上の測度の列であるから, $\mu(\hat{R}\setminus D_n)=0$ $(n=1,2,\cdots)$, 従って $\mu(\hat{R}\setminus R)=0$ が成り立つ. だから μ は $\hat{S}$ の上の Borel 測度である. $N(x,y)$ は任意の $y\in R'$ に対して x について $\hat{R}\setminus\{y\}$ において連続であるから, $u=\mu_n N$ において上に述べた部分列に関する極限をとれば, R' において $u=\mu N$ となることがわかる.

逆に $u=\mu N$ と表わされるならば, 定理 6.3.1 によって u は FSH_0 函数であり, また定理 6.2.2 を用いて u が $A^*u=0$ の弱い解 (§1.4 参照), 従って真の解なることが示されるから, u は FH_0 函数である.

ii) v が FSH_0 函数ならば, 定理 6.3.3 により R' 上の Borel 測度 μ_0 と FH 函数 u が存在して $v=\mu_0 N+u$ となり, このとき $\mu_0 N$ は定理 6.3.1 により FSH_0 函数だから, u は FH_0 函数となる. だから上の i) により $\hat{S}$ の上の Borel 測度 μ_1 が存在して $u=\mu_1 N$ となるから, $\mu=\mu_0+\mu_1$ とすれば $v=\mu N$ を得る.

逆は定理 6.3.1 そのものである. ▯

補助定理 6.4.1 v を R' 上の FSH 函数とし, Ω を R' の中の正則開集合で, $\overline{\Omega}\cap K_0=\phi$ なるものとすると, 台が Ω^a に含まれる Borel 測度 μ が存在して R' において $v_\Omega=\mu N$ が成立する.

証明 開集合 Ω に対して (6.3.6) のようなコンパクト集合列 $\{K_n\}$ をとる. 定理 6.3.2 により, 各 n に対して K_n の上の Borel 測度 μ_n が存在して, R' において $v_{K_n}=\mu_n N$ が成立する. 従って, 核函数 N の性質 (5.5.19) により $\int_{\partial K_0}\frac{\partial v_{K_n}}{\partial \boldsymbol{n}_{K_0}}dS=\mu_n(K_n)$ となる. $K_0\subset K^\circ\subset K\subset R\setminus\overline{\Omega}$ なる正則コンパクト集合 K をひとつ固定すると, ∂K_0 の上では $v_{K_n}=v_{\partial K}$ であり, ∂K の上で $v_{K_n}\leqq v=v_{\partial K}$ であって $K^\circ\setminus K_0$ では v_{K_n} も $v_{\partial K}$ も調和だから, $K^\circ\setminus K_0$ において $v_{K_n}\leqq v_{\partial K}$ となり, 従って ∂K_0 上で $\frac{\partial v_{K_n}}{\partial \boldsymbol{n}_{K_0}}\leqq\frac{\partial v_{\partial K}}{\partial \boldsymbol{n}_{K_0}}$ を得る. だから上の結果と合わせて $\mu_n(K_n)=\int_{\partial K_0}\frac{\partial v_{K_n}}{\partial \boldsymbol{n}_{K_0}}dS\leqq\int_{\partial K_0}\frac{\partial v_{\partial K}}{\partial \boldsymbol{n}_{K_0}}dS$ となり, $\{\mu_n\}$ はコンパクト集合 Ω^a の上の一様有界な測度の列である. 従って, その適当な部分列が Ω^a の上のある Borel 測度 μ に漠収束する. 今後この部分列を $\{\mu_n\}$ と書き, 対応する $\{K_n\}$ の部分列を $\{K_n\}$ と書くことにする. $N(x,y)$ は任意の $y\in R'\setminus\overline{\Omega}$ に対して x について Ω^a において連続であるから, $v_{K_n}=\mu_n N$ において $n\to\infty$ とすると (6.3.6) により $R'\setminus\overline{\Omega}$ において $v_\Omega=\mu N$ が得られる. 次に Ω において $v_\Omega=\mu N$ となることを示す. 測度 μ_n の $(K_n)^\circ$ への制限, μ の Ω への制限をそれぞれ ν_n, ν とし, 更に ν の $(K_n)^\circ$, $\Omega\setminus(K_n)^\circ$ への制限をそれぞれ ν_n', ν_n'' とする. このとき

$$(K_n)^\circ \text{ において}\quad v=v_{K_n}=\mu_n N=\nu_n N+(\mu_n-\nu_n)N,$$

$$\Omega \text{ において}\quad v=v_\Omega=\mu N=\nu N+(\mu-\nu)N=\nu_n' N+\nu_n'' N+(\mu-\nu)N$$

が成立するから, $\nu_n N$ と $\nu_n' N$ はともに $(K_n)^\circ$ における v の Riesz 分解のポテンシャル部分である. だから Riesz 分解の一意性により $\nu_n=\nu_n'$ となり, 従って $\nu_n\leqq\nu$ (Ω 上の測度と考えて). 同様にして $n_1<n_2$ ならば $\nu_{n_1}\leqq\nu_{n_2}$ が示されるから, 測度 ν_n は n に関して単調に増加して ν に漠収束する. 従って $\mu_n-\nu_n$ は $\mu-\nu$ に漠収束する. だから Ω において

$$\begin{aligned}\mu N&=\nu N+(\mu-\nu)N\\&=\lim_{n\to\infty}\{\nu_n N+(\mu_n-\nu_n)N\}=\lim_{n\to\infty}\mu_n N=\lim_{n\to\infty}v_{K_n}=v_\Omega\end{aligned}$$

が成立する．以上により $\Omega\cup(R'\setminus\overline{\Omega})$ において $v_\Omega=\mu N$ なることが示された．Ω は正則開集合であるから，R' における体積要素に関する零集合 $\partial\Omega$ の上を除き $v_\Omega=\mu N$ が成立する．(6.3.8)，定理 6.3.1 と補助定理 6.3.1 により v_Ω, μN は優調和函数であるから，定理 2.1.6 により R' の上いたる所 $v_\Omega=\mu N$ が成立する．□

§6.1 で述べたように，任意の $x\in\hat{R}$ を固定して $N(x,y)$ を $y\in R'$ の函数と考えたとき，正則コンパクト集合 $K\subset R'$ に対して，$[N(x,\cdot)]_K(y)$ のことを $N_K(x,y)$ と書く．正則開集合 $\Omega\subset R'$ および閉集合 $\Gamma\subset\hat{S}$ に対して，前§で v_K から v_Ω, v_Γ を定義したのと同様にして $N_\Omega(x,y)$, $N_\Gamma(x,y)$ を定義する．このとき次のことがいえる．

補助定理 6.4.2 Ω を R' の中の正則開集合とすると，$R'\cup\hat{S}$ における任意の Borel 測度 μ に対して，R' において $(\mu N)_\Omega=\mu N_\Omega$ が成立する．

証明 任意の正則コンパクト集合 K に対して (6.1.10)，(6.1.11) により，$y\in R'\setminus K$ ならば

$$(\mu N)_K(y)=\int_{\partial K}\frac{\omega(y)}{\omega(z)}d\mu_K^y(z)\int_{R'\cup\hat{S}}N(x,z)d\mu(x)$$
$$=\int_{R'\cup\hat{S}}d\mu(x)\int_{\partial K}\frac{\omega(y)}{\omega(z)}N(x,z)d\mu_K^y(z)=(\mu N_K)(y).$$

K として (6.3.6) における K_n をとり $n\to\infty$ とすると，$(\mu N)_{K_n}\to(\mu N)_\Omega$ となり，また各点 $x\in R'\cup\hat{S}$, $y\in R'\setminus\Omega$ に対して $N_{K_n}(x,y)$ は n に関して単調増加で $N_\Omega(x,y)$ に近づくから，$R'\setminus\Omega$ において $\mu N_{K_n}\to\mu N_\Omega$ となり，$R'\setminus\Omega$ において $(\mu N)_\Omega=\mu N_\Omega$ が成立する．一方 $y\in\Omega$ ならば明らかに $(\mu N)_\Omega(y)=(\mu N)(y)=(\mu N_\Omega)(y)$ であるから，R' で $(\mu N)_\Omega=\mu N_\Omega$ が成立する．□

定理 6.4.2 R' 上の任意の FSH 函数 v と，$\hat{S}$ の任意の閉部分集合 Γ に対して，台が Γ に含まれる Borel 測度 μ が存在して

(6.4.1) R' において $\quad v_\Gamma(y)=\int_\Gamma N(\xi,y)d\mu(\xi),$

(6.4.2) $$\mu(\Gamma)=\int_{\partial K_0}\frac{\partial v_\Gamma(y)}{\partial \boldsymbol{n}_{K_0}(y)}dS(y)$$

が成立する．

証明 Γ に対して (6.3.13) における開集合列 $\{\Delta_n\}\subset\mathcal{O}(\Gamma)$ をとり，$\Omega_n=\Delta_n\cap R$ とする．このとき各 n に対して $\overline{\Omega}_n\cap K_0=\phi$ としてよいから，補助定理 6.4.1 により，台が Ω_n^a に含まれる Borel 測度 μ_n が存在して，R' において $v_{\Omega_n}=\mu_n N$ が成立し，補助定理 6.4.1 の証明からわかるように，$K_0\subset K^\circ\subset K\subset R\setminus\overline{\Omega}$ なる正則コンパクト集合 K に対して $\mu_n(\Omega_n^a)\leqq\int_{\partial K_0}\frac{\partial v_{\partial K}}{\partial \boldsymbol{n}_{K_0}}dS<\infty$ となる．だから $\{\mu_n\}$ の適当な部分列が，$\Gamma(=\bigcap_{n=1}^{\infty}\Omega_n^a)$ に台が含まれるある Borel 測度 μ に漠収束する．この部分列について $v_{\Omega_n}=\mu_n N$ において $n\to\infty$ とすると，(6.3.13) と $N(x,y)$ の $x(\in\hat{R}\setminus\{y\})$ に関する連続性によって (6.4.1) を得る．従って，定理 6.2.1 の系 2 により (6.4.2) を得る．▯

定理 6.4.3 Γ を $\hat{S}$ の閉部分集合とすると，$R'\cup\hat{S}$ における任意の Borel 測度 μ に対して，R' において $(\mu N)_\Gamma=\mu N_\Gamma$ が成立する．

証明 前定理の証明中と同じ開集合列 $\{\Delta_n\}\subset\mathcal{O}(\Gamma)$ をとり $\Omega_n=\Delta_n\cap R$ とおくと，(6.3.13) と補助定理 6.4.2 により，R' において $(\mu N)_\Gamma=\lim_{n\to\infty}(\mu N)_{\Omega_n}=\lim_{n\to\infty}\mu N_{\Omega_n}=\mu N_\Gamma$ が成立する．▯

定理 6.4.1 の i) は，R' 上の任意の FH_0 函数 u が $\hat{S}$ の上の適当な Borel 測度 μ を用いて $u(y)=\int_{\hat{S}}N(\xi,y)d\mu(\xi)$ と表わされ，逆にこの形に表わされる函数 u は FH_0 函数であることを述べている．定理 6.4.2 で v を FH_0 函数とし，$\Gamma=\hat{S}$ とした場合も，FH_0 函数の同じ積分表現を与える．後に §6.6 で標準表現の概念を導入し，その存在と一意性を証明する．

§6.5　理想境界上の点の分類

R' 上の区分的に滑らかな函数 v で，条件

$$\left\|\nabla\frac{v}{\omega}\right\|_{R',\omega}<\infty,\quad \sup_{x\in R'}\left|\frac{v(x)}{\omega(x)}\right|<\infty \tag{6.5.1}$$

を満たすもの全体を $\mathcal{D}$ と書くことにする．$v\in\mathcal{D}$ ならば，正則写像の性質（定理5.3.2参照)により，任意の正則コンパクト集合 $K\subset R'$ に対して，§6.1で定義した v_K も $\mathcal{D}$ に属する．

v が $\mathcal{D}$ に属する函数で ∂K_0 まで込めて連続であって $v|_{\partial K_0}=0$ を満たすものとし，K を R' の中の正則コンパクト集合とする．このとき定理1.5.1において $\boldsymbol{\Phi}=\boldsymbol{b}-\nabla p$，$\psi=\dfrac{v-v_K}{\omega}\left(\in P_\omega(R'\,;K)\right)$ とおくことができるから

$$\left([\boldsymbol{b}-\nabla p]\frac{v-v_K}{\omega},\ \nabla\frac{v-v_K}{\omega}\right)_{R',\omega}=0. \tag{6.5.2}$$

また正則写像の性質と，K 上では $v_K=v$ なることにより

$$\left(\nabla\frac{v_K}{\omega}-[\boldsymbol{b}-\nabla p]\frac{v_K}{\omega},\ \nabla\frac{v-v_K}{\omega}\right)_{R',\omega}=0. \tag{6.5.3}$$

(6.5.2)，(6.5.3)によって

$$\begin{aligned}\left\|\nabla\frac{v-v_K}{\omega}\right\|_{R',\omega}^2&=\left(\nabla\frac{v-v_K}{\omega}-[\boldsymbol{b}-\nabla p]\frac{v-v_K}{\omega},\ \nabla\frac{v-v_K}{\omega}\right)_{R',\omega}\\&=\left(\nabla\frac{v}{\omega}-[\boldsymbol{b}-\nabla p]\frac{v}{\omega},\ \nabla\frac{v-v_K}{\omega}\right)_{R',\omega}\\&\leqq\left\|\nabla\frac{v}{\omega}-[\boldsymbol{b}-\nabla p]\frac{v}{\omega}\right\|_{R',\omega}\cdot\left\|\nabla\frac{v-v_K}{\omega}\right\|_{R',\omega}\end{aligned}$$

となり，この不等式から

$$\left\|\nabla\frac{v-v_K}{\omega}\right\|_{R',\omega}\leqq\left\|\nabla\frac{v}{\omega}-[\boldsymbol{b}-\nabla p]\frac{v}{\omega}\right\|_{R',\omega},$$

従って

$$\left\|\nabla\frac{v_K}{\omega}\right\|_{R',\omega}\leqq2\left\|\nabla\frac{v}{\omega}\right\|_{R',\omega}+\left\|[\boldsymbol{b}-\nabla p]\frac{v}{\omega}\right\|_{R',\omega}<\infty \tag{6.5.4}$$

を得る．(以上の手順は定理5.3.2の証明の冒頭の部分と全く同じである．)

補助定理 6.5.1 v を $\mathscr{D}$ に属する FSH 函数とし，Ω を R' の中の正則開集合で $\overline{\Omega}\cap K_0=\phi$ なるものとする．このとき，

i) v_Ω (§6.3参照) は $\mathscr{D}$ に属する FSH_0 函数である；

ii) 適当なコンパクト集合列 $\{K_n\}\subset\mathscr{K}(\Omega)$ (§6.3参照) をとれば

$$\lim_{n\to\infty}\left\|\nabla\frac{v_{K_n}-v_\Omega}{\omega}\right\|_{R',\omega}=0. \tag{6.5.5}$$

証明 まず初めに，この補助定理を v が ∂K_0 上で境界条件 $v|_{\partial K_0}=0$ を満たすとして証明すればよいことを示す．$\overline{\Omega}\cap K_0=\phi$ だから，K_0 を含みコンパクトな閉包をもつ正則開集合 Ω_0 で，$\Omega_0\cap\overline{\Omega}=\phi$ なるものがとれる．函数 u を

$$u(x)=\begin{cases}v_{\partial\Omega_0}(x) & (x\in\overline{\Omega}_0\setminus(K_0)^\circ)\\ v(x) & (x\in R'\setminus\overline{\Omega}_0)\end{cases}$$

と定義すると，v が FSH 函数であるから R' 上で $u\leqq v$ となる．だから任意の正則コンパクト集合 $K\subset R'$ に対して，R' において $u_K\leqq v_K\leqq v$ となり，従って $R\setminus\overline{\Omega}_0$ では $u_K\leqq u$ となる．また $\Omega_0\setminus(K_0\cup K)$ では u_K も u も調和であって，$\partial\Omega_0$ で $u_K\leqq v_K\leqq v=u$，$\partial K_0\cup\partial K$ で $u_K=u$ だから，$\overline{\Omega}_0\setminus(K_0\cup K)$ において $u_K\leqq u$ となる．K 上では $u_K=u$ だから，結局 R' において $u_K\leqq u$ となり，u は FSH 函数であって $u|_{\partial K_0}=0$ を満たす．ところが，Ω において $u=v$ だから，任意の $K\in\mathscr{K}(\Omega)$ に対して R' の上で $u_K=v_K$，従って Ω についても R' の上で $u_\Omega=v_\Omega$ となる．だがら u に対して上の補助定理を証明すれば，v に対して同じ結果を得たことになる．よって初めから $v|_{\partial K_0}=0$ とする．

i) $v\in\mathscr{D}$ かつ $v|_{\partial K_0}=0$ だから (6.5.4) により R' 上のベクトル値函数の族 $\left\{\nabla\frac{v_K}{\omega}\middle| K\in\mathscr{K}(\Omega)\right\}$ は Hilbert 空間 $\boldsymbol{L}^2_\omega(R')$ の中の有界集合である．だから，その中の適当な函数列 $\left\{\nabla\frac{v_{K_n}}{\omega}\right\}_{n=1,2,\cdots}$ はある函数 $\Phi\in\boldsymbol{L}^2_\omega(R')$ に弱収束する；すなわち

$$\operatorname*{w-lim}_{n\to\infty}\nabla\frac{v_{K_n}}{\omega}=\Phi\quad\left(\begin{array}{l}\text{w-lim は Hilbert 空間}\\ \boldsymbol{L}^2_\omega(R')\text{ における弱収束}\end{array}\right). \tag{6.5.6}$$

一方 (6.3.4)，(6.3.6) と (6.5.1) により

$$\lim_{n\to\infty}\frac{v_{K_n}}{\omega}=\frac{v_\Omega}{\omega};\quad R'\text{ で有界収束.} \tag{6.5.7}$$

だから，任意の $\Psi\in C_0^1(R')$ に対して

$$(\Phi,\Psi)_{R',\omega}=\lim_{n\to\infty}\left(\nabla\frac{v_{K_n}}{\omega},\ \Psi\right)_{R',\omega}=\lim_{n\to\infty}\left(\frac{v_{K_n}}{\omega},\quad \mathrm{div}\Psi\right)_{R',\omega}$$

$$=\left(\frac{v_\Omega}{\omega},\quad \mathrm{div}\Psi\right)_{R',\omega}=\left(\nabla\frac{v_\Omega}{\omega},\ \Psi\right)_{R',\omega};$$

Ω は正則開集合であって $\bar{\Omega}$ 上では $v_\Omega=v$, $R'\setminus\bar{\Omega}$ では v_Ω は調和であるから，v_Ω は区分的に滑らかとなり，上の式で最後の $\nabla\dfrac{v_\Omega}{\omega}$ は意味をもつ．$C_0^1(R')$ は $L_\omega^2(R')$ の中で稠密であるから，上の式から $\nabla\dfrac{v_\Omega}{\omega}=\Phi\in L_\omega^2(R')$ なることがわかり，(6.5.7)と合わせて $v_\Omega\in\mathcal{D}$ がいえる．v_Ω が FSH_0 函数なることは(6.3.8)で述べた．

ii) まず，$K\subset K_1\subset R'$ なる正則コンパクト集合 K, K_1 に対して

$$\left(\nabla\frac{v_K}{\omega}-[\boldsymbol{b}-\nabla p]\frac{v_K}{\omega},\ \nabla\frac{v_{K_1}-v_K}{\omega}\right)_{R',\omega}=0 \tag{6.5.8}$$

なることを示す．$v\in\mathcal{D}$ ならば $v_{K_1}\in\mathcal{D}$ であるから，(6.5.3)において v を v_{K_1} で置き換える；このとき，K_1 上では $v_{K_1}=v$ だから，R' 上で $(v_{K_1})_K=v_K$ となって(6.5.8)が得られる．次に，$\{K_n\}$ を i) の証明中に述べたコンパクト集合列とすると，その証明からわかるように(6.5.6)の Φ は $\nabla\dfrac{v_\Omega}{\omega}$ であるから，

$$\text{w-}\lim_{n\to\infty}\nabla\frac{v_{K_n}}{\omega}=\nabla\frac{v_\Omega}{\omega}\quad (L_\omega^2(R')\ \text{における弱収束}) \tag{6.5.9}$$

が成立する．このとき(6.5.7)も成立するから，$\boldsymbol{b}-\nabla p\in L_\omega^2(R)$（定理6.1.1）なることにより

$$\lim_{n\to\infty}\left\|[\boldsymbol{b}-\nabla p]\frac{v_{K_n}-v_\Omega}{\omega}\right\|_{R',\omega}=0. \tag{6.5.10}$$

(6.5.9)と(6.5.10)により

$$\lim_{n,m\to\infty}\left([\boldsymbol{b}-\nabla p]\frac{v_{K_n}}{\omega},\ \nabla\frac{v_{K_m}}{\omega}\right)_{R',\omega}=\left([\boldsymbol{b}-\nabla p]\frac{v_\Omega}{\omega},\ \nabla\frac{v_\Omega}{\omega}\right)_{R',\omega} \tag{6.5.11}$$

を得る．一方(6.5.3)によって

$$\left\|\nabla\frac{v_{K_n}}{\omega}\right\|_{R',\omega}^2-\left([\boldsymbol{b}-\nabla p]\frac{v_{K_n}}{\omega},\ \nabla\frac{v_{K_n}}{\omega}\right)_{R',\omega}$$

$$=\left(\nabla\frac{v_{K_n}}{\omega}-[\boldsymbol{b}-\nabla p]\frac{v_{K_n}}{\omega},\ \nabla\frac{v_{K_n}}{\omega}\right)_{R',\omega}=\left(\nabla\frac{v_{K_n}}{\omega}-[\boldsymbol{b}-\nabla p]\frac{v_{K_n}}{\omega},\ \nabla\frac{v}{\omega}\right)_{R',\omega}$$

となる．ここで $n\to\infty$ とするとき，左端辺の第2項は (6.5.11) により，右端辺は (6.5.9) と (6.5.10) により，いずれも極限値が存在するから，左端辺の第1項についても $\lim_{n\to\infty}\left\|\nabla\frac{v_{K_n}}{\omega}\right\|_{R',\omega}^2$ が存在する．次に $n<m$ とすると，$K_n\subset K_m$ だから (6.5.8) において K, K_1 をそれぞれ K_n, K_m とすることができる．従って

$$\left(\nabla\frac{v_{K_n}}{\omega},\ \nabla\frac{v_{K_m}}{\omega}\right)_{R',\omega}-\left([\boldsymbol{b}-\nabla p]\frac{v_{K_n}}{\omega},\ \nabla\frac{v_{K_m}}{\omega}\right)_{R',\omega}$$
$$-\left\|\nabla\frac{v_{K_n}}{\omega}\right\|_{R',\omega}^2+\left([\boldsymbol{b}-\nabla p]\frac{v_{K_n}}{\omega},\ \nabla\frac{v_{K_n}}{\omega}\right)_{R',\omega}=0.$$

ここで $m>n\to\infty$ とすると，第2項と第4項はともに (6.5.11) の右辺に収束するから

$$\text{(6.5.12)}\qquad \lim_{m>n\to\infty}\left(\nabla\frac{v_{K_n}}{\omega},\ \nabla\frac{v_{K_m}}{\omega}\right)_{R',\omega}=\lim_{n\to\infty}\left\|\nabla\frac{v_{K_n}}{\omega}\right\|_{R',\omega}^2$$

を得る．この事実と，恒等式

$$\left\|\nabla\frac{v_{K_n}-v_{K_m}}{\omega}\right\|_{R',\omega}^2=\left\|\nabla\frac{v_{K_n}}{\omega}\right\|_{R',\omega}^2-2\left(\nabla\frac{v_{K_n}}{\omega},\ \nabla\frac{v_{K_m}}{\omega}\right)_{R',\omega}+\left\|\nabla\frac{v_{K_m}}{\omega}\right\|_{R',\omega}^2$$

とから $\lim_{m>n\to\infty}\left\|\nabla\frac{v_{K_n}-v_{K_m}}{\omega}\right\|_{R',\omega}^2=0$ となるから，この結果と (6.5.9) とから (6.5.5) が得られる．▯

系 上の補助定理と同じ仮定のもとで

$$\text{(6.5.13)}\qquad \left\|\nabla\frac{v_\Omega}{\omega}\right\|_{R',\omega}\leqq 2\left\|\nabla\frac{v}{\omega}\right\|_{R',\omega}+\left\|[\boldsymbol{b}-\nabla p]\frac{v}{\omega}\right\|_{R',\omega}<\infty\,;$$

更に Ω_1 も R' の中の正則開集合で $\Omega\subset\Omega_1$, $\overline{\Omega}_1\cap K_0=\phi$ ならば

$$\text{(6.5.14)}\qquad \left(\nabla\frac{v_\Omega}{\omega}-[\boldsymbol{b}-\nabla p]\frac{v_\Omega}{\omega},\ \nabla\frac{v_{\Omega_1}-v_\Omega}{\omega}\right)_{R',\omega}=0.$$

証明 (6.5.4) の K として上の補助定理の ii)のような K_n をとり，$n\to\infty$ とすると，(6.5.5) によって (6.5.13) が得られる．また，$K_n\subset\Omega\subset\Omega_1$ だから，K_n の上では $v_{\Omega_1}=v$, 従って R' 上で $(v_{\Omega_1})_{K_n}=v_{K_n}$ となる．一方，上の補助定理の i) により (6.5.3) の v を v_{Ω_1} とすることができる．その式で K を K_n とすると，上に述べたことにより

$$\left(\nabla\frac{v_{K_n}}{\omega}-[\boldsymbol{b}-\nabla p]\frac{v_{K_n}}{\omega},\ \nabla\frac{v_{\Omega_1}-v_{K_n}}{\omega}\right)_{R',\omega}=0.$$

ここで $n\to\infty$ とすると (6.5.5), (6.5.7) により (6.5.14) を得る. □

補助定理 6.5.2　v を $\mathscr{D}$ に属する FSH 函数とし, Γ を $\hat{S}$ の閉部分集合とする. このとき

i)　v_Γ (§6.3参照) は $\mathscr{D}$ に属する FH_0 函数である;

ii)　$\hat{R}$ の中の適当な開集合列 $\{\varDelta_n\}\subset\mathscr{O}(\Gamma)$ (§6.3参照) をとれば

(6.5.15)
$$\lim_{n\to\infty}\left\|\nabla\frac{v_{\varDelta_n\cap R}-v_\Gamma}{\omega}\right\|_{R',\omega}=0.$$

証明は補助定理 6.5.1 と全く同様に行なわれる. まず (6.3.13) が成り立つような $\{\varDelta_n\}$ として $\varDelta_1^a\cap K_0=\phi$ なるものをとれるから, 補助定理 6.5.1 の証明の最初に注意したことは, 今回もそのまま適用される. あとは (6.3.6), (6.5.4) および (6.5.8) のかわりにそれぞれ (6.3.13), (6.5.13) および (6.5.14) を用いることにして, 補助定理 6.5.1 の証明中の v_{K_n}, v_Ω をそれぞれ $v_{\varDelta_n\cap R}$, v_Γ と書き直せば, そのまま補助定理 6.5.2 の証明になる. (なお, $m>n$ のとき $K_m\supset K_n$, $\varDelta_m\subset\varDelta_n$ という包含関係の違いは, (6.5.12) に対応する式の証明やそのあたりの推論には影響しない; 念のため注意した.)

系　上の補助定理と同じ仮定のもとで

(6.5.16)
$$\left\|\nabla\frac{v_\Gamma}{\omega}\right\|_{R',\omega}\leqq 2\left\|\nabla\frac{v}{\omega}\right\|_{R',\omega}+\left\|[\boldsymbol{b}-\nabla p]\frac{v}{\omega}\right\|_{R',\omega}<\infty.$$

証明　(6.5.13) の Ω として上の補助定理の ii) における $\varDelta_n\cap R$ をとり $n\to\infty$ とすれば, (6.5.15) によって (6.5.16) を得る. □

v が $\mathscr{D}$ に属する FSH 函数であり, Ω が $\overline{\Omega}\cap K_0=\phi$ なる R' の中の正則開集合, Γ が $\hat{S}$ の閉部分集合ならば, §6.3 で述べたように v_Ω, v_Γ は FH_0 函数であって, R' において $0\leqq v_\Omega\leqq v$, $0\leqq v_\Gamma\leqq v$ が成り立つ. このことと (6.5.13), (6.5.16) により v_Ω, v_Γ も $\mathscr{D}$ に属する. Ω_1 を上の Ω と同じ条件を満たす開集合として, 補助定理 6.5.1 の Ω を Ω_1 とし, v を v_Ω または v_Γ とした場合を考える. このとき補助定理 6.5.1 の証明からわかるように, $v=v_\Omega$ の場合に ii) のように選んだコンパクト集合列 $\{K_n\}\subset\mathscr{K}(\Omega_1)$ の更に部分列をとって $v=$

v_Γ の場合の (6.5.5) が成り立つようにできるから，結局 v_Ω と v_Γ に共通の $\{K_n\}\subset\mathscr{K}(\Omega_1)$ をとることができる．以上の事実を次の補助定理の証明に用いる．

補助定理 6.5.3 v および Γ を補助定理 6.5.2 のとおりとすると，R' において $(v_\Gamma)_\Gamma=v_\Gamma$ が成り立つ．従って特に，R' で $(\omega_\Gamma)_\Gamma=\omega_\Gamma$ が成り立つ．

証明 Ω, Ω_1 を R' の中の正則開集合で $\Gamma\subset\Omega_1^a$ かつ $\Omega_1\subset\Omega\subset\overline{\Omega}\subset R'$ なるものとする．このとき上に述べた事実により，適当なコンパクト集合の列 $\{K_n\}\subset\mathscr{K}(\Omega_1)$ を選ぶと，(6.5.5) が $v=v_\Omega$ と $v=v_\Gamma$ に対して同時に成立する．また函数 $v_\Omega-v_\Gamma$ も $\mathscr{D}$ に属し $(v_\Omega-v_\Gamma)|_{\partial K_0}=0$ を満たすから，(6.5.4) によりすべての K_n に対して

$$\left\|\nabla\frac{(v_\Omega-v_\Gamma)_{K_n}}{\omega}\right\|_{R',\omega}\leqq 2\left\|\nabla\frac{v_\Omega-v_\Gamma}{\omega}\right\|_{R',\omega}+\left\|[\boldsymbol{b}-\nabla p]\frac{v_\Omega-v_\Gamma}{\omega}\right\|_{R',\omega}.$$

ここで $n\to\infty$ とすると上に述べたように $\nabla\dfrac{(v_\Omega-v_\Gamma)_{K_n}}{\omega}\to\nabla\dfrac{(v_\Omega-v_\Gamma)_{\Omega_1}}{\omega}$ ($\boldsymbol{L}^2_\omega(R')$ で強収束) となるが，更に，Ω においては $v_\Omega=v$ なることにより $(v_\Omega)_{\Omega_1}=v_{\Omega_1}$ が成り立つから，次の不等式を得る：

$$\left\|\nabla\frac{v_{\Omega_1}-(v_\Gamma)_{\Omega_1}}{\omega}\right\|_{R',\omega}\leqq 2\left\|\nabla\frac{v_\Omega-v_\Gamma}{\omega}\right\|_{R',\omega}+\left\|[\boldsymbol{b}-\nabla q]\frac{v_\Omega-v_\Gamma}{\omega}\right\|_{R',\omega}.$$

さて補助定理 6.5.2 により，v_Γ は $\mathscr{D}$ に属する FH_0 函数であるから，前ページに述べた事実と同様にして，適当な開集合列 $\{\varDelta_n\}\subset\mathscr{O}(\Gamma)$ を選ぶことにより (6.5.15) およびその v を v_Γ で置き換えた事実が成り立つ．またこのとき，$\Omega_n=\varDelta_n\cap R$ とおくと，$\lim\limits_{n\to\infty}\dfrac{v_{\Omega_n}}{\omega}=\dfrac{v_\Gamma}{\omega}$ (R' 上で有界収束) も成立する．$n>m$ ならば $\Omega_n\subset\Omega_m$ だから，上の不等式によって

$$\left\|\nabla\frac{v_{\Omega_n}-(v_\Gamma)_{\Omega_n}}{\omega}\right\|_{R',\omega}\leqq 2\left\|\nabla\frac{v_{\Omega_m}-v_\Gamma}{\omega}\right\|_{R',\omega}+\left\|[\boldsymbol{b}-\nabla p]\frac{v_{\Omega_m}-v_\Gamma}{\omega}\right\|_{R',\omega}$$

となり，ここでまず $n\to\infty$ としてから $m\to\infty$ とすると，上に述べた各事項によって $\left\|\nabla\dfrac{v_\Gamma-(v_\Gamma)_\Gamma}{\omega}\right\|_{R',\omega}=0$ を得る．一方 v_Γ, $(v_\Gamma)_\Gamma$ は $R'\cup\partial K_0$ において連続であって ∂K_0 の上ではともに 0 になる．だから R' の上で $(v_\Gamma)_\Gamma=v_\Gamma$ が成立する．特に ω は補助定理 6.3.4 の i) により FH 函数であり，明らかに (6.5.1) を満たすから $\mathscr{D}$ に属する．よって R' 上で $(\omega_\Gamma)_\Gamma=\omega_\Gamma$ が成り立つ．□

補助定理 6.5.4 v が R' 上の FSH 函数，Γ が $\hat{S}$ の閉部分集合で $\omega_\Gamma\equiv 0$ と

なるものとすると，R' 上で $(v_\Gamma)_\Gamma=v_\Gamma$ が成立する．

証明　まず定理 6.3.3 により R' における Borel 測度 μ と R' 上の FH 函数 u が存在して $v=\mu N+u$ が成立する．だから定理 6.4.3 によって

(6.5.17) $$v_\Gamma=(\mu N)_\Gamma+u_\Gamma=\mu N_\Gamma+u_\Gamma$$

が成立し，従ってまた補助定理 6.3.4 の iii) によって

(6.5.18) $$(v_\Gamma)_\Gamma=(\mu N_\Gamma)_\Gamma+(u_\Gamma)_\Gamma=(\mu N_\Gamma)_\Gamma+u_\Gamma$$

となる．だから

(6.5.19) $$(\mu N_\Gamma)_\Gamma=\mu(N_\Gamma)_\Gamma,\quad (N_\Gamma)_\Gamma=N_\Gamma$$

を証明すれば，(6.5.18) の右端辺は (6.5.17) の右端辺と同じになるから，両式の左端辺も互いに等しいことがわかり，この補助定理の証明が終る．以下は (6.5.19) の二つの式の証明である．

まず任意の $x\in R'$ を固定して $N(x,y)$ を y の函数と考えたものは FSH 函数である．(これは定理 6.3.1 で μ が一点 x に集中したと考えてもよいし，また定理 6.1.6 から直接にもいえる．) だから (6.3.14) により N_Γ は FH_0 函数である．従って任意の正則コンパクト集合 $K\subset R'$ に対して

(6.5.20) $$(N_\Gamma)_K\leqq N_\Gamma$$

が成立する．また補助定理 6.4.2 の証明と全く同様にして (N を N_Γ と書くだけで) R' において

(6.5.21) $$(\mu N_\Gamma)_K=\mu(N_\Gamma)_K$$

なることが示されるから，(6.5.20) と合わせて $(\mu N_\Gamma)_K\leqq\mu N_\Gamma$ を得る．更に μN_Γ が下半連続なことも，定理 6.3.1 における μN の下半連続性の証明と同様にして示されるから，μN_Γ は FSH 函数である．以上により FSH 函数 $N_\Gamma(x,y)$ (x を固定して y の函数と考える) および μN_Γ に §6.3 の結果を適用できる．よって，任意の正則開集合 $\Omega\subset R'$ に対して(6.3.6)のようなコンパクト集合列 $\{K_n\}$ をとれば，R' において n に関する単調収束で

(6.5.22) $$\lim_{n\to\infty}(N_\Gamma)_{K_n}=(N_\Gamma)_\Omega,\quad \lim_{n\to\infty}(\mu N_\Gamma)_{K_n}=(\mu N_\Gamma)_\Omega$$

が成立し，第1の式は上に述べた意味で任意の x に対して成立するから

(6.5.23) $$\lim_{n\to\infty}\mu(N_\Gamma)_{K_n}=\mu(N_\Gamma)_\Omega$$

も成立する．また $\hat{S}$ の任意の閉部分集合 Γ に対して (6.3.13) のような開集合列 $\{\varDelta_n\}$ をとり $\Omega_n=\varDelta_n\cap R$ とおくと，R' 上で n に関する単調収束で

$$(6.5.24)\qquad \lim_{n\to\infty}(N_\Gamma)_{\Omega_n}=(N_\Gamma)_\Gamma,\quad \lim_{n\to\infty}(\mu N_\Gamma)_{\Omega_n}=(\mu N_\Gamma)_\Gamma$$

が成立し，第1の式は上に述べた意味で任意の x に対して成立するから

$$(6.5.25)\qquad \lim_{n\to\infty}\mu(N_\Gamma)_{\Omega_n}=\mu(N_\Gamma)_\Gamma$$

も成立する．そこで (6.5.21) において K として (6.5.22), (6.5.23) が成立するような K_n をとって $n\to\infty$ とすれば $(\mu N_\Gamma)_\Omega=\mu(N_\Gamma)_\Omega$ が得られ，次に Ω として (6.5.24), (6.5.25) が成立するような Ω_n をとって $n\to\infty$ とすれば (6.5.19) の第1の式が得られる．

次に (6.5.19) の第2の式を示す．一点 $x\in R'$ を固定して $N(x,y)$ を y の函数と考えることにし，またコンパクト集合 $K\in\boldsymbol{K}(x)$ (§5.5に述べた) を一つ固定すると，定理 6.1.6 の ii) により $R'\setminus K$ においては $N_{\partial K}=N$ となる．だから任意の正則開集合 $\Omega\subset R'\setminus K$ に対して R' で $(N_{\partial K})_\Omega=N_\Omega$ が成立し，従って (6.3.13) により $(N_{\partial K})_\Gamma=N_\Gamma$ が成立する．一方，正則写像の定義により $N_{\partial K}\in\mathscr{D}$ だから，補助定理 6.5.3 により $((N_{\partial K})_\Gamma)_\Gamma=(N_{\partial K})_\Gamma$ が成り立つ．だから

$$(N_\Gamma)_\Gamma=((N_{\partial K})_\Gamma)_\Gamma=(N_{\partial K})_\Gamma=N_\Gamma$$

となり，(6.5.19) の第2の式が得られた．□

さて，任意の一点 $\xi\in\hat{S}$ を固定して，定理 6.4.2 で $v(y)=N(\xi,y)$ を考え，$\Gamma=\{\xi\}$ (一点 ξ から成る閉集合) とすると，(6.4.2) の $\mu(\Gamma)$ の値は点 ξ の函数となるから，これを $\alpha(\xi)$ と書くことにする．このとき定理 6.4.2 の (6.4.1), (6.4.2) はそれぞれ次のようになる：

$$(6.5.26)\qquad \text{すべての } y\in R' \text{ に対して}\quad N_{\{\xi\}}(\xi,y)=\alpha(\xi)N(\xi,y),$$

$$(6.5.27)\qquad \alpha(\xi)=\int_{\partial K_0}\frac{\partial N_{\{\xi\}}(\xi,y)}{\partial\boldsymbol{n}_{K_0}(y)}dS(y).$$

ここで次の事実を証明する．

補助定理 6.5.5　函数 $\alpha(\xi)$ は $\hat{S}$ の上で0と1の値のみをとる．

証明　$\omega_{\{\xi\}}\equiv 0$ なる点 ξ については，補助定理 6.5.4 と (6.5.26) によって

$$\alpha(\xi)N=N_{\{\xi\}}=(N_{\{\xi\}})_{\{\xi\}}=[\alpha(\xi)N]_{\{\xi\}}=\alpha(\xi)N_{\{\xi\}}=\alpha(\xi)^2N,$$

従って $\alpha(\xi)=\alpha(\xi)^2$ が成り立つから $\alpha(\xi)=0$ または 1 である．$\omega_{\{\xi\}}>0$ となる点 ξ については，定理 6.4.2 において $v=\omega$, $\Gamma=\{\xi\}$ として，$c=\mu(\{\xi\})$ とおくと $c>0$ である．このとき (6.4.1) は $\omega_{\{\xi\}}=\mu N=cN$ となるから，このことと (6.5.26) と補助定理 6.5.3 によって

$$c\alpha(\xi)N=cN_{\{\xi\}}=(\omega_{\{\xi\}})_{\{\xi\}}=\omega_{\{\xi\}}=cN$$

が成り立つ．よってこの場合は $\alpha(\xi)=1$ である．□

注意　一般に FSH 函数 v と $\hat{S}$ の閉部分集合 Γ に対して，v_Γ は R' で調和で $\geqq 0$ だから，$v_\Gamma\equiv 0$ でなければ，R' 上で $v_\Gamma>0$ である．

補助定理 6.5.5 により次の記号と用語を定義することができる．

定義　$\hat{S}_0=\{\xi\in\hat{S}\,|\,\alpha(\xi)=0\}$, $\hat{S}_1=\{\xi\in\hat{S}\,|\,\alpha(\xi)=1\}$ とおく．$\hat{S}_1$ を（本書においては）Neumann 型理想境界 $\hat{S}$ の**本質的部分**と呼ぶ．(その理由は次の§で述べる定理 6.6.1 と定理 6.6.3 による.)

このとき (6.5.26) から直ちに次の定理が得られる．

定理 6.5.1　$\xi\in\hat{S}_0$ または $\xi\in\hat{S}_1$ に従って，すべての $y\in R'$ に対して

$$N_{\{\xi\}}(\xi,y)=0 \quad \text{または} \quad N_{\{\xi\}}(\xi,y)=N(\xi,y)$$

が成立する．——

ここで Martin 境界の場合（定理 3.4.2）と同様に $\hat{S}_0$ が F_σ 集合であることを証明するため，いくつかの補助定理を準備する．

補助定理 6.5.6　K を R' に含まれる正則コンパクト集合とし，v および v_n $(n=1,2,\cdots)$ は R' における FSH 函数であって，$\{v_n\}$ は ∂K の上で一様に v に収束しているとする．このとき，次の式が ∂K_0 の上の一様収束で成立する：

$$\lim_{n\to\infty}\frac{\partial(v_n)_K(y)}{\partial \boldsymbol{n}_{K_0}(y)}=\frac{\partial v_K(y)}{\partial \boldsymbol{n}_{K_0}(y)}. \tag{6.5.28}$$

証明　K_0 を内部に含む正則領域 D で，$\overline{D}\cap K=\phi$ かつ $\overline{D}$ がコンパクトであるものを一つとり，$D\setminus K_0$ における§5.2 の境界値問題 (5.2.1) の Green 函数を $G_{D\setminus K_0}(x,y)$ とする．このとき，正則写像の性質により，$y\in D\setminus(K_0)^\circ$ ならば $v_K(y)=-\int_{\partial D}v_K(x)\dfrac{\partial G_{D\setminus K_0}(x,y)}{\partial \boldsymbol{n}_D(x)}dS(x)$ となるから，Green 函数の性

質により ∂K_0 上の各点 y で $\dfrac{\partial v_K(y)}{\partial \boldsymbol{n}_{K_0}(y)}$ が存在して

$$\frac{\partial v_K(y)}{\partial \boldsymbol{n}_{K_0}(y)}=-\int_{\partial D} v_K(x)\frac{\partial^2 G_{D\setminus K_0}(x,y)}{\partial \boldsymbol{n}_D(x)\partial \boldsymbol{n}_{K_0}(y)}dS(x) \tag{6.5.29}$$

が成立し，また $(v_n)_K(y)$ についても同様な式が成立する．一方，仮定により $\{v_n\}$ が v に ∂K 上で一様収束するから，正則写像の性質により $(v_n)_K$ が v_K に ∂D 上で一様収束する．このことと (6.5.29) とから (6.5.28) が得られる．▯

補助定理 6.5.7 i) Ω を R' の中の正則開集合で $\bar{\Omega}\cap K_0=\phi$ なるものとし，$K_1, K_2\in\mathscr{K}(\Omega)$ かつ $K_1\subset K_2$ とすると，任意の $\xi\in\hat{S}$, $y\in\partial K_0$ に対して

$$\frac{\partial N_\Omega(\xi,y)}{\partial \boldsymbol{n}_{K_0}(y)}\geqq\frac{\partial N_{K_2}(\xi,y)}{\partial \boldsymbol{n}_{K_0}(y)}\geqq\frac{\partial N_{K_1}(\xi,y)}{\partial \boldsymbol{n}_{K_0}(y)}\geqq 0. \tag{6.5.30}$$

ii) Γ を $\hat{S}$ の閉部分集合とし，$\Delta_1, \Delta_2\in\mathcal{O}(\Gamma)$, $\Delta_1\supset\Delta_2$, $\Delta_1^a\cap K_0=\phi$ とすると，任意の $\xi\in\hat{S}$, $y\in\partial K_0$ に対して

$$\frac{\partial N_{\Delta_1\cap R}(\xi,y)}{\partial \boldsymbol{n}_{K_0}(y)}\geqq\frac{\partial N_{\Delta_2\cap R}(\xi,y)}{\partial \boldsymbol{n}_{K_0}(y)}\geqq\frac{\partial N_\Gamma(\xi,y)}{\partial \boldsymbol{n}_{K_0}(y)}\geqq 0. \tag{6.5.31}$$

証明 i) (6.5.30) の各法線微分の存在は補助定理 6.5.6 の証明と同様にして示される．また，$\xi\in\hat{S}$, $y\in(R'\setminus\bar{\Omega})\cup\partial K_0$ ならば

$$N_\Omega(\xi,y)\geqq N_{K_2}(\xi,y)\geqq N_{K_1}(\xi,y)\geqq 0$$

であって，特に $y\in\partial K_0$ ならば

$$N_\Omega(\xi,y)=N_{K_2}(\xi,y)=N_{K_1}(\xi,y)=0$$

となるから，任意の $\xi\in\hat{S}$, $y\in\partial K_0$ に対して (6.5.30) が成立する．

ii) も同様にして証明される．▯

補助定理 6.5.8 i) Ω を R' の中の正則開集合で $\bar{\Omega}\cap K_0=\phi$ なるものとし，(6.3.6) の仮定を満たす任意のコンパクト集合列 $\{K_n\}\subset\mathscr{K}(\Omega)$ をとる．このとき，任意の $\xi\in\hat{S}$, $y\in\partial K_0$ に対して

$$\lim_{n\to\infty}\frac{\partial N_{K_n}(\xi,y)}{\partial \boldsymbol{n}_{K_0}(y)}=\frac{\partial N_\Omega(\xi,y)}{\partial \boldsymbol{n}_{K_0}(y)}. \tag{6.5.32}$$

ii) Γ を $\hat{S}$ の閉部分集合とし，(6.3.13) の仮定を満たす任意の開集合の列 $\{\Delta_n\}\subset\mathcal{O}(\Gamma)$ をとる．このとき，任意の $\xi\in\hat{S}$, $y\in\partial K_0$ に対して

$$\lim_{n\to\infty}\frac{\partial N_{\Delta_n\cap R}(\xi,y)}{\partial \boldsymbol{n}_{K_0}(y)}=\frac{\partial N_\Gamma(\xi,y)}{\partial \boldsymbol{n}_{K_0}(y)}. \tag{6.5.33}$$

証明　i)　任意の$\xi\in\hat{S}$を固定して，yの函数$N(\xi,y)$に定理6.3.2および補助定理6.4.1を適用すると，コンパクト集合K_n $(n=1,2,\cdots)$，Ω^aの上にそれぞれ Borel 測度μ_n，μ（いずれもξに関係する）が存在して，任意の$y\in R'\cup\partial K_0$に対して

$$N_{K_n}(\xi,y)=\int_{K_n}N(x,y)d\mu_n(x),\quad N_\Omega(\xi,y)=\int_{\Omega^a}N(x,y)d\mu(x)$$

が成り立つ．だから，$\overline{\Omega}\cap K_0=\phi$なることにより

$$\text{(6.5.34)}\qquad \begin{cases} \dfrac{\partial N_{K_n}(\xi,y)}{\partial \boldsymbol{n}_{K_0}(y)}=\displaystyle\int_{K_n}\frac{\partial N(x,y)}{\partial \boldsymbol{n}_{K_0}(y)}d\mu_n(x), \\ \dfrac{\partial N_\Omega(\xi,y)}{\partial \boldsymbol{n}_{K_0}(y)}=\displaystyle\int_{\Omega^a}\frac{\partial N(x,y)}{\partial \boldsymbol{n}_{K_0}(y)}d\mu(x). \end{cases}$$

ここで，補助定理6.4.1の証明からわかるように，測度の列$\{\mu_n\}$はコンパクト集合Ω^aの上で一様有界であって，その適当な部分列がμに漠収束する．よって初めから$\{\mu_n\}$が漠収束するような部分列$\{K_n\}\subset\mathcal{K}(\Omega)$がとってあるとする．また$\dfrac{\partial N(x,y)}{\partial \boldsymbol{n}_{K_0}(y)}$はコンパクト集合$\Omega^a\times\partial K_0$の上で連続，従って有界である．だから(6.5.32)により，上のような部分列$\{K_n\}$（ξに関係する）に対しては各点$y\in\partial K_0$で(6.5.32)が成立する．ところが，補助定理6.5.7により$\dfrac{\partial N_{K_n}(\xi,y)}{\partial \boldsymbol{n}_{K_0}(y)}$は各点$\xi\in\hat{S}$，$y\in\partial K_0$に対して$n$に関し単調増加である．だから初めのコンパクト集合列$\{K_n\}$に対して(部分列をとらなくても)，すべての点$\xi\in S$，$y\in\partial K_0$において(6.5.32)が成立する．

ii)も全く同様にして証明される．□

さてここで，$\hat{R}$の中の開集合$\varDelta$で$\Omega=\varDelta\cap R'$がR'の中の正則開集合となるものに対して，$\hat{S}$の上の函数$\alpha_\varDelta(\xi)$を

$$\text{(6.5.35)}\qquad \alpha_\varDelta(\xi)=\int_{\partial K_0}\frac{\partial N_\Omega(\xi,y)}{\partial N_{K_0}(y)}dS(y)\quad(\Omega=\varDelta\cap R')$$

と定義し，また$\hat{S}$の閉部分集合Γに対して，上の式の$N_\Omega(\xi,y)$を$N_\Gamma(\xi,y)$で置き換えて函数$\alpha_\Gamma(\xi)$を定義すると，(6.5.31)と(6.5.33)によって$\lim_{n\to\infty}\alpha_{\varDelta_n}(\xi)=\alpha_\Gamma(\xi)$となる．特に$\Gamma=\{\xi\}$(一点の集合)としたときの$\alpha_{\{\xi\}}(\xi)$は(6.5.27)で定義された$\alpha(\xi)$にほかならないから，上の結果により次の補助定理が成り立つ．

補助定理 6.5.9　任意の一点 $\xi\in\hat{S}$ を固定し，$\{\varDelta_n\}$ を $\mathscr{O}(\{\xi\})$ に含まれて n に関して単調減少かつ $\lim_{n\to\infty}\varDelta_n{}^a=\{\xi\}$ を満たす任意の開集合列とすると

(6.5.36)
$$\lim_{n\to\infty}\alpha_{\varDelta_n}(\xi)=\alpha(\xi).\ \text{——}$$

以上のことを使って次の定理を証明する.

定理 6.5.2　$\hat{S}_0$ は $\hat{S}$ における F_σ 集合である.

証明　任意の $\xi\in\hat{S}$ と $\delta>0$ に対して

$$\hat{U}(\xi,\delta)=\{\,x\in\hat{R}\mid\rho(x,\xi)<\delta\,\}$$

とおき，また $\alpha_\varDelta(\xi)$ を (6.5.35) で定義する．$m=1,2,\cdots$ に対して

(6.5.37)
$$\varGamma_m=\left\{\xi\in\hat{S}\;\middle|\;\begin{array}{l}\varDelta^a\subset\hat{U}(\xi,1/m)\text{ なる任意の }\varDelta\\ \in\mathscr{O}(\{\xi\})\text{ に対して }\alpha_\varDelta(\xi)\leqq 1/2\end{array}\right\}$$

とおき，次の i), ii) を証明する：

$$\text{i)}\quad\hat{S}_0=\bigcup_{m=1}^{\infty}\varGamma_m,\qquad\text{ii)}\quad\text{各 }\varGamma_m\text{ は }\hat{S}\text{ の中の閉集合である.}$$

i) の証明．$\xi\in\hat{S}_0$ とすると $\alpha(\xi)=0$ だから，補助定理 6.5.9 のような任意の $\{\varDelta_n\}$ に対して $\lim_{n\to\infty}\alpha_{\varDelta_n}(\xi)=0$ となる．従って，m が十分大なるとき，$\varDelta^a\subset\hat{U}(\xi,1/m)$ なる任意の $\varDelta\in\mathscr{O}(\{\xi\})$ に対して $\alpha_\varDelta(\xi)\leqq 1/2$ となり $\xi\in\varGamma_m$ を得る．逆に ξ がある $\varGamma_m$ に属するならば，$\varGamma_m$ の定義により補助定理 6.5.9 の仮定を満たす $\{\varDelta_n\}$ に対して $\alpha(\xi)=\lim_{n\to\infty}\alpha_{\varDelta_n}(\xi)\leqq 1/2$ となるから，補助定理 6.5.5 によって $\alpha(\xi)=0$，すなわち $\xi\in\hat{S}_0$ となる．これで $\hat{S}_0=\bigcup_{m=1}^{\infty}\varGamma_m$ が示された.

ii) の証明．点列 $\{\xi_\nu\}\subset\varGamma_m$ が点 $\xi_0\in\hat{S}$ に収束しているとする．$\varDelta^a\subset\hat{U}(\xi_0,1/m)$ なる任意の $\varDelta\in\mathscr{O}(\{\xi_0\})$ をとって，これを一応固定し，この $\varDelta$ に対して適当な ν_0 をとれば，$\nu\geqq\nu_0$ なるかぎり $\varDelta\in\mathscr{O}(\{\xi_\nu\})$ かつ $\varDelta^a\subset\hat{U}(\xi_\nu,\ 1/m)$ となるから

(6.5.38)
$$\alpha_\varDelta(\xi_\nu)\leqq 1/2$$

が成り立つ．$\varOmega=\varDelta\cap R$ とおき，この $\varOmega$ に補助定理 6.5.7 の i) と補助定理 6.5.8 の i) を適用すると，任意の $\varepsilon>0$ に対して適当な $K\in\mathscr{K}(\varOmega)$ をとれば，任意の $\xi\in\hat{S}$ に対して

(6.5.39)
$$\int_{\partial K_0}\frac{\partial N_\varOmega(\xi,y)}{\partial\boldsymbol{n}_{K_0}(y)}dS(y)\geqq\int_{\partial K_0}\frac{\partial N_K(\xi,y)}{\partial\boldsymbol{n}_{K_0}(y)}dS(y)$$

$$\geqq \int_{\partial K_0} \frac{\partial N_\Omega(\xi, y)}{\partial \boldsymbol{n}_{K_0}(y)} dS(y) - \varepsilon = \alpha_\varDelta(\xi) - \varepsilon$$

が成り立つ．更に，$v_\nu(y) = N(\xi_\nu, y)$ $(y \in R' \cup \partial K_0,\ \nu = 0, 1, 2, \cdots)$ とおくと，$N(\xi, y)$ がコンパクト集合 $\hat{S} \times \partial K$ の上で一様連続なことにより，$\{v_\nu\}$ は ∂K 上で一様に v_0 に収束する．だから補助定理 6.5.6 により次の式が $y \in \partial K_0$ に関する一様収束で成り立つ：

(6.5.40)
$$\lim_{\nu \to \infty} \frac{\partial N_K(\xi_\nu, y)}{\partial \boldsymbol{n}_{K_0}(y)} = \frac{\partial N_K(\xi_0, y)}{\partial \boldsymbol{n}_{K_0}(y)}.$$

さて $\nu \geqq \nu_0$ ならば (6.5.38) および (6.5.39) の第1の不等式により

$$\frac{1}{2} \geqq \alpha_\varDelta(\xi_\nu) = \int_{\partial K_0} \frac{\partial N_\Omega(\xi_\nu, y)}{\partial \boldsymbol{n}_{K_0}(y)} dS(y) \geqq \int_{\partial K_0} \frac{\partial N_K(\xi_\nu, y)}{\partial \boldsymbol{n}_{K_0}(y)} dS(y)$$

となる．ここで $\nu \to \infty$ として，積分論における Fatou の補題を用いると，(6.5.40) および (6.5.39) の第2の不等式により

$$\frac{1}{2} \geqq \int_{\partial K_0} \lim_{\nu \to \infty} \frac{\partial N_K(\xi_\nu, y)}{\partial \boldsymbol{n}_{K_0}(y)} dS(y) = \int_{\partial K_0} \frac{\partial N_K(\xi_0, y)}{\partial \boldsymbol{n}_{K_0}(y)} dS(y)$$
$$\geqq \alpha_\varDelta(\xi_0) - \varepsilon$$

を得る．ここで ε は任意の正数だから $\alpha_\varDelta(\xi_0) \leqq 1/2$ となり，$\varDelta$ のとり方により，これは $\xi_0 \in \varGamma_m$ なることを意味する．以上により $\varGamma_m$ は閉集合である．

こうして $\hat{S}_0$ が F_σ 集合であることが証明された．▯

§6.6 極小 FH_0 函数，標準表現とその一意性

FH_0 函数の標準表現とその一意性を述べるため，まず極小 FH_0 函数の概念を導入する．この概念は§3.4における極小正値調和函数と同じ考えである．

定義1 R' 上の FH_0 函数 u が

(6.6.1) ［R' 上の FH_0 函数 v で，$u-v$ もまた FH_0 函数であるようなものは，u の正の定数倍に限る

という条件を満たすとき，u を**極小 FH_0 函数**（または単に**極小函数**）と呼ぶ．

すなわち，FH_0 函数が'極小'であるとは，u と線型独立な FH_0 函数 v で，$u-v$ も FH_0 函数となるようなものは存在しない，ということである．

上の条件 (6.6.1) は次の (6.6.2) と同等である：

(6.6.2) ［u が二つの互いに線型独立な FH_0 函数 u_1, u_2 の凸結合ならば，u は u_1, u_2 のいずれかに一致する．

この性質により，極小 FH_0 函数のことを**端点的 FH_0 函数**（または単に**端点的函数**）と呼ぶこともある．

上の (6.6.1) と (6.6.2) が同値なことの証明は，§3.4の極小正値調和函数の場合（112ページ）と全く同様である．ただし，例えば112ページで $u \geqq v$ と記されたところは，この§では'$u-v$ が FH_0 函数'と読み替えるものとする．あるいは，むしろ函数の半順序関係 $\succ$ を'$u \succ v$ とは $u-v$ が FH_0 函数なること'と定義しておいて，112ページの記述における不等号$\geqq$をすべて半順序関係 $\succ$ で置き替えて読めば，事柄の本質がよくわかり，見通しもよいであろう．なお，前にことわってあるように，'調和'は第3章では A-調和，この章では A^*-調和の意味に使っている；念のために注意しておく．

'極小函数'，'端点的函数'なる用語は，ことわりなければ§3.4に述べた意味に使われることが多く，この§の意味に使うのは，前後関係から誤解の恐れ

がない場合に限るのが普通のようである．本書においては，§3.4に述べた極小正値調和函数を第3章・第4章で単に‘極小函数’と呼んだが，この§の意味の極小函数のことは，混乱を避けるため，今後必ず‘極小 FH_0 函数’と呼ぶことにしておく．

次に FH_0 函数の標準表現を定義する．前§の定理6.5.2により $\hat{S}_0$ は $\hat{S}$ の中の Borel 集合であるから，$\hat{S}_1=\hat{S}\setminus\hat{S}_0$ も Borel 集合である．よって S の上の Borel 測度が $\hat{S}_0$, $\hat{S}_1$ の上で考えられるから，次の定義を述べることができる．

定義 2　$\hat{S}$ の上の有界 Borel 測度 μ が $\mu(\hat{S}_0)=0$ を満たすとき μ を**標準測度**と呼ぶ．R' 上の FH_0 函数 u が標準測度 μ を用いて $u(y)=\int_{\hat{S}_1}N(\xi,y)d\mu(\xi)$ と表わされるとき，この積分表現を**標準表現**という．

以下において，まず標準表現の存在 (定理 6.6.1) を示し，それを用いて極小 FH_0 函数の特徴づけおよび理想境界上の集合 $\hat{S}_1$ と極小 FH_0 函数の集合との関係(定理6.6.2)を示し，更にその結果を利用して標準表現の一意性(定理6.6.3)を証明する．まず次の補助定理から始める．

補助定理 6.6.1　v を R' 上の FSH 函数とし，Γ を $\hat{S}$ の閉部分集合であって，$\hat{S}_0$ に含まれるものとすると，R' において $v_\Gamma\equiv 0$ である．

証明　[第1段]　Γ を $\hat{S}$ の閉部分集合とし，$\{B_m\}$ を $\hat{S}$ の閉部分集合の単調増加列で $\lim_{m\to\infty}B_m=\Gamma$ なるものとする．このとき $v_{B_m}\equiv 0$ $(m=1,2,\cdots)$ ならば $v_\Gamma\equiv 0$ となることを示す．

任意の $y\in R'$ と任意の $\varepsilon>0$ をとる．各 m に対して，y を含まない集合 $\Delta_m\in\mathcal{O}(B_m)$ を適当にとり，$v_{\Delta_m\cap R}(y)<\varepsilon/2^m$ なるようにできる．Γ はコンパクトで $\Gamma=\bigcup_{m=1}^{\infty}B_m\subset\bigcup_{m=1}^{\infty}\Delta_m$ だから，$\Gamma\subset\bigcup_{m=1}^{p}\Delta_m$ なる p があり，従って $\Delta^a\subset\bigcup_{m=1}^{p}\Delta_m$ なる $\Delta\in\mathcal{O}(\Gamma)$ が存在する．$\Omega=\Delta\cap R$, $\Omega_m=\Delta_m\cap R$ とおくと $\overline{\Omega}\subset\bigcup_{m=1}^{p}\Omega_m$ だから，R' 上で $v_\Omega\leqq\sum_{m=1}^{p}v_{\Omega_m}$ が成立する．($p=2$ の場合が補助定理 6.3.5 の証明中に示してあるから，任意の p に対して成立する．) 特に点 y においては

$$0\leqq v_\Gamma(y)\leqq v_\Omega(y)\leqq\sum_{m=1}^{p}v_{\Omega_m}(y)<\sum_{m=1}^{p}\frac{\varepsilon}{2^m}<\varepsilon$$

となり，以上で y と ε は互いに無関係に任意にとれるから $v_\Gamma\equiv 0$ である．

［第2段］ $\hat{S}$ の閉部分集合であって $\hat{S}_0$ に含まれる任意の Γ に対して $(v_\Gamma)_\Gamma=v_\Gamma$ が成り立つならば，そのような Γ に対して $v_\Gamma\equiv 0$ であることを示す．

Γ_m を前§定理 6.5.2 の証明中に (6.5.37) で定義した集合とする．まず，Γ が一つの Γ_m に含まれて $\rho\text{-diam}(\Gamma)<1/2m$ の場合を考える．$\delta>0$ に対して $\hat{U}(\Gamma,\delta)=\bigcup_{\xi\in\Gamma}\hat{U}(\xi,\delta)$ と定義し，$\Delta^a\subset\hat{U}(\Gamma,1/2m)$ となる $\Delta\in\mathcal{O}(\Gamma)$ をとると，$\xi\in\Gamma$ ならば $\Delta^a\subset\hat{U}(\xi,1/m)$ となる．だから Γ_m の定義により，Γ の上で $\alpha_\Delta(\xi)\leqq 1/2$．一方，定理 6.4.2 により，台が Γ に含まれる Borel 測度 μ が存在して $v_\Gamma=\mu N$ となるから，この第2段の仮定と定理 6.4.3 および $\Delta\in\mathcal{O}(\Gamma)$ なることにより

$$v_\Gamma=(v_\Gamma)_\Gamma=(\mu N)_\Gamma=\mu N_\Gamma\leqq\mu N_{\Delta\cap R}.$$

この式と $v_\Gamma|_{\partial K_0}=(\mu N_{\Delta\cap R})|_{\partial K_0}=0$ とから $\dfrac{\partial v_\Gamma}{\partial \boldsymbol{n}_{K_0}}\leqq\dfrac{\partial}{\partial \boldsymbol{n}_{K_0}}(\mu N_{\Delta\cap R})$ を得るから，定理 6.4.2 の (6.4.2) および $\alpha_\Delta(\xi)$ の定義 (6.5.35) により

$$\begin{aligned}\mu(\Gamma)&=\int_{\partial K_0}\frac{\partial v_\Gamma}{\partial \boldsymbol{n}_{K_0}}dS\leqq\int_{\partial K_0}\frac{\partial}{\partial \boldsymbol{n}_{K_0}}(\mu N_{\Delta\cap R})dS\\&=\int_\Gamma d\mu(\xi)\int_{\partial K_0}\frac{\partial N_{\Delta\cap R}(\xi,y)}{\partial \boldsymbol{n}_{K_0}(y)}dS(y)=\int_\Gamma\alpha_\Delta(\xi)d\mu(\xi)\leqq\frac{1}{2}\mu(\Gamma)\end{aligned}$$

(最後の不等式は，上に示した $\alpha_\Delta(\xi)\leqq 1/2$ による)．だから $\mu(\Gamma)=0$ であり，従って $v_\Gamma\equiv 0$ となる．各 Γ_m は距離 ρ に関してコンパクト，従って全有界であるから，$\rho\text{-diam}\,(\Gamma_{mk})<1/2m$ なる閉集合 Γ_{mk} の有限和 $\Gamma_m=\bigcup_k\Gamma_{mk}$ として表わされる．このとき，上の結果により各 k に対して $v_{\Gamma_{mk}}\equiv 0$ であるから，補助定理 6.3.5 によって $v_{\Gamma_m}\equiv 0$ となる．さて，$\hat{S}$ の閉部分集合で $\hat{S}_0$ に含まれる任意の Γ に対して，$B_m=\Gamma\cap\Gamma_m$ とおくと，$\{\Gamma_m\}$ は単調増加列で $\bigcup_{m=1}^{\infty}\Gamma_m=\hat{S}_0$ だから，$\{B_m\}$ も単調増加列で $\lim_{n\to\infty}B_m=\Gamma$ となる．一方，上の結果と (6.3.2) により $0\leqq v_{B_m}\leqq v_{\Gamma_m}\equiv 0$，すなわち $v_{B_m}\equiv 0$ である．だから第1段の結果により $v_\Gamma\equiv 0$ となる．

［第3段］ 補助定理 6.6.1 の証明．まず補助定理 6.5.3 により，函数 ω は $\hat{S}$ の任意の閉部分集合 Γ に対して R' 上で $(\omega_\Gamma)_\Gamma=\omega_\Gamma$ を満たすから，特に $\Gamma\subset\hat{S}_0$ ならば第2段により $\omega_\Gamma\equiv 0$ である．だから，そのような Γ に対しては，R' の

上の任意の FSH 函数 v に対して補助定理 6.5.4 により $(v_\Gamma)_\Gamma = v_\Gamma$ となり，従ってこの v に第2段を適用することができて，R' で $v_\Gamma \equiv 0$ となる．▯

ここで，標準表現の存在を示すための一つの準備をする．

v を FSH 函数，Γ を $\hat{S}$ の閉部分集合とすると，定理6.4.2により台が Γ に含まれる Borel 測度 μ が存在して，R' で $v_\Gamma = \mu N$ が成立する．ここで，定理6.4.2の証明のように，(6.3.13) における開集合列 $\{\varDelta_n\} \subset \mathcal{O}(\Gamma)$ をとり $\Omega_n = \varDelta_n \cap R$ とすると，各 n に対して補助定理6.4.1により台が Ω_n^a に含まれる Borel 測度 μ_n が存在して，R' において $v_{\Omega_n} = \mu_n N$ が成立する．このとき定理6.4.2の証明からわかるように $\varDelta_1^a$ の上の測度の列 $\{\mu_n\}$ は一様有界であり，$\{\varDelta_n\}$ を適当な部分列で置き換えることにより，測度の列 $\{\mu_n\}$ が測度 μ に漠収束するとしてよい．そのようにとった各 n に対して，(6.3.6) のようなコンパクト集合列 $\{K_{nm}\}_{m=1,2,\cdots} \subset \mathcal{K}(\Omega_n)$ をとると，定理 6.3.2 により台が K_{nm} に含まれる Borel 測度 μ_{nm} が存在して，R' において $v_{K_{nm}} = \mu_{nm} N$ が成立する．このとき，補助定理 6.4.1 の証明からわかるように，Ω_n^a の上の測度の列 $\{\mu_{nm}\}_{m=1,2,\cdots}$ は一様有界であり，適当な部分列で置き換えることにより，測度 μ_n に漠収束するとしてよい．

次に，$\varDelta$ を $\hat{R}$ の中の開集合とし，測度 μ_{nm} を $\varDelta$ に制限したものを ν_{nm} とする．各 n に対して，$\{\nu_{nm}\}_{m=1,2,\cdots}$ はコンパクト集合 $\varDelta^a$ の上の一様有界な測度の列であるから，再び適当な部分列で置き換えることにより，$\varDelta^a$ の上のある測度 ν_n に漠収束する．このとき $\nu_n(\varDelta^a) \leqq \mu_n(\varDelta^a \cap \Omega_n)$ であるから $\{\nu_n\}$ はコンパクト集合 $\varDelta^a$ の上の一様有界な測度の列である．よって，その部分列で置き換えることにより，$\{\nu_n\}$ は $\varDelta^a$ の上のある測度 ν に漠収束するとしてよい．以下においては，開集合列 $\{\varDelta_n\}$ は測度の列 $\{\mu_n\}$，$\{\nu_n\}$ が漠収束するように選ばれており，更にその各 n に対して，コンパクト集合列 $\{K_{nm}\}_m$ は測度の列 $\{\mu_{nm}\}_m$，$\{\nu_{nm}\}_m$ が漠収束するように選ばれているものとする．

このとき次の補助定理が成り立つ．

補助定理 6.6.2 FSH 函数 v，開集合 $\varDelta\ (\subset\hat{R})$ および測度 ν を上に述べた通りとする．$\varDelta_0$ が $\hat{R}$ の中の開集合で $\varDelta^a$ を含み，$\Omega=\varDelta_0\cap R'$ が正則開集合なるものとすると，

$$(6.6.3)\qquad R'\setminus\overline{\Omega}\ \text{において}\quad \nu N\leqq v_{\Omega}$$

が成立する．

証明 コンパクト集合の列 $\{K_l\}\subset\mathscr{K}(\Omega)$ で $K_l\subset(K_{l+1})^{\circ}$，$\lim_{l\to\infty} K_l=\Omega$ なるものをとる．$\nu_{nm}N$ は FSH 函数（定理 6.3.1）であるから，(6.3.6) により $\lim_{l\to\infty}(\nu_{nm}N)_{K_l}=(\nu_{nm}N)_{\Omega}$ となる．一方，測度 ν_{nm} の台はコンパクト集合 $K_{nm}\cap\varDelta^a$ に含まれ，$K_{nm}\cap\varDelta^a\subset R'\cup\varDelta^a\subset R'\cup\varDelta_0=\Omega=\bigcup_{l=1}^{\infty}K_l^{\circ}$ となるから，$l_0\equiv l_0(n,m)$ を十分大きくとれば，すべての $l\geqq l_0$ に対して測度 ν_{nm} の台が K_l の内部に含まれる．だから定理 6.2.5 と上に述べた事実によって，$R'\setminus K_{nm}$ において

$$\nu_{nm}N=\lim_{l\to\infty}(\nu_{nm}N)_{K_l}=(\nu_{nm}N)_{\Omega}\leqq(\mu_{nm}N)_{\Omega}=(v_{K_{nm}})_{\Omega}\leqq v_{\Omega}$$

が成立する．ここで $m\to\infty$ としてから $n\to\infty$ とすれば，$\varDelta^a$ の上の測度の列 $\{\nu_{nm}\}$，$\{\nu_n\}$ の漠収束により (6.6.3) を得る．□

補助定理 6.6.3 開集合 $\varDelta(\subset\hat{R})$ および測度 μ,ν を前に述べた通りとすると，$\varDelta$ の内部においては $\mu\equiv\nu$（Borel 測度として同じ）である．

証明 $\varDelta$ の上の連続函数で台が $\varDelta$ の内部に含まれるものの全体 $C_0(\varDelta)$ を考える．測度 ν_{nm} は測度 μ_{nm} の $\varDelta$ への制限であるから，任意の $f\in C_0(\varDelta)$ に対して $\int_{\varDelta}fd\mu_{nm}=\int_{\varDelta}f\,d\nu_{nm}$ が成立する．ここで $m\to\infty$ としてから $n\to\infty$ とすると，測度の列 $\{\mu_{nm}\}$，$\{\nu_{nm}\}$，$\{\mu_n\}$，$\{\nu_n\}$ の漠収束（前述）により $\int_{\varDelta}f\,d\mu=\int_{\varDelta}f\,d\nu$ が得られるから，$\varDelta$ の内部では $\mu\equiv\nu$ である．□

以上のことを用いて**標準表現の存在**を証明する．

定理 6.6.1 v が FSH 函数，Γ が $\hat{S}$ の閉部分集合ならば，$\Gamma\cap\hat{S}_1$ の上の Borel 測度 μ が存在して，$v_{\Gamma}(y)=\int_{\Gamma\cap\hat{S}_1}N(\xi,y)d\mu(\xi)$ が成立する．特に FH_0 函数 u は，$\hat{S}_1$ の上の Borel 測度 μ により $u(y)=\int_{\hat{S}_1}N(\xi,\ y)\,d\mu(\xi)$ と表わされる（標準表現）．

証明 まず定理 6.4.2 により，台が Γ に含まれる Borel 測度 μ が存在して，R' で $v_\Gamma=\mu N$ が成立するから，定理の前半を示すのには $\mu(\hat{S}_0)=0$ を示せばよい．一方，定理 6.5.2 により，$\hat{S}$ の閉部分集合の列 $\{\Gamma_p\}_{p=1,2,\cdots}$ が存在して $\hat{S}_0=\bigcup_{p=1}^{\infty}\Gamma_p$ となるから，各 p に対して $\mu(\Gamma_p)=0$ を示せば十分である．よって，今後一つの Γ_p を固定する．補助定理 6.6.1 により $v_{\Gamma_p}\equiv 0$ だから，一点 $y_0\in R'\cup\partial K_0$ を固定すると，任意の $\varepsilon>0$ に対して適当な $\varDelta_0\in\mathcal{O}(\Gamma_p)$ をとれば，$\Omega=\varDelta_0\cap R'$ に対して $v_\Omega(y_0)<\varepsilon$ となる．このとき $\bar{\Omega}\ni y_0$ としてよい．$\hat{R}$ の中の開集合 $\varDelta$ で $\Gamma_p\subset\varDelta\subset\varDelta^a\subset\varDelta_0$ なるものをとり，前に述べたようにして測度 μ から測度の列 $\{\mu_n\}$，$\{\mu_{nm}\}$，$\{\nu_{nm}\}$，$\{\nu_n\}$ および測度 ν を順次定めると，補助定理 6.6.2 により $(\nu N)(y_0)\leqq v_\Omega(y_0)$ となる．だから，$\Gamma_p\subset\varDelta$ なることと補助定理 6.6.3 により

$$\int_{\Gamma_p}N(\xi,y_0)\,d\mu(\xi)=\int_{\Gamma_p}N(\xi,y_0)d\nu(\xi)\leqq(\nu N)(y_0)\leqq v_\Omega(y_0)<\varepsilon$$

が得られる．ここで ε は任意の正数だから，左端辺は ε に無関係なことにより，それは 0 である．以上において y_0 は $R'\cup\partial K_0$ の任意の点だから，$R'\cup\partial K_0$ において $\int_{\Gamma_p}N(\xi,y)d\mu(\xi)\equiv 0$ となる．だから定理 6.2.2 の系 2 によって

$$\mu(\Gamma_p)=\int_{\Gamma_p}d\mu(\xi)\int_{\partial K_0}\frac{\partial N(\xi,y)}{\partial \boldsymbol{n}_{K_0}(y)}dS(y)=\int_{\partial K_0}\left\{\int_{\Gamma_p}\frac{\partial N(\xi,y)}{\partial \boldsymbol{n}_{K_0}(y)}d\mu(\xi)\right\}dS(y)$$

$$=\int_{\partial K_0}\left\{\frac{\partial}{\partial \boldsymbol{n}_{K_0}(y)}\int_{\Gamma_p}N(\xi,y)d\mu(\xi)\right\}dS(y)=0$$

となり，これで定理の前半が証明された．後半の FH_0 函数 u に対しては，前半において $\Gamma=\hat{S}$ の場合を考えて定理 6.3.4 を用いればよい．□

上の定理から，補助定理 6.5.3 および 6.5.4 の結論が，すべての FSH 函数 v に対して ($v\in\mathcal{D}$ あるいは $\omega_\Gamma\equiv 0$ のような付帯条件なしに) 成立することが導かれる．それを少し一般化した次の系を示す．

系 v を FSH 函数，Γ を $\hat{S}$ の閉部分集合とする．このとき，i) Γ_1 が $\hat{S}$ の閉部分集合で $\Gamma\subset\Gamma_1$ ならば $(v_\Gamma)_{\Gamma_1}=v_\Gamma$ が成り立つ；ii) $\varDelta\in\mathcal{O}(\Gamma)$ であって $\Omega=\varDelta\cap R$ ならば $(v_\Gamma)_\Omega=v_\Gamma$ が成り立つ．

証明　i)　上の仮定により $\Gamma\cap\hat{S}_1$ の上の測度 μ が存在して $v_\Gamma=\mu N$ となる．また，$\xi\in\Gamma\cap\hat{S}_1$ ならば定理 6.5.1 により，すべての $y\in R'$ に対して

$$N(\xi, y)=N_{\{\xi\}}(\xi, y)\leqq N_{\Gamma_1}(\xi, y)\leqq N(\xi, y)$$

となるから，$N_{\Gamma_1}(\xi, y)=N(\xi, y)$ が成り立つ．以上のことと定理 6.4.3 から

$$(v_\Gamma)_{\Gamma_1}=(\mu N)_{\Gamma_1}=\mu N_{\Gamma_1}=\mu N=v_\Gamma.$$

ii)の証明も全く同様である．すなわち，上の i) の証明中の Γ_1 を Ω と書き，定理 6.4.3 のかわりに補助定理 6.4.2 を使えばよい．▯

次に，極小 FH_0 函数の特徴づけおよび集合 $\hat{S}_1$ との関係を示すための補助定理を準備する．

補助定理 6.6.4　極小 FH_0 函数 u が，$\hat{S}$ の中の Borel 集合 B の上の測度 μ によって $u=\mu N$ と表わされるならば，μ は一点 $\xi_0\in B$ における点質量で，

$$(6.6.4)\qquad u(y)=cN(\xi_0, y),\quad c=\int_{\partial K_0}\frac{\partial u(y)}{\partial \boldsymbol{n}_{K_0}(y)}dS(y)$$

が成立する．

証明　仮定により $\mu(B)>0$ であるから，B に含まれる閉集合 Γ_1 で，$\mu(\Gamma_1)>0$ かつ ρ-diam$(\Gamma_1)<1$ なるものが存在する．次に Γ_1 に含まれる閉集合 Γ_2 で，$\mu(\Gamma_2)>0$ かつ ρ-diam$(\Gamma_2)<1/2$ なるものが存在する．以下同様にして B に含まれる閉集合の単調減少列 $\{\Gamma_n\}$ で，各 n に対して $\mu(\Gamma_n)>0$ であって ρ-diam$(\Gamma_n)<1/n$ なるものが得られる．$\hat{R}$ がコンパクト空間だから各 Γ_n はコンパクトであり，従って $\bigcap_{n=1}^{\infty}\Gamma_n$ は一点 $\xi_0\in B$ から成る集合 $\{\xi_0\}$ である．一方

$$u(y)=\int_{\Gamma_n}N(\xi, y)d\mu(\xi)+\int_{B\setminus\Gamma_n}N(\xi, y)d\mu(\xi)$$

であって，この右辺の各項は FH_0 函数だから，u が極小 FH_0 函数なることにより，$u(y)=c_n\int_{\Gamma_n}N(\xi, y)d\mu(\xi)$ となる定数 $c_n\geqq 1$ がある．従って，台が Γ_n に含まれる測度 μ_n が存在して $u=\mu_n N$ が成立し，このとき定理 6.2.1 の系 2 により，$\mu_n(\Gamma_n)=\int_{\partial K_0}\frac{\partial u}{\partial \boldsymbol{n}_{K_0}}dS$ (n に無関係) となる．だから $\{\mu_n\}$ の適当な部分列が点 ξ_0 における点質量に漠収束し，従って (6.6.4) が成立する．初めの測度 μ がこの点 ξ_0 における点質量であることを示そう．もしそうでないとすると，

$B\setminus\{\xi_0\}$ に含まれる閉集合 Γ で $\mu(\Gamma)>0$ なるものがある．この Γ を初めの B と同様に扱って，上の議論を繰り返すと，一点 $\xi_1\in\Gamma$ が存在して $u(y)=cN(\xi_1,y)$ となり，この c は(6.6.4)の c と同じである．だから R' 上で $N(\xi_0,y)\equiv N(\xi_1,y)$ となり，従って定理 6.2.4 により $\xi_0=\xi_1$ となって矛盾である．だから μ は ξ_0 における点質量であり，その質量の値は (6.6.4) の c に等しい．▯

次の定理は，極小 FH_0 函数を特徴づけ，集合 $\hat{S}_1$ と極小 FH_0 函数の全体との関係を示す．

定理 6.6.2　i)　R' 上の任意の極小 FH_0 函数 u に対して，点 $\xi_0\in\hat{S}_1$ が一意的に定まって，u は次の式で与えられる：

$$(6.6.5)\qquad u(y)=cN(\xi_0,y),\quad ここで\ c=\int_{\partial K_0}\frac{\partial u(y)}{\partial \boldsymbol{n}_{K_0}(y)}dS(y).$$

ii)　$y\in R'$ の函数 $N(\xi,y)$ は $\xi\in\hat{S}_1$ のとき，そのときに限り極小 FH_0 函数である．

証明　i)　定理 6.6.1 により $\hat{S}_1$ の上の Borel 測度 μ が存在して $u=\mu N$ となるから，補助定理 6.6.4 ($B=\hat{S}_1$ とする) により，一点 $\xi_0\in\hat{S}_1$ が存在して (6.6.4) が，すなわち (6.6.5) が成立する．このとき c は u によって一意的に定まるから，定理 6.2.4 により ξ_0 も一意的に定まる．

ii)　$\xi\in\hat{S}_1$ と仮定し，y の函数 $N(\xi,y)$ が

$$N(\xi,\cdot)=u+v,\quad u\ とv\ がともに\ \mathrm{FH}_0\ 函数$$

と表わされたとする．このとき (6.3.15) と定理 6.5.1 により

$$u_{\{\xi\}}+v_{\{\xi\}}=N_{\{\xi\}}(\xi,\cdot)=N(\xi,\cdot)=u+v$$

となるが，一方 $u_{\{\xi\}}\leqq u$, $v_{\{\xi\}}\leqq v$ だから，実は $u_{\{\xi\}}=u$, $v_{\{\xi\}}=v$ でなければならない．定理 6.6.1 により $v_{\{\xi\}}$ は一点 ξ に台をもつ測度 μ を用いて $v_{\{\xi\}}=\mu N$ と表現されるから，このことは $v_{\{\xi\}}=cN(\xi,\cdot)$ なる定数 $c\geqq 0$ が存在することを意味する．だから $N(\xi,y)$ は y の極小 FH_0 函数である．

逆に $N(\xi,y)$ が y の極小 FH_0 函数ならば，上に証明した i) により

$$N(\xi,y)=cN(\xi_0,y)\quad (y\in R'),\quad c=\int_{\partial K_0}\frac{\partial N(\xi,y)}{\partial \boldsymbol{n}_{K_0}(y)}dS(y)$$

となる $\xi_0 \in \hat{S}_1$ が一意的に定まる．ここで定理 6.2.2 の系2により $c=1$ である．従ってすべての $y \in R'$ に対して $N(\xi, y)=N(\xi_0, y)$ が成立するから，定理 6.2.4 により $\xi=\xi_0 \in \hat{S}_1$ となる．□

次に標準表現の一意性を示すための準備をする．

任意の $\xi \in \hat{S}$ を固定するとき，y の函数 $N(\xi, y)$ はFH函数であるから，任意の正則コンパクト集合 $K \subset R'$ に対して $N_K(\xi, \cdot)$ は，定理 6.3.2 により台が K に含まれる適当な測度 μ のポテンシャル μN に等しい．よってこの測度 μ を $\mu_{\xi,K}$ と書くことにすると，任意の $y \in R'$ に対して次の式が成り立つ：

(6.6.6)
$$N_K(\xi, y)=\int_K N(x, y)\, d\mu_{\xi,K}(x).$$

$N_K(\xi, y) \leqq N(\xi, y)$ であって，$y \in \partial K_0$ ならばこの不等式の両辺はともに0である．このことと (6.6.6) および定理 6.2.2 の系2により

(6.6.7)
$$\mu_{\xi,K}(K)=\int_{\partial K_0} \frac{\partial N_K(\xi, y)}{\partial \boldsymbol{n}_{K_0}(y)} dS(y) \leqq \int_{\partial K_0} \frac{\partial N(\xi, y)}{\partial \boldsymbol{n}_{K_0}(y)} dS(y)=1$$

が成り立つ．

Rの中のコンパクトな閉包 $\overline{D}_n$ をもつ正則領域の列 $\{D_n\}$ で

$$K_0 \subset D_1 \subset \overline{D}_1 \subset D_2 \subset \cdots \subset D_n \subset \overline{D}_n \subset D_{n+1} \subset \cdots, \quad \lim_{n\to\infty} D_n=R$$

を満たすものを一つ固定し，(6.6.6) で $K=\partial D_n$ とした場合の測度 $\mu_{\xi,\partial D_n}$ を $\mu_{\xi,n}$ と書くことにする．このとき，$\mu_{\xi,n}$ は台が ∂D_n に含まれる測度であって，任意の $\xi \in \hat{S}_1$，$y \in R'$ に対して

(6.6.8)
$$N_{\partial D_n}(\xi, y)=\int_{\partial D_n} N(x, y) d\mu_{\xi,n}(x), \quad \mu(\partial D_n) \leqq 1.$$

ここで定めた記号 $\mu_{\xi,K}$，$\mu_{\xi,n}$ は§6.1で定めた正則写像を与える測度 μ_K^y と似ているので，混同しないように注意せられたい．

このとき次の二つの補助定理が成立する．

補助定理 6.6.5　任意の正則コンパクト集合 $K \subset R'$ と，$\hat{R}$ 上の任意の連続函数 f に対して，$\int_K f(x) d\mu_{\xi,K}(x)$ は $\xi \in \hat{S}$ の連続函数である．

証明　まず $f\in C_0^3(R')$ とする．このとき定理 5.5.1 の系 1 の ii) により

$$f(x)=-\int_{R'}N(x,y)\cdot Af(y)dy$$

が成立するから，Fubini の定理と (6.6.6) によって

$$\tag{6.6.9}\begin{aligned}\int_K f(x)d\mu_{\xi,K}(x)&=-\int_{R'}\left\{\int_K N(x,y)d\mu_{\xi,K}(x)\right\}(Af)(y)dy\\&=-\int_{R'}N_K(\xi,y)\cdot Af(y)dy.\end{aligned}$$

ところが，正則写像の性質 (定理 6.1.2) により任意の $\xi_1,\ \xi_2\in\hat{S}$ に対して

$$\sup_{y\in R'}\left|\frac{N_K(\xi_1,y)-N_K(\xi_2,y)}{\omega(y)}\right|\leqq\max_{y\in\partial K}\left|\frac{N(\xi_1,y)-N(\xi_2,y)}{\omega(y)}\right|.$$

これを (6.6.9) の右端辺に適用すると，$N(\xi,y)$ が $\hat{S}_1\times\partial K$ の上で一様連続なこと (定理 6.2.2 の系 1) により $\int_K f(x)d\mu_{\xi,K}(x)$ は $\xi\in\hat{S}$ について連続である．次に $\hat{R}$ 上の任意の連続函数 f に対して，R' の任意のコンパクト部分集合上で f に一様収束する函数列 $\{f_n\}\subset C_0^3(R')$ が存在する．(f の $\hat{R}\setminus K$ 上の値は結論に影響しないから，$\{f_n\}$ が $\hat{R}\setminus R'$ で f に収束しないことは全く差し支えない．) だから (6.6.7) により，$n\to\infty$ のとき $\xi\in\hat{S}$ に関して一様に

$$\left|\int_K f_n(x)d\mu_{\xi,K}(x)-\int_K f(x)d\mu_{\xi,K}(x)\right|\leqq\max_{x\in\partial K}\left|f_n(x)-f(x)\right|\to 0$$

となる．前に示したように $\int_K f_n(x)d\mu_{\xi,K}(x)$ は ξ の連続函数であるから，上に述べた一様収束により $\int_K f(x)d\mu_{\xi,K}(x)$ も ξ の連続函数である．▯

補助定理 6.6.6　$\xi\in\hat{S}_1$ ならば，前に述べた測度 $\mu_{\xi,n}$ は $n\to\infty$ のとき，コンパクト空間 $\hat{R}$ の上の測度として点 ξ における単位質量に漠収束する．

証明　$\{\mu_{\xi,n}\}_n$ を $\hat{R}$ の上の測度の列と考えると (6.6.8) により $\mu_{\xi,n}(\hat{R})\leqq 1$ であるから，適当な部分列 $\{\mu_{\xi,n_k}\}$ が $\hat{R}$ の上のある測度 μ_0 (ξ に関係する) に漠収束するが，$n_k>n$ ならば μ_{ξ,n_k} の台は $\hat{R}\setminus D_n$ に含まれるから，μ_0 の台は $\hat{S}$ に含まれる．任意の $y\in R'$ に対して，$y\in D_n'$ なる n をとれば (6.6.8) により

$$N(\xi,y)=N_{\partial D_n}(\xi,y)=\int_{\partial D_n}N(x,y)d\mu_{\xi,n}(x).$$

ここで $n=n_k$ として $k\to\infty$ とすると，$\mu_{\xi,n_k}\to\mu_0$ (漠収束) だから

$$N(\xi, y)=\int_{\hat{S}} N(\eta, y)d\mu_0(\eta).$$

$\xi\in\hat{S}_1$ なる仮定により $N(\xi, y)$ は極小 FH$_0$ 函数（定理 6.6.2）だから，補助定理 6.6.4 によって上の式の測度 μ_0 はある一点 $\xi_0\in\hat{S}$ における点質量であり，その質量の値 c は，$c=\int_{\partial K_0}\frac{\partial N(\xi, y)}{\partial \boldsymbol{n}_{K_0}(y)}dS(y)=1$ である．従って任意の $y\in R'$ に対して $N(\xi, y)=N(\xi_0, y)$ となるから，定理 6.2.4 によって $\xi_0=\xi$ である．だから μ_0 は点 ξ における単位質量である；それを μ_ξ と書く．初めの $\{\mu_{\xi,n}\}_n$ の任意の部分列が，上と同じ議論により，同じ μ_ξ に漠収束する部分列を含むから，初めの列 $\{\mu_{\xi,n}\}_n$ が μ_ξ に漠収束する．□

以上のことを用いて標準表現の一意性を証明する．

定理 6.6.3 FH$_0$ 函数の標準表現は一意的である．任意の FH$_0$ 函数 u と，$\hat{S}$ の任意の閉部分集合 Γ に対して，u_Γ を表現する標準測度の台は Γ に含まれる．

証明 ［第1段］ FH$_0$ 函数 u を表現する一つの標準測度 μ をとる；すなわち $u=\mu N$ が標準表現であるとする．このとき

$$\mu(\hat{S}_1)=\int_{\partial K_0}\frac{\partial u(y)}{\partial \boldsymbol{n}_{K_0}(y)}dS(y)<\infty \tag{6.6.10}$$

である．$\mu_{\xi,n}$ を (6.6.8) に現われる ∂D_n の上の測度とし，任意の $f\in C(\hat{R})$ に対して，汎函数 $L_{\mu,n}$ を

$$L_{\mu,n}(f)=\int_{\hat{S}_1}\left\{\int_{\partial D_n}f(x)d\mu_{\xi,n}(x)\right\}d\mu(\xi) \tag{6.6.11}$$

により定義する；上の $\{\cdots\}$ の中は補助定理 6.6.5 により $\xi\in\hat{S}$ の連続函数であるから，上の右辺の積分は意味をもち，(6.6.8) に述べた $\mu_{\xi,n}(\partial D_n)\leqq 1$ と (6.6.10) により，$L_{\mu,n}$ は $C(\hat{R})$ の上の正値有界線型汎函数である．だから $\hat{R}$ の上の Borel 測度 μ_n が存在して，任意の $f\in C(\hat{R})$ に対して

$$L_{\mu,n}(f)=\int_{\hat{R}}f(x)d\mu_n(x) \tag{6.6.12}$$

が成り立つが，∂D_n の上で $f(x)\equiv 0$ ならば (6.6.11) により $L_{\mu,n}(f)=0$ となるから，測度 μ_n の台はコンパクト集合 ∂D_n に含まれる．このとき R' の上で

$$u_{\partial D_n}(y)=\int_{\hat{R}}N(x, y)d\mu_n(x) \tag{6.6.13}$$

が成り立つことを示そう．任意の $y\in R'$ を固定するとき，核函数 $N(x,y)$ の性質により，x の函数 $f_k(x)=\min\{N(x,\ y),\ k\}$（ただし $x\in K_0$ のときは $N(x,y)=0$ と定義しておく）は $C(\hat{R})$ に属し，k に関して単調増加であって $N(x,y)$ に近づく．ところが f_k に対しては (6.6.12) と (6.6.11) により

$$\int_{\hat{R}} f_k(x)d\mu_n(x)=\int_{\hat{S}_1}\left\{\int_{\partial D_n} f_k(x)d\mu_{\xi,n}(x)\right\}d\mu(\xi)$$

が成り立つから，$k\to\infty$ とすると積分の単調収束定理により

$$\int_{\hat{R}} N(x,y)d\mu_n(x)=\int_{\hat{S}_1}\left\{\int_{\partial D_n} N(x,y)d\mu_{\xi,n}(x)\right\}d\mu(\xi).$$

この右辺に (6.6.8) と補助定理 6.4.2 の証明中に示した等式 $(\mu N)_K=\mu N_K$ を順次適用すると，任意の $y\in R'$ に対して

$$\int_{\hat{R}} N(x,y)\,d\mu_n(x)=\int_{\hat{S}} N_{\partial D_n}(\xi,y)\,d\mu(\xi)=(\mu N)_{\partial D_n}(y)=u_{\partial D_n}(y)$$

が得られ，(6.6.13) が成立する．

［第2段］ (6.6.11) で定義される $L_{\mu,n}(f)$ に対して

(6.6.14) $$\lim_{n\to\infty} L_{\mu,n}(f)=\int_{\hat{S}_1} f(\xi)d\mu(\xi)\quad (f\in C(\hat{R}))$$

が成立する．なぜならば $\mu_{\xi,n}(\partial D_n)\leqq 1$ なることと補助定理 6.6.6 により

$$\left|\int_{\partial D_n} f(x)d\mu_{\xi,n}(x)\right|\leqq\max_{x\in\hat{R}}\left|f(x)\right|,\quad \lim_{n\to\infty}\int_{\partial D_n} f(x)d\mu_{\xi,n}(x)=f(\xi)$$

が成り立つから，(6.6.11) において $n\to\infty$ とすると，積分の有界収束定理によって (6.6.14) が得られる．

［第3段］ 定理の証明．FH_0 函数 u に対して標準測度 μ および ν が存在して $u=\mu N=\nu N$ となったとする．測度 μ,ν から第1段で述べたように汎函数 $L_{\mu,n}, L_{\nu,n}$ および測度 μ_n,ν_n $(n=1,2,\cdots)$ を定義すると，第1段で証明した (6.6.13) により

$$u_{\partial D_n}(y)=\int_{\hat{R}} N(x,y)d\mu_n(x),\quad u_{\partial D_n}(y)=\int_{\hat{R}} N(x,y)d\nu_n(x)$$

が成り立つ．ここで測度 μ_n, ν_n の台は ∂D_n に含まれるから，上の式はいずれも R' 上の優調和函数 $u_{\partial D_n}$ の Riesz 分解を与える式と考えられ，Riesz 分解の

一意性により $\mu_n \equiv \nu_n$ である．従って (6.6.12) によりすべての $f \in C(\hat{R})$ に対して $L_{\mu,n}(f)=L_{\nu,n}(f)$ となる．コンパクト距離空間 $\hat{R}$ の閉部分集合である $\hat{S}$ の上の任意の連続函数 h は，$\hat{R}$ の上の連続函数 f_h に拡張されて，すべての n に対して $L_{\mu,n}(f_h)=L_{\nu,n}(f_h)$ が成り立つから，$n \to \infty$ とすると (6.6.14) によって

$$\int_{S_1} h(\xi)d\mu(\xi)=\int_{S_1} h(\xi)d\nu(\xi).$$

だから $\mu \equiv \nu$ となり，u に対する標準測度の一意性，すなわち u の標準表現の一意性が示された．

このことと定理 6.6.1 により，定理 6.6.3 の後半は明らかである．▯

最後に FSH_0 函数の一意的な積分表現の定理を述べる．

定理 6.6.4 任意の FSH_0 函数 v に対して，R' における Borel 測度 μ_0 と，$\hat{S}_1$ の上の Borel 測度（すなわち標準測度）μ_1 が一意的に定まって，任意の $y \in R'$ に対して

$$v(y)=\int_{R'} N(x,y)d\mu_0(x)+\int_{S_1} N(\xi,y)\,d\mu_1(\xi) \tag{6.6.15}$$

が成立する．

証明 FSH_0 函数 v に対して，定理 6.3.3 により R' 上の Borel 測度 μ_0 と FH 函数 u が存在して $v=\mu_0 N+u$ となるが，ここで $\mu_0 N$ は定理 6.4.1 により FSH_0 函数だから，u は FH_0 函数である．この式は優調和函数 v の Riesz 分解を与えているから，定理 6.1.8 により μ_0 と u は v によって一意的に定まる．だから FH_0 函数 u の標準表現の存在と一意性により，$u=\mu_1 N$ となる標準測度 μ_1 が一意的に定まる．以上により，FSH_0 函数 v に対して R' における Borel 測度 μ_0 と $\hat{S}_1$ の上の標準測度 μ_1 が一意的に定まって (6.6.15) が成立する．▯

第7章　滑らかな境界の Neumann 型理想境界への埋め込み

§7.1　埋め込みの定理

第4章において，R が多様体 $\boldsymbol{M}$ の部分領域であって，その境界の一部（境界全体でもよい）が適当に滑らかならば，その部分が R の Martin 境界の中へ同相に埋め込まれることを示した．この章では，そのような滑らかな R の境界の部分が，偏微分作用素 $A^*v=\mathrm{div}(\nabla v-\boldsymbol{b}v)$ に関する R の Neumann 型理想境界の中へ同相に埋め込まれることを示す．よって，この章でも第4章と同様に，集合 $E\subset\boldsymbol{M}$ の閉包 $\bar{E}$，境界 ∂E 等の用語や記号は，$\boldsymbol{M}$ における位相で考えるものとする．

この章は全く前の章の‘続き’であるから，前の章で約束した記号・条件等をそのまま用いる．例えば，一点 $x_0\in R$ とそれを含む正則コンパクト集合 K_0 が固定されていることや，条件 (A) など，§6.1に述べた通りである．（条件 (A) については§5.1を参照．）

この章の結果を下記の二つの定理として述べ，証明は次の二つの§で与える．

定理 7.1.1　R が向きづけられた m 次元 C^∞ 級多様体 $\boldsymbol{M}$ の部分領域で，その境界 ∂R の一部分 S が $m-1$ 次元 C^3 級単純超曲面から成るとし，偏微分作用素 A^* の係数 $a^{ij}(x)$, $b^i(x)$ は $R\cup S$ で C^2 級であり，$\boldsymbol{b}(x)=\|b^i(x)\|$ が条件 (A) を満たすとする．このとき，∂R における相対位相で考えた S の内部を $\mathring{S}$ と書くと，$\mathring{S}$ は R の A^* に関する Neumann 型理想境界の本質的部分 $\hat{S}_1$ の中へ同相に埋め込まれる；正確に述べると，$\mathring{S}$ の各点 z に対して $\hat{S}_1$ の点 ξ_z が一対一に対応し，

$$(7.1.1)\qquad \begin{cases} x\in R \text{ のとき} & \Phi(x)=x \\ z\in\mathring{S} \text{ のとき} & \Phi(z)=\xi_z \end{cases}$$

で定義される写像Φは，多様体$\boldsymbol{M}$の部分空間としての$R\cup\mathring{S}$と，Rのコンパクト化$\hat{R}$(それはコンパクト距離空間である；§6.2参照)の部分空間としての$R\cup\Phi(\mathring{S})$との同相写像を与える．($\Phi(\mathring{S})=\{\xi_z \mid z\in\mathring{S}\}$.) ——

この定理の仮定のもとでは，領域Rの境界点としての点$z\in\mathring{S}$における単位外法線$\boldsymbol{n}_R\equiv\boldsymbol{n}_R(z)$および$\boldsymbol{b}(z)$の法線成分$\beta_R(z)\equiv(\boldsymbol{b}(z)\cdot\boldsymbol{n}_R(z))$を考えることができる．このことを用いて次の定理が述べられる．

定理 7.1.2 前定理の仮定のもとで，核函数$N(x,y)$は

(7.1.2) $$[(R\cup\mathring{S})\times(R\cup\mathring{S})]\setminus\{(z,z)\mid z\in R\cup\mathring{S}\}$$

の上の連続函数に拡張され，次の i)，ii)，iii) が成り立つ：

i) 任意の$z\in\mathring{S}$に対して，$N(z,y)$は$y\in R'$の極小FH_0函数である；

ii) 任意の$y\in R\cup\mathring{S}$と任意の$z\in\mathring{S}\setminus\{y\}$に対して

$$\frac{\partial N(z,y)}{\partial\boldsymbol{n}_R(z)}=0;$$

iii) 任意の$x\in R\cup\mathring{S}$と任意の$z\in\mathring{S}\setminus\{x\}$に対して

$$\frac{\partial N(x,z)}{\partial\boldsymbol{n}_R(z)}-N(x,z)\beta_R(z)=0.$$

注意1 上の定理で，xとyの少なくとも一方がK_0に属し$x\neq y$ならば，$N(x,y)=0$としている．

注意2 核函数$N(x,y)$は定理6.2.2によって

$$[\hat{R}\times(R'\cup\partial K_0)]\setminus\{(z,z)\mid z\in R'\cup\partial K_0\}$$

の上の連続函数に拡張されている；注意1により上の$R'\cup\partial K_0$をRと書くことができる．だから，定理7.1.1の意味で点$z\in\mathring{S}$と点$\xi_z\in\hat{S}_1$とを同一視すれば，定理7.1.2を述べる前に$N(x,y)$は

$$[(R\cup\mathring{S})\times R]\setminus\{(z,z)\mid z\in R\}$$

を含む集合にまで連続的に拡張されているが，定理7.1.2では$N(x,y)$を一応$(R\times R)\setminus\{(z,z)\mid z\in R\}$の上で定義されているものとして，それを(7.1.2)に拡張すると考える．定理7.1.2が証明されれば，この$N(z,y)$ $(y\in R,\ z\in\mathring{S})$と定理6.2.2の$N(\xi,y)$ $(y\in R,\ \xi\in\Phi(\mathring{S})\subset\hat{S})$との間に，(7.1.1)による対応と連続性により$N(z,y)=N(\xi_z,y)$なる関係があることは当然である．

§7.2 核函数 $N(x,y)$ の滑らかな境界上への拡張

この§では核函数 $N(x,y)$ を $\mathring{S}$ 上の点まで連続的に拡張する．そのために，まず境界値問題に関するいくつかの準備をする．

$\boldsymbol{M}$ の中の正則領域 Ω で，K_0 を含み，その閉包 $\overline{\Omega}$ がコンパクトなものを考える．このような任意の Ω に対して，$\Omega'=\Omega\setminus K_0$ における境界値問題

(7.2.1) $$Au=-f,\quad u\Big|_{\partial K_0}=\varphi_0,\quad \frac{\partial u}{\partial \boldsymbol{n}_\Omega}\Big|_{\partial\Omega}=\varphi_1$$

の核函数を，§5.5における と同様に $N^\Omega(x,y)$ と書く，この函数はまた，Ω' における (7.2.1) と共役な境界値問題

(7.2.1*) $$A^*v=-f,\quad v\Big|_{\partial K_0}=\varphi_0,\quad \left(\frac{\partial v}{\partial \boldsymbol{n}_\Omega}-\beta_\Omega v\right)\Big|_{\partial\Omega}=\varphi_1$$

の核函数でもある．(第1章，定理1.3.2) また，Ω' における境界値問題

(7.2.2) $$Au=-f,\quad u|_{\partial K_0}=\varphi_0,\quad u|_{\partial\Omega}=\varphi_1$$

の Green 函数を $G^\Omega(x,y)$ とすると，これは (7.2.2) と共役な境界値問題

(7.2.2*) $$A^*v=-f,\quad v|_{\partial K_0}=\varphi_0,\quad v|_{\partial\Omega}=\varphi_1$$

の Green 函数である．

前の二つの章で用いた条件 (A) を考え，その中の (5.1.8) を満たす領域の列 $\{D_n\}_{n=0,1,2,\cdots}$ で $D_0\supset K_0$ なるものを一つとって，今後これを固定しておく．このとき定理5.1.1により，集合

(7.2.3) $$[(R'\cup\partial K_0)\times(R'\cup\partial K_0)]\setminus\{(z,z)\mid z\in R'\cup\partial K_0\}$$

$(R'=R\setminus K_0)$ における広義一様収束で

(7.2.4) $$\lim_{n\to\infty}N^{D_n}(x,y)=N(x,y)$$

が成立する．

x,y の少なくとも一方が K_0 に属し $x\neq y$ ならば $N(x,y)=0$ と定義することにより，函数 $N(x,y)$ は集合

(7.2.5) $$[R\times R]\setminus\{(z,z)\mid z\in R\}$$

の上で連続なものとして扱うことができる．

$\boldsymbol{M}$ の中の正則領域 Ω でコンパクトな閉包 $\overline{\Omega}$ をもち，

(7.2.6)
$$\overline{D}_0\subset\Omega\subset R,\quad \partial\Omega\cap S\subset\mathring{S}$$

なるものをとる．今後しばらく，このような Ω を一つ固定して準備を進める．$\partial\Omega'$ の上の函数 $\alpha(x)$ を次のように定義する：

(7.2.7)
$$\alpha(x)=\begin{cases}1 & x\in(\partial\Omega\setminus S)\cup\partial K_0\\ 0 & x\in\partial\Omega\cap S.\end{cases}$$

ここでまず，境界値問題

(7.2.8)
$$\begin{cases}\Omega' \text{ において} & Au=-f,\\ \partial\Omega' \text{ において} & \alpha u+(1-\alpha)\dfrac{\partial u}{\partial \boldsymbol{n}_{\Omega'}}=\varphi\end{cases}$$

および

(7.2.8*)
$$\begin{cases}\Omega' \text{ において} & A^*v=-f,\\ \partial\Omega' \text{ において} & \alpha v+(1-\alpha)\left(\dfrac{\partial v}{\partial \boldsymbol{n}_{\Omega'}}-\beta_{\Omega'}v\right)=\varphi\end{cases}$$

の Green 函数 $\tilde{G}(x,y)$ を構成する．$\alpha(x)$ は $\partial\Omega'$ の上で連続ではないから，このような Green 函数の存在は第1章には述べられていないが，我々は以下に述べるようにして $\tilde{G}(x,y)$ を構成することができる．

$\alpha_n(z)$ を $\partial\Omega'$ の上で $0\leqq\alpha_n(z)\leqq 1$ なる値をとる C^2 級の函数であって

(7.2.9)
$$\begin{cases}(\partial\Omega\cap\overline{D}_n)\cup\partial K_0 \text{ の上では} & \alpha_n(z)=1\\ \partial\Omega\setminus D_{n+1} \text{ の上では} & \alpha_n(z)=0\end{cases}$$

となるものとし，境界値問題

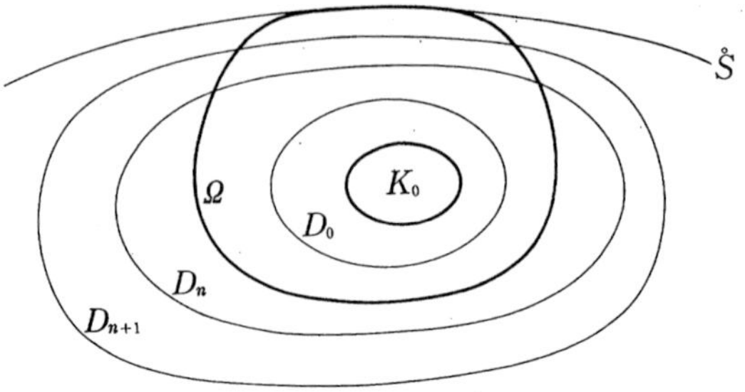

(7.2.10) $$\begin{cases} \Omega' \text{ において} \quad Au=-f \\ \partial\Omega' \text{ において} \quad \alpha_n u+(1-\alpha_n)\dfrac{\partial u}{\partial \boldsymbol{n}_{\Omega'}}=\varphi \end{cases}$$

の Green 函数を $G_n(x,y)$ とすると，これは (7.2.10) と共役な境界値問題

(7.2.10*) $$\begin{cases} \Omega' \text{ において} \quad A^*v=-f \\ \partial\Omega' \text{ において} \quad \alpha_n v+(1-\alpha_n)\left(\dfrac{\partial v}{\partial \boldsymbol{n}_{\Omega'}}-\beta_{\Omega'}v\right)=\varphi \end{cases}$$

の Green 函数でもある. (第1章，定理 1.3.2) このとき，函数列

$$\{\alpha_n(z)\ ;\ n=1,2,\cdots\}$$

は $\partial\Omega'$ の上で n に関して単調増加であるから，第1章の定理 1.3.5 により

(7.2.11) $\{G_n(x,y)\ ;\ n=1,2,\cdots\}$ は $\overline{\Omega'}\times\overline{\Omega'}$ の上(ただし $x\neq y$) で n に関して単調増加である；

従って

(7.2.12) 極限函数 $\tilde{G}(x,y)=\lim\limits_{n\to\infty}G_n(x,y)$ が存在する；

(7.2.13) x と y の少なくとも一方が $(\partial\Omega\setminus S)\cup\partial K_0$ に属し，かつ $x\neq y$ ならば，$\tilde{G}(x,y)=0$ となる.

この $\tilde{G}(x,y)$ が所要の Green 函数になるのであるが，それを示すため，まず $x,y\in\overline{\Omega'}$ かつ $x\neq y$ ならば

(7.2.14) $$G_n(x,y)=G^{\Omega}(x,y)-\int_{\partial\Omega\setminus D_n}G_n(x,z)\frac{\partial G^{\Omega}(z,y)}{\partial \boldsymbol{n}_{\Omega}(z)}dS(z)$$

および

(7.2.15) $$\begin{aligned} G_n(x,y)=&N^{\Omega}(x,y) \\ &+\int_{\partial\Omega\cap D_{n+1}}\left\{\frac{\partial G_n(x,z)}{\partial \boldsymbol{n}_{\Omega}(z)}-G_n(x,z)\beta_{\Omega}(z)\right\}N^{\Omega}(z,y)dS(z) \end{aligned}$$

が成り立つことを示そう.

$\overline{\Omega'}$ で Hölder 連続な任意の函数 f をとり，函数

(7.2.16) $$v(y)=\int_{\Omega'}f(x)G_n(x,y)dx$$

を (7.2.2*) の形の境界値問題の解と考える；ただし $(\partial\Omega\cap D_n)\cup\partial K_0$ においては $v=0$ である. だから v は $G^{\Omega}(x,y)$ を用いて

$$v(y)=\int_{\Omega'}f(x)G^{\Omega}(x,y)\,dx-\int_{\partial\Omega\setminus D_n}v(z)\frac{\partial G^{\Omega}(z,y)}{\partial \boldsymbol{n}_{\Omega}(z)}dS(z)$$

と表わされる．この両辺の v に (7.2.16) の右辺を代入した式を書けば，f の任意性により，すべての $x, y\in\overline{\Omega'}$ $(x\neq y)$ に対して (7.2.14) が成り立つことがわかる．(7.2.15) も同様な方法で証明される．

さて (7.2.14) において $n\to\infty$ とすると，(7.2.12) により任意の $x, y\in\overline{\Omega'}\setminus S$ $(x\neq y)$ に対して

$$\text{(7.2.17)}\qquad \tilde{G}(x,y)=G^{\Omega}(x,y)-\int_{\partial\Omega\cap S}\tilde{G}(x,z)\frac{\partial G^{\Omega}(z,y)}{\partial \boldsymbol{n}_{\Omega}(z)}dS(z)$$

が成立し，従ってまた，任意の $x\in\Omega'$，$y\in\partial\Omega\setminus S$ に対して

$$\text{(7.2.18)}\qquad \lim_{n\to\infty}\frac{\partial G_n(x,y)}{\partial \boldsymbol{n}_{\Omega}(y)}=\frac{\partial \tilde{G}(x,y)}{\partial \boldsymbol{n}_{\Omega}(y)}\quad \left(\begin{array}{l}n\text{ に関して単調}\\ \text{増加で収束する}\end{array}\right).$$

そこで，(7.2.15)において $n\to\infty$ とすると (7.2.12)，(7.2.13) および (7.2.18) により，任意の $x, y\in\Omega'\cup\partial K_0\cup(\overline{\Omega}\cap S)$ $(x\neq y)$ に対して

$$\text{(7.2.19)}\qquad \tilde{G}(x,y)=N^{\Omega}(x,y)+\int_{\partial\Omega\setminus S}\frac{\partial \tilde{G}(x,z)}{\partial \boldsymbol{n}_{\Omega}(z)}N^{\Omega}(z,y)dS(z)$$

を得る．$G^{\Omega}(x,y)$ と $N^{\Omega}(x,y)$ の連続性および (7.2.17)，(7.2.19) により $\tilde{G}(x,y)$ は任意の $(x,y)\in[\overline{\Omega}'\times\overline{\Omega}']\setminus\{(z,z)\,|\,z\in\overline{\Omega}'\}$ で連続なことがわかるから，従ってまた (7.2.17)，(7.2.19) がすべての $x, y\in\overline{\Omega'}$ $(x\neq y)$ で成立することがわかる．

以上の推論で，x と y の役目を入れ替えることにより，すべての $x, y\in\overline{\Omega}'$ $(x\neq y)$ に対して

$$\text{(7.2.20)}\qquad \tilde{G}(x,y)=G^{\Omega}(x,y)-\int_{\partial\Omega\cap S}\frac{\partial G^{\Omega}(x,z)}{\partial \boldsymbol{n}_{\Omega}(z)}\tilde{G}(z,y)dS(z),$$

$$\text{(7.2.21)}\qquad \tilde{G}(x,y)=N^{\Omega}(x,y)+\int_{\partial\Omega\setminus S}N^{\Omega}(x,z)\frac{\partial \tilde{G}(z,y)}{\partial \boldsymbol{n}_{\Omega}(z)}dS(z)$$

が示される．

$G^{\Omega}(x,y)$，$N^{\Omega}(x,y)$ の性質と (7.2.17)，(7.2.19)，(7.2.20) および (7.2.21) によって，$\tilde{G}(x,y)$ が境界値問題 (7.2.8) および (7.2.8*) の Green 函数にな

ることが験証される．特に次の性質を記しておく：任意の $x,y\in\Omega'\cup\partial K_0$ と $z\in\partial\Omega\setminus\overline{(\partial\Omega\setminus S)}$ に対して

$$\frac{\partial\tilde{G}(z,y)}{\partial\boldsymbol{n}_\Omega(y)}=0,\quad \frac{\partial\tilde{G}(x,z)}{\partial\boldsymbol{n}_\Omega(z)}-\tilde{G}(x,z)\beta_\Omega(z)=0. \tag{7.2.22}$$

ここで核函数 $N^{D_n}(x,y)$ $(n=1,2,\cdots)$ について次のことを示そう．

補助定理 7.2.1 i) $x,y\in\Omega\cap D_n'$, $x\neq y$ ならば

$$\begin{aligned}N^{D_n}(x,y)&=\tilde{G}(x,y)\\&-\int_{\partial(\Omega\cap D_n)}\left\{\frac{\partial\tilde{G}(x,z)}{\partial\boldsymbol{n}_{\Omega\cap D_n}(z)}-\tilde{G}(x,z)\beta_{\Omega\cap D_n}(z)\right\}N^{D_n}(z,y)dS(z).\end{aligned} \tag{7.2.23}$$

ii) $x\in\bar{D}_n\setminus\bar{\Omega}$, $y\in D_n\cap\Omega'$ ならば

$$N^{D_n}(x,y)=\int_{\partial(\Omega\cap D_n)}N^{D_n}(x,z)\left\{-\frac{\partial\tilde{G}(z,y)}{\partial\boldsymbol{n}_{\Omega\cap D_n}(z)}\right\}dS(z). \tag{7.2.24}$$

iii) 領域 Ω のみに関係する正の定数 C_Ω と番号 n_Ω が存在して，すべての $n>n_\Omega$ に対して

$$\sup_{x\in\bar{D}_n\setminus\Omega}\int_{\partial(\Omega\cap D_n)}N^{D_n}(x,z)dS(z)\leqq C_\Omega. \tag{7.2.25}$$

証明 i) 任意の函数 $f\in C_0^1(D_n')$, $h\in C_0^1(\Omega')$ をとり

$$u(z)=\int_{D_n'}N^{D_n}(z,y)f(y)dy,\quad v(z)=\int_{\Omega'}h(x)\tilde{G}(x,z)dx \tag{7.2.26}$$

なる函数 u, v を定義すると，

$$\begin{cases}D_n' \text{ において}\quad Au=-f,\ u\Big|_{\partial K_0}=0,\ \dfrac{\partial u}{\partial\boldsymbol{n}_{D_n}}\Big|_{\partial D_n}=0;\\ \Omega' \text{ において}\quad A^*v=-h,\ v|_{\partial K_0}=0,\ v|_{\partial\Omega\cap R}=0.\end{cases} \tag{7.2.27}$$

領域 $\Omega\cap D_n'$ における Green の公式により

$$\int_{\Omega\cap D_n'}(v\cdot Au-A^*v\cdot u)\,dz=\int_{\partial(\Omega\cap D_n')}\left\{v\frac{\partial u}{\partial\boldsymbol{n}}-\left(\frac{\partial v}{\partial\boldsymbol{n}}-\beta v\right)u\right\}dS.$$

右辺の境界積分において，(7.2.27) により $v\dfrac{\partial u}{\partial\boldsymbol{n}}$ の項は消失し，また ∂K_0 の上の積分は全く消失するから，積分範囲は $\partial(\Omega\cap D_n)$ と書いてよい．よって

$$\int_{\Omega\cap D_n'}(-vf+hu)dz=-\int_{\partial(\Omega\cap D_n)}\left(\frac{\partial v}{\partial\boldsymbol{n}}-\beta v\right)u\,dS.$$

この式の u, v に (7.2.26) の定義式を代入し，函数 f, h の任意性を考えれば，(7.2.23) が $x, y \in \Omega \cap D'_n$, $x \neq y$ に対して成り立つことがわかる．

ii) 任意に固定した点 $x \in \overline{D}_n \setminus \overline{\Omega}$ と任意の函数 $f \in C^1_0(\Omega')$ をとり，函数

$$u(z) = \int_{\Omega'} \tilde{G}(z, y) f(y) dy, \quad v(z) = N^{D_n}(x, z)$$

に対して，領域 $\Omega \cap D'_n$ における Green の公式を適用すれば，この領域では $A^* v = 0$ なることにより，i) の証明と同様にして ii) の結論を得る．

iii) まず $u_0(x) \equiv 1$ なる函数は，D'_n における境界値問題：

$$Au = 0, \quad u\Big|_{\partial K_0} = 1, \quad \frac{\partial u}{\partial \boldsymbol{n}_{D_n}}\Big|_{\partial D_n} = 0$$

の解であるから，核函数 $N^{D_n}(x, z)$ を用いて

$$1 = \int_{\partial K_0} \frac{\partial N^{D_n}(x, z)}{\partial \boldsymbol{n}_{K_0}(z)} dS(z) \tag{7.2.28}$$

と表わされる；すなわち，任意の $x \in D'_n$ に対して上の等式が成立する．次に，領域 Ω' における境界値問題 (7.2.2) の Green 函数 $G^{\Omega}(z, y)$ を用いて函数 $w(z) = \int_{\partial K_0} \frac{\partial G^{\Omega}(z, y)}{\partial \boldsymbol{n}_{K_0}(y)} dS(y)$ を定義すると，この函数は Ω' において $Aw = 0$, $w|_{\partial\Omega} = 0$, $w|_{\partial K_0} = 1$ を満たす．従って調和函数の性質（第1章，定理 1.4.2）により $-\frac{\partial w}{\partial \boldsymbol{n}_{\Omega}}$ は $\partial\Omega$ の上で，いたるところ正の値をとる連続函数であるから，正の最小値をとる．n が増大するとき $\partial D_n \cap \Omega$ は $\partial\Omega \cap S$ に一様に近づいていくから，$\partial D_n \cap \Omega$ の上での $-\frac{\partial w}{\partial \boldsymbol{n}_{D_n}}$ の最小値も，ある正の値に近づく．だから適当な n_{Ω} と C_{Ω} をとれば，すべての $n > n_{\Omega}$ に対して

$$0 < \left[\min_{z \in \partial(\Omega \cap D_n)} \left\{ -\frac{\partial w(z)}{\partial \boldsymbol{n}_{\Omega \cap D_n}(z)} \right\} \right]^{-1} \leqq C_{\Omega} \tag{7.2.29}$$

となる．さて，任意の $n > n_{\Omega}$ をとってから，任意の点 $x \in \overline{D}_n \setminus \overline{\Omega}$ を定め，函数 $v(z) = N^{D_n}(x, z)$ と上に定義した函数 $w(z)$ に対して領域 $\Omega \cap D'_n$ における Green の公式を適用すると，v と w が満たす方程式と境界条件によって

$$\int_{\partial(\Omega \cap D_n)} v \frac{\partial w}{\partial \boldsymbol{n}} dS + \int_{\partial K_0} \frac{\partial v}{\partial \boldsymbol{n}} dS = 0$$

が得られる；すなわち

$$\int_{\partial(\Omega\cap D_n)} N^{D_n}(x,z)\frac{\partial w(z)}{\partial \boldsymbol{n}_{\Omega\cap D_n}(z)}dS(z)+\int_{\partial K_0}\frac{\partial N^{D_n}(x,z)}{\partial \boldsymbol{n}_{K_0}(z)}dS(z)=0.$$

だから(7.2.28)，(7.2.29) によって

$$1=\int_{\partial(\Omega\cap D_n)} N^{D_n}(x,z)\left\{-\frac{\partial w(z)}{\partial \boldsymbol{n}_{\Omega\cap D_n}(z)}\right\}dS(z)\geqq C_\Omega^{-1}\int_{\partial(\Omega\cap D_n)} N^{D_n}(x,z)dS(z)$$

となる．ここで x は $\overline{D}_n\setminus\overline{\Omega}$ の任意の点であるから (7.2.25) が成り立つ．□

次に，$K_0\subset\Omega_0\subset\overline{\Omega}_0\subset R$ かつ $\overline{\Omega}_0$がコンパクトである正則領域 $\overline{\Omega}_0$ が与えられたとし，Ω_0 における境界値問題(7.2.2)の Green 函数 $G^{\Omega_0}(x,y)$ を考えると，次の補助定理の i)，ii) はそれぞれ前の補助定理 7.2.1 の ii)，iii) と全く同じ方法で証明される．

補助定理 7.2.2　i)　$D_n\supset\overline{\Omega}_0$，$x\in\overline{D}_n\setminus\overline{\Omega}_0$，$y\in D_n\cap\Omega_0'$ ならば

(7.2.30)　$$N^{D_n}(x,y)=\int_{\partial\Omega_0} N^{D_n}(x,z)\left\{-\frac{\partial G^{\Omega_0}(z,y)}{\partial \boldsymbol{n}_{\Omega_0}(z)}\right\}dS(z).$$

ii)　$D_{n_0}\supset\overline{\Omega}_0$ なる n_0 をとると

(7.2.31)　$$\sup_{n>n_0}\sup_{x\in\overline{D}_n\setminus\overline{\Omega}_0}\int_{\partial\Omega_0} N^{D_n}(x,z)dS(z)<\infty.$$

系　$D_{n_0}\supset\overline{\Omega}_0$ であって，Fが領域 Ω_0 に含まれるコンパクト集合ならば

(7.2.32)　$$\sup_{n>n_0}\left\{\sup_{x\in\overline{D}_n\setminus\overline{\Omega}_0,\, y\in F} N^{D_n}(x,y)\right\}<\infty.$$ ——

この系は，(7.2.30) の右辺において

$$-\frac{\partial G^{\Omega_0}(z,y)}{\partial \boldsymbol{n}_{\Omega_0}(z)}>0,\qquad \sup_{z\in\partial\Omega_0,\, y\in F}\left\{-\frac{\partial G^{\Omega_0}(z,y)}{\partial \boldsymbol{n}_{\Omega_0}(z)}\right\}<\infty$$

なることと (7.2.31) を用いれば，容易に示される．

今後，$R\cup S$ を簡単に $\overline{R}$ と書くことにし，任意の集合 $E\subset\overline{R}$ に対して，$\overline{R}$ における相対位相に関する E の内部を $\mathrm{Int}_{\overline{R}}\,E$ で表わす．前から固定している正則領域 Ω を含む正則領域 Ω_1 で，次の条件を満たすものを一つ固定する：

(7.2.33)　$\overline{\Omega}_1$ はコンパクトで $\overline{\Omega}_1\subset\overline{R}$ かつ $\overline{\Omega}\subset\mathrm{Int}_{\overline{R}}\overline{\Omega}_1$.

前の領域 Ω に対する境界値問題 (7.2.8), (7.2.8*) の Green 函数 $\tilde{G}(x, y)$ を構成したように, Ω_1 に対する同様な境界値問題の Green 函数を構成して, それを $\tilde{G}_1(x, y)$ と書く. この Green 函数を用いて (7.2.23) を次のように書き直しておく：$x, y \in \Omega_1 \cap D'_n$, $x \neq y$ ならば

$$(7.2.23')\quad \begin{aligned} N^{D_n}(x, y) = \tilde{G}_1(x, y) &- \int_{\partial\Omega_1 \cap \bar{D}_n} \frac{\partial \tilde{G}_1(x, z)}{\partial \boldsymbol{n}_{\Omega_1}(z)} N^{D_n}(z, y) dS(z) \\ &- \int_{\partial D_n \cap \Omega_1} \left\{ \frac{\partial \tilde{G}_1(x, z)}{\partial \boldsymbol{n}_{D_n}(z)} - \tilde{G}_1(x, z) \beta_{D_n}(z) \right\} N^{D_n}(z, y) dS(z), \end{aligned}$$

ここで, (7.2.23) における積分の範囲を $\partial\Omega_1 \cap \bar{D}_n$ と $\partial D_n \cap \Omega_1$ とに分け, $z \in \partial\Omega_1 \cap D_n$ ならば $\tilde{G}_1(x, z) = 0$ なることを用いた. (7.2.24) も同様に右辺の積分範囲を分けると次のようになる：$x \in \bar{D}_n \setminus \bar{\Omega}$, $y \in D_n \cap \Omega'$ ならば

$$(7.2.24')\quad \begin{aligned} N^{D_n}(x, y) = &- \int_{\partial\Omega \cap \bar{D}_n} N^{\Omega_n}(x, z) \frac{\partial \tilde{G}(z, y)}{\partial \boldsymbol{n}_{\Omega}(z)} dS(z) \\ &- \int_{\partial D_n \cap \Omega} N^{D_n}(x, z) \frac{\partial \tilde{G}(z, y)}{\partial \boldsymbol{n}_{D_n}(z)} dS(z). \end{aligned}$$

さて, 任意のコンパクト集合 $E \subset \Omega'_1$ および $F \subset \Omega'$ をとるとき, 補助定理 7.2.2 の前に述べた条件を満たす領域 Ω_0 で $F \subset \Omega_0 \subset \bar{\Omega}_0 \subset \Omega$ となるものがある. そこで $D_{n_0} \supset \bar{\Omega}_0 \cup E$ なる n_0 をとれば (7.2.32) が成立する. 一方 (7.2.22) により, (7.2.23) の最後の積分における $\{\cdots\}$ 内の式は $n > n_0$, $x \in E$, $z \in \partial D_n \cap \bar{\Omega}_1$ に関して有界であって, $n \to \infty$ のとき 0 に収束する. このことと $N^{D_n}(z, y)$ の有界性 (7.2.32) により, $x \in E$, $y \in F$ に対して

$$(7.2.34)\quad \lim_{n \to \infty} \int_{\partial D_n \cap \bar{\Omega}_1} \left\{ \frac{\partial \tilde{G}_1(x, z)}{\partial \boldsymbol{n}_{D_n}(z)} - \tilde{G}_1(x, z) \beta_{D_n}(z) \right\} N^{D_n}(z, y) dS(z) = 0$$

が導かれる. (7.2.24') の最後の積分についても同様にして, (7.2.31) と (7.2.22) を用いて, $y \in F$ に対して

$$(7.2.35)\quad \lim_{n \to \infty} \sup_{x \in \bar{D}_n \setminus \bar{\Omega}_0} \int_{\partial D_n \cap \Omega} N^{D_n}(x, z) \left| \frac{\partial \tilde{G}(z, y)}{\partial \boldsymbol{n}_{D_n}(z)} \right| dS(z) = 0$$

が示される.

以上のことを用いて, 次の補助定理を証明する.

補助定理 7.2.3　領域 Ω, Ω_1 および Green 函数 $\tilde{G}(x,y)$, $\tilde{G}_1(x,y)$ を上に述べた通りとすると，コンパクト集合 $\overline{(\partial\Omega_1\setminus S)}\times\overline{(\partial\Omega\setminus S)}$ の上の有界な Borel 測度 μ が存在して，核函数 $N(x,y)$ は，$x\in\Omega_1'$, $y\in\Omega'$, $x\neq y$ に対して

$$N(x,y)=\tilde{G}_1(x,y)+\iint_{\overline{(\partial\Omega_1\setminus S)}\times\overline{(\partial\Omega\setminus S)}}\frac{\partial\tilde{G}_1(x,z_1)}{\partial\boldsymbol{n}_{\Omega_1}(z)}\cdot\frac{\partial\tilde{G}(z,y)}{\partial\boldsymbol{n}_{\Omega}(z)}d\mu(z_1,z). \tag{7.2.36}$$

証明　$E\subset\Omega_1'$, $F\subset\Omega'$, $E\cap F=\phi$ なる任意のコンパクト集合 E,F をとり，任意の $(x,y)\in E\times F$ に対して (7.2.36) が成り立つことを示せばよい．この集合 E,F に対して上に述べた条件を満たす領域 Ω_0 と番号 n_0 をとり，$n>n_0$ に対して (7.2.23′)，(7.2.24′)，(7.2.34)，(7.2.35) を用いることにする．まず (7.2.23′) と (7.2.34) の文字 z を z_1 と書き，(7.2.24′) と (7.2.35) の文字 x を z_1 と書き直すと，これらの四つの等式はすべての $(x,y)\in E\times F$ に対して成立し，(7.2.23′) の右辺第2項における積分変数 z_1 の変域は (7.2.24′)，(7.2.35) が成立する z_1 の範囲に含まれる．よって (7.2.23′) の右辺第2項の $N^{D_n}(z_1,y)$ に (7.2.24′)（x が z_1 になっている）の右辺を代入すると，次の等式を得る：

$$\begin{aligned}N^{D_n}(x,y)=&\tilde{G}_1(x,y)\\&+\iint_{(\partial\Omega_1\cap\bar{D}_n)\times(\partial\Omega\cap\bar{D}_n)}\frac{\partial\tilde{G}_1(x,z_1)}{\partial\boldsymbol{n}_{\Omega_1}(z_1)}N^{D_n}(z_1,z)\frac{\partial\tilde{G}(z,y)}{\partial\boldsymbol{n}_{\Omega}(z)}dS(z_1)dS(z)\\&+\iint_{(\partial\Omega_1\cap\bar{D}_n)\times(\partial D_n\cap\Omega)}\frac{\partial\tilde{G}_1(x,z_1)}{\partial\boldsymbol{n}_{\Omega_1}(z_1)}N^{D_n}(z_1,z)\frac{\partial\tilde{G}(z,y)}{\partial\boldsymbol{n}_{D_n}(z)}dS(z_1)dS(z)\\&-\int_{\partial D_n\cap\Omega_1}\left\{\frac{\partial\tilde{G}_1(x,z_1)}{\partial\boldsymbol{n}_{D_n}(z_1)}-\tilde{G}_1(x,z_1)\beta_{D_n}(z_1)\right\}N^{D_n}(z_1,y)dS(z_1).\end{aligned} \tag{7.2.37}$$

ここで，右辺の第2項，第3項，第4項をそれぞれ $I_n^{(1)}(x,y)$, $I_n^{(2)}(x,y)$, $I_n^{(3)}(x,y)$ と書き，各項について $n\to\infty$ のときの極限を考える．

<u>$I_n^{(1)}(x,y)$ について.</u>　コンパクト空間 $\Pi\equiv\overline{(\partial\Omega_1\setminus S)}\times\overline{(\partial\Omega\setminus S)}$ における次の Borel 測度 μ_n を考える：

$$\begin{cases}(\partial\Omega_1\cap\bar{D}_n)\times(\partial\Omega\cap\bar{D}_n)\text{ においては } d\mu_n(z_1,z)=N^{D_n}(z_1,z)dS(z_1)dS(z),\\(\partial\Omega_1\cap\bar{D}_n)\times(\partial\Omega\cap\bar{D}_n)\text{ の外部の } \mu_n \text{ 測度は } 0.\end{cases}$$

このとき $I_n^{(1)}(x,y)$ はコンパクト空間 Π の上の測度 μ_n による積分と考えられ

る．(7.2.25) により，$n_1=\max\{n_0, n_\Omega\}$ とすると

$$\sup_{n>n_1}\iint_{(\partial\Omega_1\cap\bar{D}_n)\times(\partial\Omega\cap\bar{D}_n)} N^{D_n}(z_1, z)\,dS(z_1)dS(z)<\infty$$

であるから，測度の列 $\{\mu_n\}$ はコンパクト空間 Π の上で一様有界である．だから適当な部分列 $\{\mu_{n_\nu}\}$ をとれば，このコンパクト空間上のある有界な Borel 測度 μ に漠収束する．任意の $(x, y)\in E\times F$ に対して，$I_n^{(1)}(x, y)$ を定義する式の‘被積分函数’ $\dfrac{\partial\tilde{G}_1(x, z_1)}{\partial\boldsymbol{n}_{\Omega_1}(z_1)}\cdot\dfrac{\partial\tilde{G}(z, y)}{\partial\boldsymbol{n}_\Omega(z)}$ は (z, z_1) について Π において連続であるから，上に述べた測度の部分列の漠収束により

$$\lim_{\nu\to\infty} I_{n_\nu}^{(1)}(x, y)=\iint_\Pi \frac{\partial\tilde{G}_1(x, z_1)}{\partial\boldsymbol{n}_{\Omega_1}(z_1)}\cdot\frac{\partial\tilde{G}(z, y)}{\partial\boldsymbol{n}_\Omega(z)}d\mu(z_1, z) \tag{7.2.38}$$

を得る．この右辺は (7.2.36) の最後の項と同じである；上の式でも Π が二つの超曲面の直積であることを意識するために，積分記号を2重に書いておく．

$I_n^{(2)}(x, y)$，$I_n^{(3)}(x, y)$ について．$I_n^{(2)}(x, y)$ を定義する式の被積分函数の中の $\dfrac{\partial\tilde{G}_1(x, z_1)}{\partial\boldsymbol{n}_{\Omega_1}(z_1)}$ は $x\in E$，$z_1\in\partial\Omega_1\cap\bar{D}_n$ に関して有界だから，(7.2.35)（x を z_1 と書き直したもの）によって $\lim_{n\to\infty} I_n^{(2)}(x, y)=0$ が得られる．また，(7.2.34) は $\lim_{n\to\infty} I_n^{(3)}(x, y)=0$ を意味する．

以上により，(7.2.37) において (7.2.38) が成立するような部分列 $\{n_\nu\}$ を考えて $\nu\to\infty$ とすれば，左辺は (7.2.4) によって $N(x, y)$ に収束するから，任意の $(x, y)\in E\times F$ に対して (7.2.36) が得られる．これで補助定理 7.2.3 が示された．□

補助定理 7.2.4　i)　核函数 $N(x, y)$ は集合

$$[(R\cup\mathring{S})\times(R\cup\mathring{S})]\setminus\{(z, z)\,|\,z\in R\cup\mathring{S}\} \tag{7.2.39}$$

の上の連続函数に拡張される．

ii)　上の拡張された $N(x, y)$ は次の境界条件を満たす：

(7.2.40)　任意の $x\in\mathring{S}$，$y\in(R\cup\mathring{S})\setminus\{x\}$ に対して $\dfrac{\partial N(x, y)}{\partial\boldsymbol{n}_R(x)}=0$,

(7.2.41)　任意の $y\in\mathring{S}$，$x\in(R\cup\mathring{S})\setminus\{y\}$ に対して

$$\frac{\partial N(x, y)}{\partial\boldsymbol{n}_R(y)}-N(x, y)\beta_R(y)=0.$$

証明 i) $\mathring{S}$ に含まれる任意のコンパクト集合 Γ と任意の D_{n_0} とを与える．このとき領域 Ω と Ω_1 を，前に述べた条件を満たしかつ $\mathrm{Int}_R\,\overline{\Omega}\supset D_{n_0}\cup\Gamma$ なるようにとれる．この Ω,Ω_1 に対応する Green 函数 $\tilde{G}(x,y)$，$\tilde{G}_1(x,y)$ を考えると，補助定理7.2.3に述べたように $\overline{(\partial\Omega_1\setminus S)}\times\overline{(\partial\Omega\setminus S)}$ の上の有界な Borel 測度 μ が存在して，$x,y\in\Omega'$，$x\neq y$ に対して (7.2.36) が成立する．$\mathrm{Int}_R\,\overline{\Omega}\supset\Gamma$ なることにより，コンパクト集合 Γ の適当な近傍は，(7.2.36) の積分変数 z_1,z の変域 $\partial\Omega_1\setminus S$，$\partial\Omega\setminus S$ から離れているから，(7.2.36)の右辺は (x,y) について集合

(7.2.42) $$[(\Omega\cup\Gamma)\times(\Omega\cup\Gamma)]\setminus\{(z,z)\mid z\in\Omega\cup\Gamma\}$$

の上で連続な函数を表わしている．だからこの式により核函数 $N(x,y)$ は集合(7.2.42)の上の連続函数として定義される．$x,y\in R'$ $(x\neq y)$ に対する$N(x,y)$の値は初めから定まっているから，この連続的拡張の Γ 上での値は Ω，Ω_1 のとり方には関係しない．ここで Γ は $\mathring{S}$ の中で任意に大きくとることができ，n_0 も任意に大きくとれるから，$N(x,y)$ は集合 (7.2.39) の上の連続函数に拡張される．

ii) 上の i) の証明からわかるように，集合 (7.2.42) に属する (x,y) に対して $N(x,y)$ が(7.2.36)で表わされているとし，(7.2.40〜41) の R，$\mathring{S}$ をそれぞれ Ω，Γ とした場合について証明すればよい．この場合には，Γ が z_1,z の変域 $\partial\Omega_1\setminus S$，$\partial\Omega\setminus S$ から離れていることと，$\tilde{G}(x,y)$ および $\tilde{G}_1(x,y)$ が境界条件 (7.2.22) を満たすことにより，(7.2.40〜41) が成り立つことは容易にわかる．□

以上で，$N(x,y)$ が集合 (7.2.39)（それは前§に述べた定理7.1.2の集合 (7.1.2) と同じ）まで拡張されて定理7.1.2の ii)，iii) が成り立つことが示されたが，この§の結果では，$\mathring{S}$ はまだ理想境界 $\hat{S}_1$ に埋め込まれてはいない．この§の結果を用いて次の§で‘埋め込み’の写像の存在が示され，それとこの§の結果とを合わせて，定理7.1.1と定理7.1.2の証明が完成する．

下記の補助定理は次の§で用いるものであるが，この§で準備したことから

直接的に導かれるので，ここで証明しておく.

補助定理 7.2.5　E が $R'\cup\mathring{S}$ の閉部分集合，F が $R'\cup\mathring{S}$ に含まれるコンパクト集合であって $E\cap F=\phi$ ならば，前の補助定理で拡張された核函数 $N(x,y)$ は $E\times F$ において有界である.

証明　E, F に対する仮定により，次の条件を満たす正則領域 Ω で，コンパクトな閉包 $\overline{\Omega}$ をもつものが存在する：

$$K_0\subset\Omega\subset\overline{\Omega}\subset\overline{R},\ \ \mathrm{Int}_{\overline{R}}\overline{\Omega}\supset F,\ \ \overline{\Omega}\cap E=\phi. \tag{7.2.43}$$

このような Ω を一つ固定し，これに対応する Green 函数 $\tilde{G}(x,y)$ を考えると，(7.2.24′) と (7.2.25) が成立する．(7.2.24′) を再記すると：$x\in\overline{D}_n\setminus\Omega$, $y\in D_n\cap\Omega'$ ならば

$$\begin{aligned}N^{D_n}(x,y)=&-\int_{\partial\Omega\cap\overline{D}_n}N^{D_n}(x,z)\frac{\partial\tilde{G}(z,y)}{\partial\boldsymbol{n}_\Omega(z)}dS(z)\\&-\int_{\partial D_n\cap\Omega}N^{D_n}(x,z)\frac{\partial\tilde{G}(z,y)}{\partial\boldsymbol{n}_{D_n}(z)}dS(z).\end{aligned}\tag{7.2.24″}$$

また (7.2.25) により

$$\sup_{n>n_\Omega}\ \sup_{x\in\overline{D}_n\setminus\Omega}\int_{\partial\Omega\cap\overline{D}_n}N^{D_n}(x,z)dS(z)\leqq C_\Omega. \tag{7.2.25′}$$

(7.2.43) により $\displaystyle\sup_{z\in\partial\Omega,\ y\in F}\left|\frac{\partial\tilde{G}(z,y)}{\partial\boldsymbol{n}_\Omega(z)}\right|<\infty$ であるから，(7.2.25′) と合わせて，(7.2.24″) の右辺第1項に対して

$$\sup_{n>n_\Omega}\ \sup_{x\in E\cap\overline{D}_n}\left|\int_{\partial\Omega\cap\overline{D}_n}N^{D_n}(x,z)\frac{\partial\tilde{G}(z,y)}{\partial\boldsymbol{n}_\Omega(z)}dS(z)\right|\leqq C'_\Omega$$

となる定数 C'_Ω が存在する．一方，任意の番号 n_1 をとって一応固定しておき，$F\cap\overline{D_{n_1}}\subset\Omega_0\subset\overline{\Omega}_0\subset\Omega$ なる正則領域 Ω_0 をとると，任意の $y\in F\cap\overline{D_{n_1}}$ に対して (7.2.35) が成立するから，(7.2.24″) の右辺第2項に対して

$$\lim_{n\to\infty}\ \sup_{x\in E\cap\overline{D}_n}\left|\int_{\partial D_n\cap\Omega}N^{D_n}(x,z)\frac{\partial\tilde{G}(z,y)}{\partial\boldsymbol{n}_{D_n}(z)}dS(z)\right|=0$$

が成立する．だから (7.2.24″) において $n\to\infty$ とすれば

$$\overline{\lim_{n\to\infty}}\,N^{D_n}(x,y)\leqq C'_\Omega$$

が任意の $x\in E\cap R$, $y\in F\cap\overline{D}_{n_1}$ に対して成立するが, n_1 は任意に大きくとれるから, この式は任意の $x\in E\cap R$, $y\in F\cap R$ に対して成立する. だから (7.2.4) により $N(x,y)\leqq C'_\Omega$ が $(E\cap R)\times(F\cap R)$ の上で成立し, 補助定理 7.2.4 により $N(x,y)$ が集合 (7.2.39) まで連続的に拡張されているから, $E\times F$ の上で $N(x,y)\leqq C'_\Omega$ となる. これで補助定理 7.2.5 が証明された. ▯

補助定理 7.2.6 Ω は $\boldsymbol{M}$ の中の正則領域でコンパクトな閉包 $\overline{\Omega}$ をもち,

(7.2.44) $\overline{D}_0\subset\Omega\subset R,\ \partial\Omega\cap S\subset\mathring{S}$ (これは (7.2.6) と同じ条件)

を満たすものとする. また函数 w は $\overline{R}$ で C^2 級であって,

(7.2.45) $$\left.\frac{\partial w}{\partial \boldsymbol{n}_\Omega}\right|_{\partial\Omega\cap S}=0,\quad (\overline{R}\setminus\overline{\Omega})\cup\overline{D}_0 \text{ では } w\equiv 0$$

となるものとする. このとき任意の $x\in R'$ に対して次の式が成立する:

(7.2.46) $$w(x)=-\int_{\Omega'}N(x,y)\cdot Aw(y)dy.$$

証明 任意の函数 $h\in C_0^1(R')$ をとり

(7.2.47) $$v(y)=\int_{R'}h(x)N(x,y)\,dx$$

と定義する. 函数 h の台と領域 Ω とを含む正則領域 Ω_1 で条件 (7.2.33) を満たすものをとり, Ω, Ω_1 に対応する前に述べた Green 函数 $\tilde{G}(x,y)$, $\tilde{G}_1(x,y)$ を考える. このとき函数 $N(x,y)$ $(x\in\Omega'_1,\ y\in\Omega',\ x\neq y)$ が (7.2.36) で表されるから, (7.2.47) で定義された函数 v は Ω' において $A^*v=-h$ となり $\left.\left(\frac{\partial v}{\partial \boldsymbol{n}_\Omega}-\beta_\Omega v\right)\right|_{\partial\Omega\cap S}=0$ を満たす. 一方 w は (7.2.45) によって

$$\left.w\right|_{\partial\Omega\cap R}=\left.\frac{\partial w}{\partial \boldsymbol{n}_\Omega}\right|_{\partial\Omega\cap R}=0,\quad \left.w\right|_{\partial K_0}=\left.\frac{\partial w}{\partial \boldsymbol{n}_{K_0}}\right|_{\partial K_0}=0$$

を満たし, w と Aw の台は $\overline{\Omega'}$ に含まれる. だから Ω' における Green の公式によって

$$\int_{R'}(v\cdot Aw+h\cdot w)\,dy=\int_{\Omega'}(v\cdot Aw-A^*v\cdot w)dy=0$$

となり, 従って (7.2.47) により

$$\int_{R'} h(x)w(x)\,dx = -\int_{R'} h(x)\left\{\int_{\Omega'} N(x,y)\cdot Aw(y)dy\right\}dx$$

を得る．ここで h が $C_0^1(R')$ に属する任意の函数であるから，任意の $x \in R'$ に対して（7.2.46）が成立する．□

§7.3 埋め込み定理の証明

この§では前述の定理 7.1.1, 定理 7.1.2 を証明するが, §4.2 と同じ形式で, 証明の各段階を補助定理として述べて, それらを証明していくことにより, 前述の定理の証明を完成する. 従って定理 7.1.1 の仮定は常に満たされているものとして議論を進める. Riemann 計量 $\|a_{ij}\|$ によって定義される二点 x, $y\in R\cup S$ の距離を $\mathrm{dis}(x,y)$ と書くことにする. また, ρ は§6.2 において $\hat{R}$ で定義された距離を表わす.

補助定理 7.3.1 任意の点 $z\in\mathring{S}$ に対して, 点 $\xi_z\in\hat{S}$ が一つかつ唯一つ対応して, R の中の $\lim_{\nu\to\infty}\mathrm{dis}(x_\nu,z)=0$ となるような任意の点列 $\{x_\nu\}$ に対して $\lim_{\nu\to\infty}\rho(x_\nu,\xi_z)=0$ となる；このとき任意の $y\in R'$ に対して $N(\xi_z,y)=N(z,y)$ が成り立つ. ($N(\xi_z,y)$ は前章の理想境界の構成で定理 6.2.2 によって定義されたものであり, $N(z,y)$ は前§で補助定理 7.2.4 の結果として与えられたものである.)

証明 任意の点 $z\in\mathring{S}$ を与えると, これに対して R に含まれる点列 $\{z_n\}$ で $\lim_{n\to\infty}\mathrm{dis}(z_n,z)=0$ となるものがとれる. $\hat{R}$ は距離 ρ に関してコンパクトであり, 点列 $\{z_n\}$ は R の中には ρ に関する集積点をもたないから, その適当な部分列 $\{z_{n_\nu}\}$ が $\hat{S}$ の上の一点 ξ に, ρ に関して収束する：$\lim_{\nu\to\infty}\rho(z_{n_\nu},\xi)=0$. いま R の中に $\lim_{\nu\to\infty}\mathrm{dis}(x_\nu,z)=0$ を満たす任意の点列 $\{x_\nu\}$ をとると, 前§における拡張された $N(x,y)$ の連続性 (補助定理 7.2.4) により

(7.3.1)　任意の $y\in R'$ に対して $\lim_{\nu\to\infty}|N(x_\nu,y)-N(z_{n_\nu},y)|=0$

となる. だから§6.2 における距離 ρ の定義 ((6.2.3) および (6.2.4) を見よ) によって $\lim_{\nu\to\infty}\rho(x_\nu,,z_{n_\nu})=0$ となり, 上の結果と合わせて

$$\lim_{\nu\to\infty}\rho(x_\nu,\xi)\leqq\lim_{\nu\to\infty}\{\rho(x_\nu,z_{n_\nu})+\rho(z_{n_\nu},\xi)\}=0.$$

ここで $\{x_\nu\}$ が $\mathrm{dis}(x_\nu,z)\to 0$ なる任意の点列であることにより, 点 $\xi\in\hat{S}$ は

点 $z\in\mathring{S}$ によって一意的に定まることがわかる．よってこの ξ を ξ_z と書けば $\lim_{\nu\to\infty}\rho(x_\nu,\xi_z)=0$ であり，また (7.3.1) により任意の $y\in R'$ に対して $N(\xi_z,y)=N(z,y)$ を得る．□

補助定理 7.3.2　$z\in\mathring{S}$, $\{y_n\}\subset R'$ であって $\lim_{n\to\infty}\mathrm{dis}(z,y_n)=0$ ならば, $\lim_{n\to\infty}N(\xi_z,y_n)=\infty$ となる．

証明　前§の補助定理 7.2.4 の証明からわかるように，集合 (7.2.39) の上の函数 $N(x,y)$ は (7.2.36) の表現式を用いて定義されるものであり，そこで領域 Ω の閉包 $\overline{\Omega}$ が点 z および点列 $\{y_n\}$ を含むとしてよい．(7.2.36) において $\dfrac{\partial\tilde{G}_1(x,z_1)}{\partial\boldsymbol{n}_{\Omega_1}(z_1)}\leqq 0$, $\dfrac{\partial\tilde{G}(x,z)}{\partial\boldsymbol{n}_{\Omega}(z)}\leqq 0$ であるから，$x,y\in\overline{\Omega'}$ (ただし $x\neq y$) に対して $N(x,y)\geqq\tilde{G}_1(x,y)$ が成り立つ．一方 $\tilde{G}_1(x,y)$ については (7.2.17) と同じ式 (Ω を Ω_1 としたもの) が x, $y\in\overline{\Omega}_1'$ ($x\neq y$) に対して成立するから $\tilde{G}_1(x,y)\geqq G^{\Omega_1}(x,y)$ が成り立つ．$G^{\Omega_1}(x,y)$ は第1章で述べられた Dirichlet 問題の Green 函数であるから，この補助定理における z と $\{y_n\}$ に対して定理 1.3.8 により

$$\lim_{n\to\infty}N(z,y_n)\geqq\lim_{n\to\infty}G^{\Omega_1}(z,y_n)=\infty$$

となる．このことと前の補助定理 7.3.1 とから直ちにこの補助定理を得る．□

補助定理 7.3.3　$z\in\mathring{S}$, $\{x_n\}\subset R'$ であって $\lim_{n\to\infty}\rho(x_n,\xi_z)=0$ ならば $\lim_{n\to\infty}\mathrm{dis}(x_n,z)=0$ である．

証明　結論を否定すると，$\boldsymbol{M}$ における点 z の近傍 $W(z)$ と点列 $\{x_n\}$ の部分列 $\{x_{n_\nu}\}$ が存在して，すべての ν に対して $x_{n_\nu}\notin W(z)$ となる．ここで $\overline{W(z)}\cap S\subset\mathring{S}$ としてよい．またこのとき，$R'\cup\mathring{S}$ における開集合 $W(z)\cap R'$ に含まれる点列 $\{y_n\}$ で，$\lim_{n\to\infty}\mathrm{dis}(y_n,z)=0$ となるものがとれる．点 z と点列 $\{y_n\}$ から成る集合 F は $R'\cup S$ に含まれるコンパクト集合であり，一方，集合 $E=(R'\cup\mathring{S})\setminus W(z)$ は $R'\cup\mathring{S}$ の閉部分集合であるから，補助定理 7.2.5 により，$E\times F$ の上で $N(x,y)\leqq C$ となる定数 C がある．従って

(7.3.2)　　すべての ν,n に対して　$N(x_{n_\nu},y_n)\leqq C$

が成り立つ．仮定により $\lim_{\nu\to\infty}\rho(x_{n_\nu},\xi_z)=0$ であり，$N(x,y)$ は任意の $y\in R'$ を固定するとき距離 ρ に関して $x\in\hat{R}$ の連続函数であるから，(7.3.2) において

$\nu \to \infty$ とすると

$$\text{すべての } n \text{ に対して} \quad N(\xi_z, y_n) \leqq C$$

となる．これは補助定理 7.3.2 に反する．よって補助定理 7.3.3 が成立する．▯

補助定理 7.3.4 任意の点 $z \in \mathring{S}$ に対して，点 $\xi_z \in \hat{S}$ が一対一に対応し，

$$(7.3.3) \qquad \begin{cases} x \in R \text{ のとき} & \Phi(x) = x \\ z \in \mathring{S} \text{ のとき} & \Phi(z) = \xi_z \end{cases}$$

で定義される写像 Φ は，$\boldsymbol{M}$ の部分空間としての $R \cup \mathring{S}$ から $\hat{R}$ の中への同相写像を与える．——

この補助定理において $\hat{S}$ を $\hat{S}_1$ とすることができれば，これは定理 7.1.1 そのものになる．我々はまずこの補助定理を示し，これを用いて次の補助定理を証明すると，その結果として $\Phi(\mathring{S}) \subset \hat{S}_1$ なることがわかる．このことと上の補助定理 7.3.4 とを合わせて，定理 7.1.1 が得られるのである．この議論の進め方は Martin 境界に対する §4.2 と全く同じであるが，更に上の補助定理の証明は補助定理 4.2.5 の証明と全く同じ考え方であるばかりでなく，証明の記述もほとんど同文になる；引用する補助定理や式の番号と，記号 $\hat{S}, \hat{R}$ の意味が異なるだけである．よって証明の筋道のみを述べておく．

まず (7.3.3) により $R \cup \mathring{S}$ から $\hat{R}$ $(=R \cup \hat{S})$ の中への一意写像 Φ が定義されることは，補助定理 7.3.1 によって示され，その写像が一対一であることは補助定理 7.3.3 によって示される．写像 Φ が R において同相写像であることは自明である．任意の点 $z \in \mathring{S}$ における Φ の両連続性の証明は補助定理 4.2.5 における証明と全く同文となる．(引用する補助定理 4.2.2, 補助定理 4.2.4 を，それぞれ補助定理 7.3.1, 補助定理 7.3.3 と読み替えるだけでよい.)

この補助定理により $\mathring{S}$ は $\hat{S}$ の中へ同相に埋め込まれるから，以下においては $\mathring{S}$ のコンパクト部分集合を $\hat{S}$ のコンパクト部分集合とも考える．

補助定理 7.3.5 任意の $z \in \mathring{S}$ に対して，$\xi_z \in \hat{S}_1$ であり，$N(\xi_z, y)$ は y の函数として極小 FH_0 函数である．

証明 まず，S における相対位相に関する開集合 $\mathring{S} \setminus \{z\}$ に含まれる任意のコンパクト集合 Γ をとる．$\mathring{S}$ を補助定理 7.3.4 によって $\Phi(\mathring{S})$ と同一視する

と，$\hat{S}$ の上で非負値をとる連続函数 φ で次の条件を満たすものが存在する：

$$(7.3.4)\qquad \begin{cases} \Gamma \text{ の上では } \varphi(\xi)>0 \text{ であり，台が } \mathring{S}\setminus\{z\} \text{ に含まれる；} \\ \mathring{S} \text{ においては } C^2 \text{ 級である.} \end{cases}$$

次に，M の中の正則領域 Ω でコンパクトな閉包 $\bar{\Omega}$ をもち，補助定理 7.2.6 の仮定 (7.2.44) を満たして，かつ $\partial\Omega\supset\Gamma$ なるものをとる．このとき $R\cup\mathring{S}$ において C^2 級の函数 w で次の条件を満たすものが存在する；

$$(7.3.5)\qquad w\Big|_{\partial\Omega\cap S}=\varphi,\quad \frac{\partial w}{\partial n_\Omega}\Big|_{\partial\Omega\cap S}=0,\quad (R\setminus\bar{\Omega})\cup\bar{D}_0 \text{ では } w\equiv 0$$

(D_0 は前§参照)．更に $\hat{S}\setminus\mathring{S}$ においては $w(\xi)=0$ と定義すると，w は

$$(7.3.6)\qquad \hat{R} \text{ において連続であって，} w|_S=\varphi \text{ を満たす.}$$

よって w は補助定理 7.2.6 における仮定 (7.2.45) を満たすから，任意の $x\in R'$ に対して (7.2.46) が成立する；すなわち

$$(7.3.7)\qquad w(x)=-\int_{\Omega'}N(x,y)\cdot Aw(y)dy.$$

ところが，この式の右辺は x について $\hat{R}$ で連続な函数を表わしている．(Ω を含む領域 Ω_1，Ω_2 を前§の Ω，Ω_1 のようにとり，それを用いて $N(x,y)$ を (7.2.36) の形に表現することにより，$R'\cup\mathring{S}$ における (7.3.7) の右辺の連続性が示される．また，Aw の台が $\bar{\Omega}$ に含まれることと核函数 $N(x,y)$ の連続性によって，(7.3.7) の右辺の $\hat{R}\setminus\bar{\Omega}$ における連続性が示される.) 函数 w も $\hat{R}$ において連続であるから，(7.3.7) は任意の $x\in\hat{R}$ に対して成立する．さて $N(\xi_z,y)$ は，定理 6.4.1 の i) で μ が一点 ξ_z における点質量の形であるから，y の FH_0 函数である．だから定理 6.6.1 により標準表現

$$(7.3.8)\qquad N(\xi_z,y)=\int_{S_1}N(\xi,y)d\mu_1(\xi)$$

をもつ；μ_1 は $\hat{S}_1$ の上の測度であって，定理 6.4.2 と定理 6.2.2 の系 2 により

$$(7.3.9)\qquad \mu_1(\hat{S}_1)=\int_{\partial K_0}\frac{\partial N(\xi_z,y)}{\partial n_{K_0}(y)}dS(y)=1$$

を満たす．このとき (7.3.6)，(7.3.7)，(7.3.8)，(7.3.4) により

$$\int_{\mathring{S}_1}\varphi(\xi)d\mu_1(\xi)=-\int_{\mathring{S}_1}\left\{\int_{\Omega'}N(\xi,y)\cdot Aw(y)\,dy\right\}d\mu_1(\xi)$$
$$=-\int_{\Omega'}\left\{\int_{\mathring{S}_1}N(\xi,y)\,d\mu_1(\xi)\right\}Aw(y)dy=-\int_{\Omega'}N(\xi_z,y)\cdot Aw(y)dy$$
$$=w(z)=\varphi(z)=0$$

となるから，φ が非負値であって Γ の上では正なることにより $\mu_1(\Gamma)=0$ となり，Γ のとり方の任意性により $\mu_1(\mathring{S}\setminus\{z\})=0$ となる．だから (7.3.8) を

$$N(\xi_z,y)=\int_{S_1\setminus S}N(\xi,y)d\mu_1(\xi)+cN(\xi_z,y),\quad c=\mu_1(\{\xi_z\})$$

と書くことができる．ここで (7.3.9) により $c\leqq 1$ であり，上の式から

$$(1-c)N(\xi_z,y)=\int_{S_1\setminus\mathring{S}}N(\xi,y)d\mu_1(\xi). \tag{7.3.10}$$

$c<1$ と仮定すると，y が ξ_z に近づくとき，上の式の左辺は補助定理 7.3.2 によって ∞ になる．一方，M における z の近傍 $W(z)$ を $\overline{W(z)}\subset\mathrm{Int}_R\overline{\Omega}$ なるようにとると，補助定理 7.2.5 により $N(x,y)$ は $\overline{(R'\setminus\Omega)}\times\overline{W(z)}$ の上で有界であるから，連続性により $(\hat{S}\setminus\mathring{S})\times\overline{W(z)}$ においても有界である．従って (7.3.10) の右辺は y が ξ_z に近づくとき有界である．よって $c=1$ でなければならない．だから (7.3.9) により $\mu_1(\hat{S}_1\setminus\mathring{S})=0$ となる．以上により標準測度 μ_1 は点 ξ_z における点質量である．だから $\xi_z\in\hat{S}_1$ となり，従って定理 6.6.2 の ii) により $N(\xi_z,y)$ は y の函数として極小 FH_0 函数である．▯

以上の結果をまとめると **定理 7.1.1，定理 7.1.2 の証明** が得られたことになる．すなわち，補助定理 7.3.4 の ξ_z が補助定理 7.3.5 によって $\hat{S}_1$ に属するから定理 7.1.1 が成立し，また補助定理 7.2.4 と補助定理 7.3.5 を合わせると定理 7.1.2 になる．

あとがき，文献など

本書を執筆するに当って直接参考にした文献と，本書の内容に関連する書物のうち比較的入手しやすいものをいくつかあげよう．関係書の完全なリストではないことをお断りしておく．

本書を読むための予備知識としては，一般的事項は解析学の基礎（大学理工系の教養課程修了程度）と函数空間の入門部分程度で十分であるが，本書の内容の性格上，2階の楕円型および放物型偏微分方程式に関して本叢書中の 拙著

[1] 伊藤清三：拡散方程式（紀伊國屋数学叢書），1979

に述べられた事項を随時引用した．それらの事項は，古典的なラプラシアンの場合についてはよく知られた事実ばかりであるが，本書で取扱う変数係数の楕円型偏微分作用素に適合した形で述べられた結果を引用する方が便利でわかりやすいと考えたので，[1] を引用することにした．そのために，[1] の内容のうち本書で直接引用する事項をまとめて，第1章に記述した．更に，[1] に述べられていないことで，あとで必要になる事項をも追加して，それらはほとんど証明を与えてある．ただし，楕円型偏微分方程式の解の一意接続定理（調和函数の一致の定理に相当する）は紙数の都合で証明を省いたので，これに関しては下記 [2], [3], [4](§ 5. 6) のいずれかを参照されたい：

[2] N. Aronszajn : A unique continuation theorem for solutions of elliptic equations or inequalities of second order, J. Math. Pures Appl., **36** (1957), 235-249;

[3] H. O. Cordes : Über die eindeutige Bestimmtheit der Lösungen elliptischer Differentialgleichungen durch Anfangsvorgaben, Nachr. Akad. Wissensch. Gättingen, Math.-Phys. Kl. IIa : Nr. **11** (1956), 239-258;

[4] 熊ノ郷 準：偏微分方程式（共立数学講座），1978.

第2章では，ポテンシャル論における基礎的事項のうち本書において必要最

少限度のことを，一般の楕円型偏微分作用素についてやや詳しく述べた．古典的結果や Riemann 面の場合については多くの文献があるが，次のものをあげておこう（[7] は本書の主要部である第 3 章・第 6 章にも密接に関係する）：

[5] M. Brelot: Éléments de la théorie classique du potential, Centre de Documentation Universitaire, Paris, 3e éd. 1965;

[6] L. V. Ahlfors-L. Sario: Riemann surfaces, Princeton Univ. Press, 1960;

[7] C. Constantinescu-A. Cornea: Ideale Ränder Riemannscher Flächen, Springer, 1963;

[8] L. Sario-M. Nakai: Classification theory of Riemann surfaces, Springer, 1970;

[9] 中井三留：リーマン面の理論（森北出版），1980.

第 3 章は Martin の下記の論文における理想境界の構成を楕円型偏微分作用素に適用したもので，この論文は本書の意味の理想境界の理論の最初である：

[10] R. S. Martin: Minimal positive harmonic functions, Trans. Amer. Math. Soc., **49** (1941), 137-172.

この論文中に述べられた理想境界の位相についての予想に対する反例が，

[11] A. Anocona: Une propriété de la compactification d'un domaine euclidien, Ann. Inst. Fourier, **29** (1979), 71-90

に与えられている．Martin 境界が通常の滑らかな境界を含むことは当然期待されるべきことであるから，その証明を次の [12] に従って第 4 章で与えた：

[12] S. Itô: Martin boundary for linear elliptic differential operators of second order in a manifold, J. Math. Soc. Japan, **16** (1964), 307-334.

第 5 章は，第 6 章の準備をおもな目的とし，いくつかの関連事項を付記したもので，[6] の第 3 章および下記 [13], [14] に従って記述されている：

[13] H. Yamaguchi: Regular operators and spaces of harmonic functions with finite Dirichlect integral on open Riemann surfaces, J. Math. Kyoto Univ., **8** (1968), 169-198;

[14] S. Itô: Regular mapping associated with elliptic differential operators of second order in a manifold, J. Fac. Sci. Univ. Tokyo, Sec. I, **16** (1969), 203-227.

第6章の倉持境界の理論は，その名称の通り

[15] Z. Kuramochi: Mass distribution on the ideal boundaries of abstract Riemann surfaces, II, Osaka Math. J., **8** (1956), 145-186

によって創始され，[7] において詳しく論じられているが，[15] の主要部分は

[16] M. Ohtsuka: An elementary introduction of Kuramochi boundary, J. Sci. Hiroshima Univ., Ser. A-I, **28** (1964), 271-299

によって易しく書き改められた．本書第6章では，大筋は [16] に従い，偏微分作用素が形式的自己共役でないための技術的な点は第5章の結果を用いて，

[17] S. Itô: Ideal boundaries of Neumann type associated with elliptic differential operators of second order, J. Fac. Sci. Univ. Tokyo, Sec. I, **17** (1970), 167-186

に従って記述した．第7章は Martin 境界に対する第4章と同じ役目を倉持境界に対して果たすもので，[17] の続篇 (同巻 519-528 ページ) に従った．

Martin 境界・倉持境界は確率論における Markov 過程の理論にも密接に関係し，この方面の文献も多いが，例えば [17] の References 中の M. G. Šur, M. Fukushima, T. Shiga-T. Watanabe による各論文を見られたい．なお，倉持境界の高次元への拡張は，同じく [17] の References 中の F.-Y. Maeda の論文にも扱われている．

ポテンシャル論や Riemann 面に関する理論の解説書としては，上記 [5]~[9] の他に，

[18] 岸正倫：ポテンシャル論 (森北出版)，1974；

[19] 倉持善治郎：リーマン面 (共立出版)，1978

などがあり，それらの巻末にはこの方面の詳しい文献表が与えられている．

索　　引

検索の便宜のため，一部の術語は 2 箇所に採録する.

A

A-調和(函数)　17, 41
A^*-調和(函数)　41
A-優調和　59
A^*-優調和　59

B

漠収束　53
Borel 測度　53

D

楕円型(偏微分)方程式　17
楕円型偏微分作用素　14
楕円型境界値問題　17, 29
Dirichlet 境界条件　17, 19
Dirichlet(境界値)問題　17

F

FH 函数　192
FH_0 函数　192
不変測度(基本解の)　37
FSH 函数　192
FSH_0 函数　192
F_σ 集合　116

G

Green 函数　30, 39
Green の公式　16

H

半群性
　(基本解の)　21
　(最小基本解の)　26
半連続(函数)　55
Harnack の補題　45
Harnack の定理
　——第 1 定理　44
　——第 2 定理　45
比較定理　42
本質的部分
　(Martin 境界の)　116
　(Neumann 型理想境界の)　216
表現定理
　正値調和函数の——　110
　正値優調和函数の——　125
標準測度
　(Martin 境界の場合)　117
　(Neumann 型理想境界の場合)　222
標準表現
　(Martin 境界の場合)　118
　(Neumann 型理想境界の場合)　222

I

一意接続定理　48

K

核函数 (Martin の)　91
核函数 (Neumann 型)　164
拡散方程式　19
(形式的)共役偏微分作用素　15

基本解(拡散方程式の)　19
基本解の半群性　21
広義一様収束　44
区分的に滑らか(函数が)　50
倉持コンパクト化　186
倉持境界　186
境界条件　15, 17, 18
極小 (FH_0) 函数　221
極小(正値調和)函数　112

M

Martin 型理想境界　99
Martin コンパクト化　99
Martin 境界　99

N

Neumann 型核函数　164
Neumann 型コンパクト化　186
Neumann 型理想境界　186
Neumann 函数　38
Neumann 境界条件　17, 19
Neumann (境界値)問題　17

P

ポテンシャル　178
ポテンシャルの核　178

R

Riesz 分解　83, 86, 196

S

最大値原理(調和函数の)　42
最大値・最小値原理　42, 47
最小基本解　26
最小値原理
　(調和函数の)　42
　(優調和函数の)　64
正則(な集合)　13
正則写像　152, 154, 177
真の解　49
下(に)半連続　55
初期条件　17, 18

T

端点的 (FH_0) 函数　221
端点的函数　113

U

上(に)半連続　55

Y

弱い解　48, 49
優調和(函数)　59

Z

全調和函数　192
全優調和函数　192

著　者

い とう せい ぞう
伊　藤　清　三

1927年三重県に生まれる．1950年名古屋大学理学部数学科卒業．
現在，東京大学名誉教授，杏林大学教授，理学博士．
主な著書：ルベーグ積分入門（裳華房数学選書），偏微分方程式（培風館新数学シリーズ），関数解析III（岩波講座基礎数学），拡散方程式（紀伊國屋数学叢書）．

優調和函数と理想境界

1988年10月18日　第1刷発行

発行所　株式会社　紀伊國屋書店
東京都新宿区新宿3の17の7
電　話　03 (354) 0131 (代表)
振替口座　東京 9―125575

出版部　東京都世田谷区桜丘5の38の1
電　話　03 (439) 0125 (代表)
郵便番号　156

印　刷　研究社印刷
製　本　三　水　舎

紀伊國屋数学叢書について

数学を学ぶにはいろいろの段階があるが，いずれの場合でも書物などによって自学自習することが最も重要であり，単に講義を聞くというような受動的な勉強だけでは，はなはだ不十分である．

みずから学ぶために現在いろいろな数学書が出版されている．しかし，数学の進歩は極めて基礎的な考え方に対してさえ常に影響を与えており，従ってどのような段階の勉強であっても，常に新しい考え方を理解することが必要である．このためには，数学の過去と将来とを結ぶ視点から書かれた書物が数多く出版されることが望ましい．即ち，新しい視点と古典的な視点とを見くらべ，基本的なことをも将来の発展を考慮した視点から説明するという立場で書かれた書物が要望されている．

本叢書はこのような要望に応えて企画されたものであって，各巻が大学理工学系の専門課程の学生または大学院学生がそれぞれの分野での話題，対象について入門の段階からある程度の深さまで勉学するための伴侶となることを目指している．このために我々は各巻の話題の選択について，十分配慮し，現代数学の発展にとって重要であり，また既刊書で必ずしも重点が置かれていないものを選び，各分野の第一線で活躍しておられる数学者に執筆をお願いしている．

学生諸君および数学同好の方々が，この叢書によって数学の種々の分野における基本的な考え方を理解し，また基礎的な知識を会得することを期待するとともに，更に現代数学の最先端へ向かおうとする場合の基礎ともなることを望みたい．

紀伊國屋数学叢書 30
優調和函数と理想境界

1988年10月18日　初版第1刷発行
2008年11月20日　オンデマンド版発行

著　者　　伊藤清三
発行所　　株式会社　紀伊國屋書店
　　　　　東京都新宿区新宿 3-17-7
　　　　　出版部（編集）　　　　電話 03（6910）0508
　　　　　ホールセール部（営業）電話 03（6910）0519
　　　　　東京都目黒区下目黒 3-7-10
　　　　　　　　　　　　　　　郵便番号 153-8504
　　　　　http://www.kinokuniya.co.jp

印刷・製本　株式会社 デジタルパブリッシングサービス
　　　　　　http://www.d-pub.co.jp

AF032
Printed in Japan
ISBN 978-4-314-70133-4
定価は外装に表示してあります